「場所」の復権

都市と建築への視座

造景双書

磯崎新
槇文彦
原広司
安藤忠雄
吉田桂二
伊東豊雄
内藤廣
大河直躬
伊藤鄭爾
川添登
鈴木博之
陣内秀信
長谷川堯
内田祥哉
大谷幸夫

平良敬一
編著

建築資料研究社

目次

本書は、雑誌『造景』の創刊号から休刊号（一九九六〜二〇〇二年）まで連載された「シリーズ対論」三十六本のなかから十五本の対談を選択し、編著者の書き下ろし論考「田園都市の復権」を付け加えたものである。編集に当たっては、建築家、学者、批評家との対談を主として選別・抽出した。本書に引き続き、まちづくり、ランドスケープをテーマとした『場所の復権2』（仮称）を刊行する予定である。

（編者）

第一部

建築家との対話

第一章

小さくて柔らかい都市づくりの手法へ

対談者／磯崎　新（『造景2』一九九六年四月）

「大きい計画」「小さい計画」

平良　磯崎さんは、最近、阪神・淡路大震災の復興コンペの審査をされたそうですね。どんなコンペだったんですか？

磯崎　日本経済新聞と神戸新聞が、阪神・淡路大震災の復興のアイディアプランを募集しました。僕は審査委員長にさせられて、原広司さんも審査員に入っていた。神戸新聞は、あの災害のなかで一日も休まずに頑張って出したという、コミュニティ新聞としての評価を受けたところです。実行委員長は土木学会の東大の中村英夫教授です。

それで、専門家の案も募集して、一般市民も文章で、二本立てでした。専門家の良いプランを期待したのですが、結局、復興計画を都市計画としてのマスタープランづくりとしたものは全部だめでした。つまり、これまで見慣れたものと同じものしか出てこないんですね。都市空間の骨組みを変えるとか、インフラストラクチャーに新案を入れるとか、ゾーニングや街区構成を再編するとかいう提案にはみるべきものがない。部分的なアイディアに絞っていたものが面白い。それはほとんど建築家の提案でした。

結局、最優秀になったのは芦屋の浜谷朋之さんと竹中工務店の設計部の宮島照久さんのグループ、それに

磯崎新（いそざき・あらた）氏／1931年大分市に生まれる。1954年東京大学工学部建築学科卒業。1963年磯崎新アトリエを設立、現在に至る。

宝塚市の宮本佳明さんの二案でした。

宮本さんの作品は、被災地の瓦礫をモニュメントとして残すことを提案していて、印象的でした。

平良　被災地の瓦礫を?

磯崎　ええ。ともかく山にしてつくって、いまの芦屋の中心の過去の空間を全部山のなかに埋めてしまえというものなんですね。僕はこれは非常にいいと思ったんです。だが、やはり市民感情を逆なでするのではないかという意見があって議論になりました。あの災害の記憶を消したいという気持は分かるけど、何しろあの記憶を物として残さない限り、震災復興をやっても将来味気ないものになってしまうのではないか。

結局その案が最優秀の一つになりました。もう一つは、ブロックを計画的にきちんと整理するという、いま行政が提案するようなものではなく、土地所有に応じて一軒一軒を全部バラバラでつくっているうちに、何とか公共空間をカスバの連続みたいにしてつくり出す方法が提案されており、これは僕はある意味でリアリティがあるのじゃないかと思ったし、表現もきちんとしている。この二案が通りました。

あとは、大振りな、例えばリニア都市とか、海岸線からの再編とか、そういう案が多かったんですが、果たしてそういうものが復興の方向性を決め得るかどうかということになってくると、行政内部で検討され、結局つまづいてしまったようなものでしかあり得ない。世にいう土木コンサルのグループが出してきた案は全部落ちてしまいました。

平良　どういう傾向の計画案だったのですか。

磯崎　それは、「大きな計画」と呼んでよいものです。ポストモダンがはやり始めたころ、大きい物語はだめで、小さい物語が有効になるだろうという議論がありましたね。それを読み替えて計画という言葉を物語と置き換えると、問題の所在が明瞭になる。今日においてあれだけ大規模な震災が起こったわけだから、「大きい計画」が適応するのではないかという幻想が生まれています。そこでグランドプランというか、大きい枠組みの提案が考えられる。だが「小さい計画」ならそれぞれの意味を持ち得るが、大振りではだめだということに変わりはない。

その「大きい計画」とは、マスタープランをつくり、ゾーニングをやり、線引きをし、道路計画をつくり、次に公園と住区計画をつくりというふうに、ブレークダウンしていく、今日、官制の都市計画が依拠している手段の体系のことです。これは実は震災以上にダメージを受けてきたはずなんです。だってさすがによくできた、なんていう都市は戦後生まれなかったでしょう。つまり、震災直後の神戸の光景以上のキズモノにこのコンセプトはなっているんです。ところが、いまの中央官庁から地方自治体に至るまで使える手段がこれしかない。要するに、行政はあの惨憺たるキズモノをまだ抱え込んで、それを唯一の売りものにせざるを得ない。これは何たることかというのが僕の最大の印象なんです。

平良　要するに、地方の自治体には、建設省（現国土交通省、以下同）がマスタープランをつくれといっているようですが、その類の方法ということですか。

磯崎　そうです。マスタープランをつくれというから、策定委員会をつくって、案をつくる。それを建設省へもっていって、これはオーケーだとなって御墨付きをもらったら、中期計画、長期計画にのせる。そういうふうに都市計画行政のレベルにマスタープランが組み込まれているわけです。その背後には、補助金をもらえるという暗黙のうちでの了解と期待があります。だけど、組み込んだとしても、それは計画目標として何年先にできるかわからない。できないうちにまた次の長期計画をつくる。四年後とか六年後に市長が変わったりすると、またやるわけです。だから、どんどん書類は増えるけど、実効は上がらない。

その長期計画の策定にかかわる大学の先生とか、専門家といわれる様々なコンサルタント会社はみんなマスタープランの原稿をつくります。彼らはそういうところで仕事が流れることによって事務所が成り立つ。必ずしもできるつもりで書いていない。もしできたりすると責任を取らされますよ。だから実現の期待もしていない。一生懸命、議論をするんだけれども、僕はいま都市計画を見ていると本質的にどこかおかしいのじゃないかと感じるのです。

その最大の原因は、要するに、そういう上から下ろしてくるマスタープランの仕組みそのものが、もともと無効になっているということをはっきりいわなければばいけないのに、誰もいわないということです。

平良　誰も言わないのは、なぜですか。マスタープランを描いて安心しきっている。

磯崎　僕は二十五年ほど前に「都市」から撤退すると言ったりしたことでいま冷やかされているわけです。なぜ撤退したか。この理由ははっきりありました。つまり、不毛な手段しか持ち合わせない都市計画家というプロフェッションでは、都市には太刀打ちできないだけではなくて、百害あって一利なしです。確かに僕は、都市を語ること、計画することを放棄しました。だから、ますますそれをやっている人は増長したということはあるかもしれませんけど、あげくに敵前逃亡だと言われていたりします。今頃それを言われるということは、破局を眼前にするまでは、誰も実感が湧かなかったのですね。

平良　都市計画とか、アーバンデザインの理論はいまのところ実践的な理論になっていないでしょう。だから、みんな作文をつくって、お金をもらうようになるんですね。

磯崎　目の前に都市というものがありますね。それは生きているわけですから、どんどん出来上がって変化していく。この都市があることは確かです。その都市をつくると思われている都市計画という手段が現実の動きとズレちゃっている。つまり、都市計画という手段を介しただけで都市はできない、ということが明瞭になってきたのじゃないですか。

だから、大げさにいうと、建築も建築物という「もの」を介してだけでは、完成できないのじゃないかということをいま感じているんです。

平良　それは規模の問題じゃないですね。

磯崎　規模じゃなくて、概念です。建築という、もっと広い意味をもっている概念。それを一個の建築物で象徴的に表現するということは不可能になっている。建築物であっても建築のパーツにしかならない、そういう状態。それは美術に対して美術作品がもっている関係も同じだし、文学という概念に対して文学作品が全部を表現できないわけですね。

ところが、建築家とか、都市計画家とか、美術家は一つのプロフェッションになっています。そのプロフェッション側の主張は、都市計画家というプロに頼めば都市はできますということ。プロフェッションの側としたらそういうふうに言わざるを得ないですけれど、実はできない。これでは相手を騙すようなものだと僕は思うんです。「欠陥職業だから、おれはここまでしかできない」ときちんと言えれば、それは良心的かも知れないけど、信用の度合いが落ちますでしょ。第一、仕事を依頼してくれません。

だけど、全部できると思わせては、これは詐欺行為になりますよ。その詐欺行為にあたることを行政の担当者はやらなきゃいけない。それは職業的な義務ですね。欠陥のある手段を使いながら完璧に全部ができるということを言いまくってる。これは詐欺をしているのと同じじゃないですか。

行政の関係者がこれを読んでくれればありがたいですね。これは僕はふだん思っていることですから。この点については、誰に言われてもちゃんと弁明します。

部分を攻める戦略

平良　ところで磯崎さんは、アートポリスとか、いろいろかかわってきたわけじゃないですか。その場合の手法は、いわゆるマスタープランという都市計画と称されるものとは違って部分を攻めていく戦略ですね。

都市は、物理的な実態、物的な集積体とは言える。けれど本当の都市をつくり上げていく人々の生活があって初めてそれがモノを形づくっていくという側面の方を重視すべきだ。つまり、人間の相互行為という動態が、プロフェッションの領分以前に横たわっている。

磯崎　確かに都市はそこでつくられていると思います。それは理念ではありません。われわれが必要性、あるいは利便性を求めて、集まって生活せざるを得ないこの状態、これは一つの原則ですね。それを支えてくれるのは都市活動そのものです。だけど、それは都市が機能しているかしていないか、良い都市か悪い都市か、そういうことにかかわってくる別なフェーズの議論です。

都市をどう定義するかは、視点や立場によって変わります。けれど、少なくともわれわれがふだん議論をしているときに「都市」と言っているのは、都市活動の総体を言っていると言って良いのでしょうね。

平良　既存の都市活動が残した痕跡を相手に、都市計画家とか建築家はものを論じているのじゃないかと思う。

磯崎　そういう対象に対して切り込むときに、都市計画家や建築家は、自分が所有している技術体系として設計手段、そのとき使える法の体系、こういうものを手掛かりに具体的な手続きをして都市にかかわり、建築にかかわるわけです。その部分がプロフェッションとしてやれる限界です。

平良　技術体系と法的体系が実践の場面でかかわりを持つとき、政治性との関連が浮上してくる。

磯崎　そうです。そして、それを逐一取り上げて有効か、有効でないかということを分析してみると、それがさっきから議論されている都市という活動の総体を、完全にカバーできていない。そこのズレなのじゃないかという気がします。

その一つの例をあげると、日本には都市計画法と建築基準法があります。これは法体系として考えてみた場合に、もともと大正七年の市街地建築法がその後二つの法に分かれて、いまにつながっています。元来これは日本の都市の実情とは無関係につくられたのだろうと僕は思います。ヨーロッパには、都市の理念がありました。ヘーゲル的な国家理性に相当する都市理性とでもいうべき《都市》の理念がありました。この理念をモデルにして法体系が組み立てられている。それは「願望としての近代」といっていい。

その都市理念とは、ヨーロッパの十九世紀に組み立てられた街区単位で構成される都市像です。街区構成とは、いろいろな説明ができるかもしれませんけれども、十九世紀の初めに民族国家ができたときに、国家がみずからを「再現表象」しようとする、その表象する手段として首都が選ばれる。すなわち首都とは、国家の「再現表象」であると考えられる。キャンベラ、ブラジリアに至るまで、首都そのものが国家の顔になっています。そこで考えられた都市の構成原理を、中小都市はそっくり真似してきました。だから、ミニ首都がつくられます。例えば県庁所在地の都市です。ここには、役所と文化施設が必要とされます。日本では教会ははずされてきました。そういうワンセットの建物群が中心にあって、周りの住宅や商業を街区に収める。それの原型は、ベルリンやパリというところがつくりました。プロイセンの首都であったベルリンなんかの構成原理を日本はそっくりそのままもってきている。

今度の神戸の震災復興で、都市を街区単位に戻せという議論があったでしょう。あれは要するに、都市計画法がそう考えているわけです。そして、その街区単位で、中庭があって、周りを建物で囲む。法に基いて計算すると自然にああなるんじゃないですか。だから、斜線制限とか、壁面協定とか、建ぺい率とか日照時間とかも含めて、全部連動して街区を形成するシステムなんですね。つまり、法が自動的に生産している形態です。

それはあくまで十九世紀ベルリンを理想型としているものです。日本の実状とは全くズレています。ここが問題の起こる由縁です。その違いが、震災の復興において、行政の押し付けプランだと猛烈に住民から反対される原因です。軋轢が生じるのは当然なんです。それはなぜかといえば、もともと街路で囲われた街区が単位として都市の構成要素となっていた西欧都市と異なって、田園的な敷地割りのうえに成立していた日本の都市の構造をいきなり西欧型に変えようとしているわけだから、もめるのは当然です。

街区構成法の無理

平良　いずれ、取り上げてみたいと思っていますが千葉県の幕張ニュータウンに見られる街区構成のまちづくりには新しい面とともに限界も既に感じられる。しかし、それに代わる新しい手法はまだ見えてこない。

磯崎　神戸市なんかが提案している計画は都市計画法をそっくりかたちにしたものでしょ。幕張ニュータウンはそれを更地のうえにやろうとしている。だから、非常に優等生。建設省はほめるはずですよ（笑）。それで、販売上、問題が起こるというのは、居住者のメンタリティから見て、それがリアリティがあったのかないのかという問題とも絡んでくるわけですね。

そうやってみると、そこの矛盾をどう始末するかということがあるんですけれど、例えば土地所有にしても、税制によって遺産相続で土地が細分化していく、特に戦後の土地の細分化は税制がそのまま表現されたと見てもいい。

平良　そうですね。一方で細分化を押しつけておきながら……。

磯崎　それが上から大きい計画が下りてくる、下は下で細分化によって、いっそう小さくなっていく。この間の矛盾が解けないままの状態です。だから、もし日本の都市の実情を冷静に眺めて対処しようと思えば、都市計画法と建築基準法を根本的につくり直す人が出てこないといけないと僕は思っています。もともと内田祥三さんが組み立てた法ですし、高山英華さんは直系の弟子だから、おそらく先生のやったのは崩せないと考えてこられたことでしょう。

それから、いまの建設省の人たちは、その法の枠のなかで耳の垢をほじくるような具合に小さい条令をたくさんつくるわけでしょう。だけど、本質は変えようがない。建設省の人々は優秀だから精密に操作はするのだけれども、もとがおかしいのだから膨大な努力があまり実効を生じないような結果になってしまう。この有様をどの世代が崩してくれるのかと期待を常にもっています。僕らの世代は高山さんのまた下ですから。横をみると、伊藤滋さんたち、いまの都市計画学会を支える世代になります。僕はぜひそこら辺の人が着手してほしいと思っています。そうしないと日本の都市は永久に良くなりません。もちろんこれは政治レベルの問題になるし、学会も全部組み替えないといけないし、いろいろと「事件」が続出するとは思いますがね……。

平良　それを担う人は必ず出てくると思いますし、そう思わなければ希望がない。

磯崎　僕はそれを期待しています。それで、これは弁解になっちゃうけれども、都市から撤退と二十五年前に言ったのは、そのときに「これはいけない。やったら一生をむだにするのじゃないか」と僕は思ったからです。たまたま建築の仕事で、ほぼ生活できるぐらいになった。事務所といってもアトリエですが、ちょっとずつやれるようになった。もう都市にかかわって時間を無駄にするのはやめようというのが正直なところだったんです。大学に残って研究しても、コンサルになってやっても、そこの本質的な問題が解けない限りだめだったのじゃないかと僕は思うんです。実は、いま建築について、同様な問題に直面しつつあります。だけど今度は撤退しないつもりです。建築の行き着く先を見届けるつもりです。すると都市についての見通しも開けるかもしれません。

住専問題の遠因・持家政策

磯崎　その「撤退」と言った頃に、僕は吉本隆明氏と対談したことがあります。一九七〇年ごろです。

平良　それはどういう雑誌で……。

磯崎　吉本隆明の対談集『どこに思想の根拠をおくか』(一九七二)に載っているはずです。初出は『美術手帳』だったかな。その頃、未来論なんかで建築家の社会的発言が目立ってきた。彼はそのうさん臭さを指摘しようとしたと思います。たまたま僕があたって、僕は建築家の弁護をするような立場に置かれようとしたけど、そうする必要もなかろうと思っていたんです。

これは当時から僕のある種の持論にしていたんですが、日本の都市を悪くしたのは戦後の持家政策だと考えていました。その十年以上前の「小住宅設計ばんざい」なんかを八田利也の名前で共同執筆していたころからです。これは間違いかもしれないんだけど、僕はいまだにそう思っていますよ。

平良　僕もそう思っているんですよ。住宅問題を卒論に選んだせいもあって、僕は賃貸が主流にしていくのだろうと思って、そういう社会政策が続くと思っていた。ところが違う方向に進められてしまった。

磯崎　歴代政府の持家政策、これが日本の経済復興の要になったんですね……と思うんですよ。

平良　確か池田内閣が転機でした。

磯崎　所得倍増計画のころでしょうね。倍増して、「庭付き一軒家をサラリーマンでも持てますよ」という幻想をあおりました。

吉本隆明氏はちょうどそのころ建売り一軒家を買って、ローンを山と抱えたその時期だったと思うんですけど、その買った家のできの悪さに怒り狂っていた。埴谷雄高が吉本隆明の家の写真か何かをみて、「作家ともあろう者があんなシャンデリアのついている家に住んでいる」といって皮肉ったとかいう話があります。

その家を買った彼は、建売住宅がいかに手を抜いているかとかいう批判をいろいろする。それはそのとおりだと思うんです。それを一人の建築家もしくは都市計画家として責任を取るすべはない。そこで僕は持家政策批判ぐらいしかできなかった。

なぜ持家政策が問題かというと、まずそういう幻想があおられます。ローンの組み立てをする。ローンの保証を会社がやる。会社は何十年という返済の保証をするわけですから、終身雇用というのはいいんですけど、会社にとってみると終身束縛できるわけですよ、逆にね。だから、あれは日本的経営のいいところだと言うけれども、そういうふうに足かせをはめちゃった、とも言えます。要するに、会社が、自分のところの社員にローンをかぶせたのと同じです。そのローンのシステムを組み立てたのが大蔵省（現・財務省）であり、政府ですからね。それに財産税の問題もある。土地を分割して、やっと住めるぐらいの猫のひたいのような地形になるところまで分割していくわけでしょう。そうやって土地所有の細分化が始まるわけです。

日本的な終身雇用、ローン、それに基づく政府の経済政策それに住宅供給システムなど、すべてがひとまとめに連動しているわけですね。住専問題などと言われているものの遠因はそのときから始まっています。そして、いまの都市の光景が組み立てられてくる。そのあげく、細分化したものを、どうも効率が悪いというのでやり出したのが地上げでしょ。いまの住専問題というのは、戦後の土地政策のしりぬぐいをさせられている。本格的改革をしないでしりぬぐいしようとしているから、こんな有様になってしまうということなんですよ。だから、住専は、単なる金融政策ではなく、重大な都市問題だと思います。

そこまで広げていくと、何かしら日本の都市問題は、かなり根の深いところにある。そういう事件があるのに、都市計画は、そういう中身がないような顔をして網をかぶせようとするわけでしょう。この矛盾は深まる一方です。この中に入り込んで都市計画家が何をやれるかということになる。そのもろもろを考えてまちづくりが組み立てられるのかと。

都市計画法に基づいたものしか行政側としてはまちづくりの手段をもっていないし、一方で市民側は自由意思の協定しかないわけです。そうすると、果たして大きいスケールの面的な計画が機能するのかどうか。大概無理じゃないかという印象が強いんですね。それやこれやで都市問題は全部、袋小路に行き着きます。そういう議論を都市計画学会などがやってくれているのかどうか、建築学会がやってくれているのかどうか。

マスター・アーキテクト制の提案

平良　磯崎さんは建設省の「美しい街づくり懇談会」の委員になっていたでしょう。そこで、いまのような意見をぶつけられたんですか。

磯崎　少しは言いました。半分ぐらい言ったんです。そうするうちに、何だかあの懇談会そのものが政治情勢の変化で腰くだけになった。何か言ってももう――。

平良　結構ですと（笑）。

磯崎　会合は一応四～五回ありましたね。なぜか僕が海外に行っているときばかりに開かれるんです。

平良　いないときにやる？

磯崎　ええ。それで、しようがないから、顔をみるとなかなか言えないようなことを文章にして出したんです。そうしたら、当時、大臣がまだ五十嵐広三さんだったかな。初めて出たときに五十嵐さんがいて、「ずいぶんきついことを言ってくれました」と言われましたけど、せいぜいそのくらいのことで……。

簡単にいうと、そのときに建設省が、「美しい街づくり」ということを言っていました。さっきの詐欺の話はそこからきているんですけど、いくら法令を読んでも、「美しい街」の「美しい」が出てくるような仕組みになっていない。極端にいうと「美しい」というものは、役所でいうと建設省の担当ではないらしい。「美しい」とか「文化」については文部省（現文部科学省、以下同）だけれども、文部省はほとんど当事者能力がなくて放ってある。学校建築の環境破壊の有様を見てもわかるでしょう。にもかかわらず建設省があえて「美しい街づくり」ということは、「いまの日本の建設省、政府を信用してくれれば、各自治体はみんなちゃんと美しい街をつくってあげられますよ」というふうに理解されてしまう。それは詐欺でしょう。だから、「美しい」という字を降ろせといったんですよ（笑）。「街づくり」だけなら、もうちょっと概念が広くなる。
そうしたら、美学が専門の高階秀爾さんが座長ですから、「美しい」は降ろせない（笑）。彼は、「街の景観と美とはこういう関係がある」と説明はしてくれます。それは明晰な解釈ではあっても、実行手段にはなりません。体系化し、手段を伴う理念にはなり得ません。それやこれやで嫌われたのだろうと思いますね。

平良　じゃ、それは何も結論を出さずに終わっちゃったんですか。

磯崎　発表されているのかな。発表の原案のようなものはできていて、そこには各論併記みたいに、誰がどういう発言をしたというのが抜粋でずっと載っていましたが。それで、どうとでもとれるような頭書きがあるわけですね。各論をどけると、それが骨組みだということでしょうけれど、結局のところ何も変わらなかったという感じです。

具体的にどうしたらいいかというので、僕は、アートポリス云々という話も例で出るものですから、建設省は、法という間接的な手段を介して行政をコントロールして、「美しい街」をつくるということをやろうとしても無理だろう、むしろそういう全体の問題がわかる建築家を――誰でもいいんですけれども、個人なりグループなりを――行政の首長の横につけたらどうかと提案した。それがマスター・アーキテクトというようなものとして建設省では受け取ったみたいで、それは実現に向かって動いているんじゃないですか。

そのときの僕の考えは、法がだめならば人しかないということです。ところが、いま、建設省の管轄では公園・緑地・河川・道路・住宅・都市という具合に縦割りになっている。まちづくりは、福祉の問題もあるし、差別の問題もあるし、いろいろなものが入り乱れている。これをどうやって街にもっていくか。例えば、いまの縦割り行政を国のみならず地方の行政体で考えてみると、誰に頼んでもできません。企画室がありますというけれど、企画室というのは、そういうことを実行部隊としてやらない部所です。ただ何年計画というのをつくるためにいろいろなことをやる。それ以上は無理。となれば責任をもたされるのは首長だから、市長……。

平良　市長直結の……。

磯崎　つまり、ラインが行政にあって、横にマスター・アーキテクト――プランナーでもいいんですが――をつけて、既存のプランニングボードが一応行政の組織の中にあるけれども、外部の立場でスタートして、首長の横につくボードがあったほうが良いのじゃないかと僕は思っています。果たしてできるかどうか……。

人が入れば、その人は法に必ずしも書かれていないことを自らの責任で、もし教養が豊かで判断能力があれば――これが問題なんですが――、それを政策に反映させていくというとっかかりはできる。

極端にいうと、計画の遂行では、東京の臨海開発でもそうだけれども、ビューロクラシーは自動的に前進する以外に道がない。それを止めるということができないんですね。選挙があったから、あのとき一時止めたけど、いままた動いてます。

平良　事故として止まるだけで……（笑）。

磯崎　「事故」ですね。いまはもとに戻っているようなものでしょう。そうすると、そのときに一人で決めるのでは力が弱い。独立した知見を持った人間が横にいて、止めてあげねばならない。通常は、それをブレーンと称する人がいてやっている。だけど、それはあまりオフィシャルに表面化できないわけですね。もうちょっと表に立ってそれを言えるようにした方が良いと僕は思うのです。しかし、それはもちろんプラス・マイナスがある。民主主義に反するとすぐ言われる。いろいろ問題は残っています。ですけど、何かそういうことでもしないと、いまの上からのシステムを動かす手段はありません。

平良　市民とのフィードバックも可能なシステムを考えれば、そう民主主義に反したということにはならないけども、しかし、むずかしそうだね。

磯崎　透き間があいていますから、それを詰めるのはものすごく大変だと思います。しかし、何か起こせばやるし、「事件」になると市民が介入できるんです。「事件」を起こしていけばいいんです。

平良　ビューロクラシーは退却ができないんだよね、前進あるのみだから。障害にぶつかって挫折するか……。

磯崎　それをやめたら自分の先行きにかかわると、担当者がみんな思っちゃうわけです。本当は「ここでおれはやめるぞ」といったら点がとれたというふうになれば一番いいんですけど、「あのとき、あいつはやめた。失敗をした」というふうになりますね、その行政の中では。そうすると、結局、大失敗をしたあげくに袋だたきにあって、クビを切られる、そういう決着になりかねない。

その大失敗するまで待って、冷たくその担当者だけを外に放り出すのがビューロクラシーの生き残り手段です。そのコマになった人たちはかわいそうです。そういう事態に自分の意向とかかわりなく追い込まれていくのですから。

アートポリスの実験

平良　アートポリスとのかかわりは、まだ続いているようですけど……。

磯崎　続いています。あまり長く一人がコミッショナーをやるのはよくないから、僕はせいぜい五年ぐらいだと言っていたら、いまもう七年までできちゃったでしょう。そろそろ降り時ではないかと僕は言っているんですが、実は細川護熙さんから福島知事に受渡しをやるその間しばらく、仕事は続いていましたが、方向づけをするのに若干ブランクがありました。だけど、最終的に、福島知事が「やりましょう」と言われた。ですから、新しい知事の方針として動き始めたわけです。それでまだ新しい動きが固まっていないので、「おまえは抜けるな」とか、言われているんです。

知事のほうも、何かやりたいという積極的な姿勢になり始めました。もうちょっとつき合わないといけないかなと迷ったりしています。だけど、筋からいえば、こういうものは誰かにバトンタッチして、それで次が出てくるという、そのシステムができていかないと困ります。それをどうスムーズにシステム化するかというのをいま考えている状態です。

平良　例えば、熊本の場合マスタープランをつくろうという意思はなさそうですね。しかしそれに代わる都市づくりの理念とシステムがないといけないのではないかとぼくは思います。

磯崎　まちづくりのプロデューサーとか、コーディネーターとか、それしか用語がないから、「どうですか」

と僕は細川知事から当時言われたんです。そして、「プロデューサーもコーディネーターも、いままで使い古された用語であって、役割も中途半端だ。それならいっそのことコミッショナーという呼び方にしたらどうですか。このコミッショナーは、様々な建築家にコミッションして仕事をさせる役というぐらいに割り切ったらどうですか」と僕はとっさに答えた。それでコミッショナーという名前がつきました。

とっかかりにおいて、いわゆるマスタープランはできないだろうと思っていました。あえて言うと、つくる意味がないと逆に思ったんですね。都市の中で事が起こると、ひとつの点ができるだろう。これは碁でいう布石みたいなものだから、これを固めていけば一種のネットワークができる。それで、街を再編していく手掛かりにしていったらいいのじゃないか。

そうすると、面的開発とか、線の開発とか、壁面線をそろえるとか、統一的なコンセプトをつくるとか、そういうものには全然なりません。勝手にやらせる。いい建築家が、良いかたちでやれば、それは良くなるはずです。相互に他と応答しながら解答をつくる。一人の建築家が全部手取り足取りやっても退屈なものにしかならないでしょう、かえってバラバラのほうが良い、というのが僕の意見ですよ。最初はあまり理解されなかった。だけど、「これしかやりようがないじゃないですか」というと、「そうだな」という感じでもありました。

平良　そうすると、アートポリスでやっているようなことは、都市計画のうちに入らないわけですね。

磯崎　入らないでしょうね。まとまっていけば都市になるかもしれない、都市の一部ではあるでしょう。要するに、これは点のネットワークです。都市は無数の重なり合ったネットワークでできている。そのうちの一つをせいぜいやっている。だから、三十枚ぐらいフィルムが重なっているとして、その一枚分ぐらいという感じですね。

平良　それでいいんだと。

磯崎　それしかない。それでも、やらないのとは大違いです。残りの二十九枚のフィルムにあたるものをどうやってやるか、これは残されています。それを上から見たらいまの街になっている、そういう感じじゃないでしょうか。

平良　そういうふうに重なり合いとして……。

磯崎　いまの都市計画の手法は、都市をこんな重なり合いとしてはとらえにくいんですよ。

平良　実際につくられた都市は確かにそうですよね。そういうふうに積み重なっている。偉大な計画者がいたわけでもないけど。

公共住宅の設計の新風

磯崎　アートポリスの場合、僕一人では到底無理ですから、実際は、八束はじめ君がディレクター役、それに全計画を段取りするのはワークショップをやっている鈴木明君。その二人でほとんど決めてくれます。僕があまり言わなくても、間違いは、まあ、ありません。もちろん相談にはいつものっています。

ただ、一番最初に問題だったのは、公営住宅をアトリエ型の建築家にデザインさせるというシステムがなかったことです。まず公営住宅の設計料のこれまでの基準では新しいデザインを考える余裕が全くない。それに何とか少し上乗せしてもらうということを行政の中で認めてもらうことなどが実は難関でした。

中をちょっと変えるとコストアップする。それをどうするかというのがあって、一〇パーセントぐらい上がることは場合によっては仕方ないという了解がとれました。プロジェクトの始まりがちょうどバブルの最後ぐらいだったので、行政もわりと太っ腹だったのかもしれません。何しろそれまでがあまりに厳し過ぎたのです。量をこなすために質が犠牲にされてきています。最近はまた厳しくなっていて、再びコストのレベルで締めつけられて、やりにくくなりました。とうとう県は、公営住宅をアートポリスに出すのは物理的に無理だと考え始めてもいます。

だが、アートポリス事業が社会的な意義をもつとしたら、公共住宅の設計に新風を吹き込んだことです。これをやめると、いくら見かけがきれいなものが増えてもその存在理由が半減します。

新しい建築家を選ぶことは容易です。その設計をちゃんとまとめてやれる、そういうシチュエーションをつくることのほうが手間がかかりますね。それで実際に、設計者が受けて、自分で設計料のネゴシエーションとかプログラムの改変とかやらないといけないでしょう。そうしたら、まずは無理です。何しろ発注者と受注者という力関係がありますからね。

平良　その結果、自治体の雰囲気は変わってきましたか？

磯崎　熊本県には、腹をくくって頑張ってくれる人がだんだん増えてきました。行政の中に機会さえあればやりたいという人が各部門に何人かは必ずいるんですね。普段はやりようがない、芽が出ない、やらせてくれないというだけで、かなりきちんと考えている人たちは、ちゃんといるのです。中央官庁から行った人も、地元で採用された人たちもいます。チャンスがないんだと思います。どういう方向にもっていったらいいかというオリエンテーションがないので、身動きならないだけです。「事件」が起こると必ずやる人が出てくる。僕は、彼らを掘り起こせばいいと思います。

平良　だから、熊本では磯崎さんがコミッショナーになったというのが「事件」なわけだ。

磯崎　たまたまその前に、僕は知事の懇談会に何回か出ていました。そのあげくに知事がこのアートポリスを相談されたわけですけれど、そのときにまず設計の発注方式が変わったわけです。

いままではだいたい建築設計の発注は、県会議員とか、そういう人たちを通じて、仕事が発生するところに設計事務所が営業にいって、言い方は悪いけど置いてくる名刺の数で、決まってきたりしています。要するに、地方行政組織がもっているそういういい加減な発注の仕方で、「営業がよく来るから、ここは熱心だ」と、そういうふうに思っちゃうわけです。名刺の厚みで決まるなんて冗談みたいだけど、それが通用するんですね。営業担当者は仕事をとれたらもう関係ない。設計の内容を熱心にやるわけではありません。そういう格好で大きい仕事は動いている。民間の若い事務所はキャパシティがない。営業能力が乏しい。そうすると、必然的に公共の仕事のチャンスがありません。それを僕は、ほんの少しばかり揺すっているに過ぎない。すぐに事態が変わるとは思いませんが。

オーケーしてくれた細川さんが、そういう仕事発注に関しては無欲だったのか、こちらを信用してくれたのか、偶然できちゃったシステムなんです。それで、勝手に僕のところで決めているから、「あいつは非民主的だ」と言われているわけです。僕が勝手に決めているのではなくて、もちろんスタッフも一緒にいて決めている。誰から言われても、つっつかれてもおかしくないような評価基準を内輪でつくりながらやっているつもりなんです。それにしたって偏りますよね。そうすると、なかなか回ってこないとか、いろいろ言われることは確かです。まあ、そんな結末になる責任はとるつもりです。

ヨーロッパはシティ・アーキテクト

平良　ヨーロッパはどうしているんですかね。

磯崎　ヨーロッパの場合にはわりとコンペが多い。もう一つは、シティ・アーキテクトというか、例えば、ある建築家が一定期間、プロジェクト担当みたいな感じで市の職員になります。そして、彼が、コンセプトと地区を決め、自分独自の判断で建築家を呼んでくる。この辺は、特にドイツを見ているときちんとしていますね。建築家のサーベイの仕方など驚くほどよくやっています。

それで、その中でもやはり個人だから建築家としてのプリンシプルがそれぞれあります。ベルリンでシュティマンという建築家がそういう役をやっています。市街地区のほとんど全部のプロジェクトは、彼のところに行って相談をしないといけないということになっている。建築総監みたいな感じですね。昔のアルバート・シュペアーはヒットラーと連結していたのでもっと強力だったでしょうが。

例えば、コールハースはコンペ審査会でシュティマンと喧嘩したから、あいつは仕事はやれないとか、リベスキンドはたまたまコンペで、ジューイッシュ・ミュゼアムは建っているけど、もうベルリンの中では仕事をくれないだろうとか、いろいろ噂はあります。そういう何人かブラックリストを聞いたことがあります。だけど、彼もわりとフレキシブルな男だから、噂ほどではないでしょうが、そういう連中と一緒に、僕なんかも呼ばれてシンポジウムをやるとかということもやっているから、強い力があることは確かですね。

平良　何かの計画に参加は？

磯崎　現在ベルリンで一つの地区開発に参加しています。これはダイムラー・ベンツ（現ダイムラー・クライスラー）の仕事です。招待コンペ上位五人が分担するということになっていて、マスタープランはレンゾ・ピアノのものです。既につくられていたマスタープランとあまり変えていません。マスタープランナーというのは、コーディネーションにすごい手間がかかるわけです。遠い日本で不慣れな土地でマスタープランナーとしてコーディネートするなんて到底無理ですから、このコンペでは二等狙いでした。一票差でウンガースが二等、僕は三等でした。だが、ウンガースは基本計画をやる段階で喧嘩して降りています。

その地区計画も、建築総監みたいな立場のシュティマンに相談をかけて、ここまでいい、でも高さはそろえなくてはいけないという具合に、全部相談の上でやるわけです。

外国では、マスタープランをやるのが大変ですね。つまり、その土地のいろいろな行き掛かりがあるでしょう。外からいくと、建築単体はできるんですけど、街全部にかかわるようなものをやるには非常に難しい。

平良　その建築総監というのは、任期がかなり長いんですか。

磯崎　どこもみんなそうですけど、だいたい議員の役もしている。

平良　市会議員？

磯崎　ええ。そして、建築総監は、正式には彼は都市計画局長というような感じなのかな。

平良　建築屋で、議員でもあるわけですね。

磯崎　そういうふうになっているんですよ。オランダもそうです。

平良　だけど、次に議員になれないで落ちたらどうなるんですか。

磯崎　そのときはやはり変わるのじゃないですか。フランスやスペインは、だいたい市長が国会議員を兼ねる人がたくさんいます。両方やっているんですよ。中国へいくと、市長は地区の共産党の書記長です。助役は、やはり共産党のその次の人という具合。

ですから、完全に独立しているのはアメリカと日本。ほかの国では、そういう行政の長、あるいは行政の担当者は、意外にもっと政治的な活動を片方でやっています。

日本はそれができないから族議員が生まれてくるわけでしょう。だから、もともと族議員を役人にしてしまえばいいのじゃないですか。そうすれば、あいつはああいう立場のものだというふうになるでしょう。ところが、裏でやるから、日本の場合はややこしくなる。役割的には、族議員的なことは必要とされていると思うんですね。だけど、三権分立の建前でできないから、そういう妙な仕組みになってしまった。

首都移転論へのスタンス

平良　僕はもっと国会移転の問題についての議論を広げていくべきだと思うんだけど、六〇キロから三〇〇キロ以内に移転という、いま言われているような限定は設けないでね。

磯崎　あれは誰が言ったんですか。中央政府をこの際思いっきり小さくすることが遷都の唯一のメリットだと僕は思っています。ところが、三〇〇キロ以内ということは、中央政府の重さをいっこうに軽くするつもりがないことを暗にいっている。これでは混乱に拍車がかかるだけです。

平良　国会をもっていくなら、遠いところへもっていったほうが衝撃的でいいと思うんです。

磯崎　個人的に淡路島が良いと言ったりしています。震災復興のコンクールの中に一人、専門家ではない、民間の人ですが、そういう案もありました。これは入選しています。

ともあれ遷都はコンセプトとして、小さい政府というものをつくろうとしているわけでしょう。

平良　そうですね。小さくなければ意味ない。

磯崎　ところが、小さい政府を仮につくっても、周りに土地があれば、そこが乱開発されて、広がるというのは目に見えています。だから、乱開発できないところにしちゃえばいい。淡路島は海に囲まれている。延びようがない。しかも、せっかく橋が架かっているし……。

この間の国土庁の発表では、国土軸が四つできるというんですね。第一が東海道から福岡まで。第二が、東の出発点はどこか知らないのですが、奈良から和歌山のほうを通って、淡路島、徳島を通って四国を抜けて、豊後水道を越えて、九州の真ん中を抜ける。第三は確か東北のほうで、第四が山陰から北陸だったですかね。そうすると、一と二に淡路島がちょうどまたがっているわけです。しかも周りが開発できない。それで、阪神からのアクセスが三十分ぐらいで全部できちゃうということになるから、絶好の場所じゃないかと思います。

しかもこの案には右翼も反対しないだろうと思います。なぜならば、古事記を読むと、一番最初にできたのが淡路島です。これは日本の神話的起源の物語です。僕は、仮に日本という国家の姿がはっきりしなくなっても、日本共同体は厳然として存続すると思っています。ここでいう国家とは、明治以来の民族国家としての枠組みで、これは世界史的に見て、早晩変わらざるを得ない。だけど、地政学的に日本語を話す共同体は残るでしょう。そのとき神話的起源は仮にこれが虚構であっても、有効性を保持します。この淡路島案というのは案外いいのじゃないかと、僕はふっと思ったんですよ。しかも地震エネルギーがもう抜けている。阪神・淡路大震災に対してロクな援助もできなかった全日本の被災しなかったものたちからの未来の贈り物です。

ともかく、東京から出ていくのはいいと思うんです。だが三〇〇キロ圏というのはよくない。平城京から長岡京へ遷るようなものです。あの条件は解除してほしい。そして、ポスト国家の時代のための小さい政府をつくることです。どうやってそれを機会に組み立て得るのかというのが、むしろより重大課題になるでしょう。

平良　それができれば中央も膨大な官僚機構が縮小できるはず、分権のほうにつながってくるだろうから。果たしてそれができるかどうか……。

磯崎　もう十年近く前ですが、朝日新聞が論文募集をしたことがあります。移動首都計画というのが確か一等になったと思うんだけど、そのときに僕は審査員でした。横路孝弘氏もいたし、金丸信氏も審査員でした。そのとき初めてそういう人の顔をみました。

それはどういう案かというと、移動国会です。いかだをつくって、東京湾につないで、その上に国会を乗せる。それをずっと引いていって、今回は名古屋とか、次の通常国会は大阪でやるとか、あるいは、一年単位ぐらいでいいから日本を順々に回るという提案でした。大相撲の地方場所のようなものかもしれませんがね。それを考えたのはどこかの自治体のグループでした。これはいいアイディアです。常設場所は東京湾にしておいても仕方ない。原子力発電が本当に安全なら、そのいかだに仕込んでおけばいいじゃないですか。自ら危機と危険をひしひしと感じているのが国会議員であり、中央政府であるとすれば、まあ「公僕」といえるんじゃないですか。

平良　国体が各県順繰りにやられているのと同じだ。

磯崎　だから、淡路島みたいな不便なところにやっちゃうのは理にかなっている。

いまの答申は裏があるといわれています。表の文章だけいくら読んでもわからないですよね。よくよく読めば場所はどこかもわかるようになっているとか、そういうことになっているでしょう。だけど、よくよく読んでもばかばかしいというレポートですね。やるならドバッと変えないといけないなと思いますね。繰返しになりますが、三〇〇キロ圏内にやろうというのは、小さい政府に徹底的にする気なしで、依然として大きい政府を抱えたまま、矛先を一極集中からちょっとずらせようという姑息な解決法じゃないかという気がするんです。

皇居移転も視野のなかに……

磯崎　僕はこの間、京都でコンサートホールの仕事をしました。そのときに京都の音楽文化人の会で、京都で和風迎賓館をつくれという運動があるんですが、「そんなのはやめて、東宮御所をその場所につくったらいい。なぜならば、東京に四代の天皇を貸して民族国家の繁栄に役立ってもらったのだから、そして東京があれだけ壊滅的に肥大化した状態までになっちゃったのだから、もうお役御免になっていただく。天皇家が東京と民族国家としての日本に奉仕する義務はもう果たされた。平成天皇を連れ戻す段取りは取りにくいだろうから、皇太子がこちらに住まわれておけば、自動的に天皇は京都にご帰還になるのじゃないか」ということを冗談まじりに話しました。

平良　反応はどうでしたか。

磯崎　「ようそんなきついことを言ってくれた」と言って、京都の人からはずいぶんほめられました。その土地にいれば、そこ向きの祝言を言うのが渡り芸人（建築家もそうです）の基本ですから、と断ってはいますけど。

平良　首都圏の移転の問題で、皇居の移転も思い切って……。

磯崎　一緒にやったほうがいいでしょう。

平良　堺屋太一が遷都論なんですね。「僕のいう意味は、首都移転ではなくて新都建設。首都機能だから、宮城はそのままになっている」と……。

磯崎　キャピタルだけなんでしょう。

平良　そうそう、キャピタルだけ。そういうふうに逃げている。右のほうからそういういろいろな意見が出ると、それで逃げているわけなんだ。風通しがよくないからね、宮城があそこにあるというのはうっとうしい。

磯崎　そうすれば、東京はだいぶ風通しがよくなる。そこまで弱り目に祟り目で落ち込んで、どうしようもないというところにもっていかないと、東京は改造できないのじゃないですか。

平良　戦後、あそこでメーデーをやった当時は人民広場といった明るい広場のイメージがあったんですよ。それが閉じこめられて、明治神宮外苑のほうに……。

磯崎　メーデーが向こうに移ったからね。

平良　だから、いま宮城は神社があって拝みにいくだけになっちゃっている。ヨーロッパの王宮前の広場みたいに明るい感じにならないものね、いま。

磯崎　やはり参拝ですね。

平良　参拝ですよ、あれは。奥のほうに行かないとなかなか感じられない。眼鏡橋を渡って自由に散策できるように解放し、首都機能移転の跡地ともつなげて緑のネットワークを広げると東京の空間構造の活性化とゆとりが実現できる。

磯崎　たかが百何年の間ですからね。だから、変わる分には変わって首都移転がマイナスには響かないと思うんです。何とか始末がつくのじゃないですか。

平良　建っている建物はみんな博物館にして……。

磯崎　新宮殿には十二単衣の人形を入れて、謁見のさまとか何とかというのでやれば、人形になりたい人が山といて面白いんじゃないですか（笑）。

平良　しかし、首都問題はこれから議論が広がっていくと思いますね。

磯崎　そうですね。ただ、なぜ関西が外されているかというのが、僕にはよくわからない。さっき淡路島で思い出したけど、地震があったから、あと四百年ぐらいは大地震はこないと言われています。一応理論的には。今度、東京近辺で三〇〇キロ圏というと必ずくるわけですから、向こうのほうが地震にも安全なはずなんですね。

平良　那須と福島、近間ではね。

磯崎　なんだか暗いねぇ、イメージが（笑）。日本をわざわざ滅亡させるために藤原三代のところに呼び寄せている、そういう感じがしないでもない（笑）。結構な話だけど。あっちはやはり奥の細道や遠野物語の世界にしておいてもらいたいなぁ。

首都機能移転の審議って誰がやっているのですか。

平良　あれ、下河辺（淳）さんも入っているでしょう。磯崎さんには声がかからない？

磯崎　僕は関係ありません。

政府委員は、僕には何も肩書きがないし、民間の平ですからだめなんでしょう。大学の先生とか、いろいろ資格がないといけない。それで、お国に奉仕しているという、何かそういう匂いがないといけない。僕は国家批判となるとハッスルするけど、そんなことばかりやっているから無理ですね。

平良　そういうのは文部省がみているんですかね。

磯崎　ちゃんとみているんじゃないですか。オウムみたいにかい潜ってやらない限り、かなりみられているんでしょうね。

首都移転の問題は、日本の構造を変えることになっていくならば面白いと思うし……。

平良　そういうふうに結びつけば面白い。

磯崎　すべてをリジッドに大振りにもっていくとメガロポリス的な発想に必ずなる。それから徹底的に抜ける手段というのが読み取れないんですね。

平良　要するに、東京の近辺が有力地になっていくと、これはやはり飲み込まれちゃう。

磯崎　いまのシステムをまだ存続させるためでしょう。ソフトランディングがいいと考えられた時代は過ぎたんですよ。住専対策の失敗がいい例ですね。いまのやり方は、車輪一つのパンクで着陸させようという程度でしょうけど、首都移転は、胴体着陸ぐらいを覚悟しないといけない。ほっとくと墜落炎上という羽目に至るでしょうから。

平良　そうでしょう。そっちの反対を抑えるためでしょうね。

スーパーシステムとしての都市

磯崎　最近、生物学の免疫系の議論について、多田富雄さんの本を読みました。昔の免疫系というのは自己と非自己があって、非自己のものが入り込むと、それで防御、排出など、いろいろな変化があって、免疫系がそこで成立する、自己を保全するというシステムだと考えられていた。

一九八〇年ごろまでは、非常にリジッドな自己という認識だった。それはDNAなり何なりで、そういう遺伝子との絡みの中できちんとした、統一された概念があって、それが自己を形成していくというふうになっているんですが、最近はどうもそうじゃないと言われるようになったらしい。要するに、もともとそんなリジッドなものじゃなくて、中途半端なものとか、自分の中でまた別なことをやってしまうものとかいうのが、そういう接触の過程で出来上がってくる。そして、それが妙なかたちのシステムを新たにつくり上げる。そのモヤモヤとした維持形態を、多田さんは「スーパーシステム」といっています。要するに、リジッドじゃない、やわらかいシステムですね。

彼は、都市もそういうものじゃないかと考えている。それから、言語が出来上がっていく過程も、最初たどたどしい発音だったのが、何べんも繰り返しているうちにいろいろな言語が徐々に出来上がってくる。これは、生物が免疫系を組み立てていく、その全体の過程に似ているということですね。都市も似ている。そのときにリジッドでないシステムとして都市がある、間接的にアナロジーで言われているんですけれども、僕も、都市というのはもともとそういうものだと思います。

ところが、ひとつの理念の都市があって、さらには理想都市があって、これを法として解釈して設計することによって編成された、近代以来の都市計画の概念では、常にリジッドなものを組み立てることがテーマでした。そういう中間にやわらかいものが入り込んで、異物が入り込んで、自分自身もジワジワ変わりながら、相変わらず似たようなものとして維持されていく、そういうシステムが本来ないといけない。もしそれを考えられるなら、今後、組み立てていくときの都市の見方にかなり役に立つ概念じゃないかという感じはしています。

全体像をあらかじめどこかで決めておいて、それに当てはめてすべて判断していくのじゃなくて、超越的な概念というのは必要なのだけれども、それは常にテンタティブであって、自分で仮にこれをやってみるとこういうものができる。さらに、仮にやってみるとこういうのができてと、そういうことをやりながら揺らめきながら全体が成立しているというように、私は私なりの都市論を組み立てようとしてきたんですけれど、多田さんの構想はとても参考になります。

アーバンデザインをやるということは、何か別のものを都市の中に挿入することです。一つの免疫系として成立しているところに異物が入ってくるわけです。侵入してくる。そうすると、若干の変形が加わる。環境条件が変わったことによって背が伸びるとか、皮膚の色が変わるとか、そういうものまで含めて人間が成立しているわけですから、それと似たような状態を都市の中で部分的に組み立てていくということは当然あり得るわけで、それを排除か、置換かというような非常に単純な方式にしてしまうと、どうもうまくいかないような感じがするんです。

だから、アーバンデザインというものを、美しい景観はこうだなどといって、一つ理念に掲げて、それに突進する。そのことは英雄的なのだけれども、やっても空振りしてしまう。たまにはできるでしょうけど。できてみたら、それでも全部ができたのじゃなくて、一部ができたに過ぎない。

アーバンデザインのとらえ方というものが、完全にシステマティックなメタボリズムではなく、感光紙に光っていて、録音にエラーがたくさん入っている、間違いが起こる、でも、まとめてみれば何々街と呼べるような、そういう種類のものでしょう。それになっていけばいいのじゃないですか。

平良　エラーがあっても、これは失敗だといって消し去るのじゃなくて、エラーもいろいろ都市を変化させていく、そういうもので良いんですよね。

磯崎　僕は良いと思うんですよ。

平良　アーバンデザイナーではない人たちこそが何か変化を起こしたという……。

磯崎　そうですよ。いつもみんな、パリはきれいだとか、ワシントンはきれいだとかというふうにもってくる、それをモデルにすることがおかしいんですよ。とはいってもそれに代替するイメージを的確に示し得ない。おそらくそれをバックアップするだけの理論がない。いまの問題もここにあると思うんです。やり出すと気が遠くなるようなしんどい話ですね。だけど、適切なモデルは突発的に発見されるんです。問題の所在さえ見定め得たら、世界中で多数の人々が考え始めます。案外早いかもしれない。

平良　エラーが入ることはむしろ当然のことであって、エラーによって新たにみえてくるものがあり、とりわけ都市的現象の生き生きした面が、エラーによって誘発されることがまれではない、ということも念頭に入れた都市的実践をバックアップする哲学が要請されるのではないでしょうか。

今日の話で、磯崎さんの都市に対するスタンスが理解できたように思います。

第二章

建築がつくる「情景」

対談者／槇　文彦（『造景10』一九九七年八月）

「動く」建築

平良　ぼくが最初に槇さんの作品に触れたのは立正大学でしたが、あの頃から槇さんは「風景」ということを強く意識されていたのでしょうか？

槇　風景に対して建築をどうしたらいいかということではなくて、むしろ、建築家がどういうかたちで情景を構想化できるかということに興味がありました。なぜ「情景」という言い方をするかと言いますと、そこに人々のさまざまな行動が加わって風景と一体になったものを、ぼくは情景とか光景と呼んできましたから。

七〇年代、われわれは三つほど学校を設計した経験がありますが、子供のスケールに対応した、夢を育むことができるような楽しい場所をつくりたいと思い、その時にも「風景の構想化」という言葉を使ったことがあります。特に子供の場合は大人と違って、彼らの行動の中には「かくれんぼ」のような初源的な行動パターンが存在しています。そういうことを考えながら空間をつくっていくのは大変楽しかったし、実際に建物ができると、われわれがしつらえた場所、あるいは空間に対する子供の反応は直接的ですね。こういう空間にすると楽しく使ってくれるのではないかと思ってつくると、実際に子供たちが楽しそうに使ってくれる。

槇文彦（まき・ふみひこ）氏／1928年東京生まれ。1952年東京大学工学部建築学科卒業。ワシントン大学、ハーバード大学、東京大学で教鞭をとる。1965年より槇総合計画事務所代表。

しかし、大人はそうはいきません。きっと、日常生活の別なことにより関心があって、空間がどうかというようなことを第一には考えていないからではないでしょうか。しかし、おそらく老人になるとまたちょっと違ってきて、風景を慈しんだり、昔のことを懐かしんだりするようになると思うのです。空間に対する反応はジェネレーションによっても違うし、もちろん個人差もあります。永年建築をやっていると、そういうことがわかるような気がします。

平良　槇さんの最近の仕事を拝見していて、少し変わってきたのかなあという印象を受けたのですが、それを一番感じたのはフローニンゲンでやられた「浮かぶ劇場」、それから中津の「風の丘葬斎場」、この二つが象徴的でした。

槇　「浮かぶ劇場」はそれ自体が普通の建築ではなく、変わったものなんですね。四年ほど前に、オランダのフローニンゲンから、夏以外はあまり天気の良くない、その北の街に「浮かぶ劇場」をつくってくれという依頼がありました。その時の要求はコンクリートの箱船の上にステージをつくって、パフォーマンスをやったり音楽をやったりできるもの。もちろん、それは運河のあるところはどこへでも移動できるわけです。郊外の緑の多い所へタグボートで押されて行く写真がありますが、ちょうど雨が降っていて、みんな傘をさしています。

通常、建築というのは与えられた場所に対してレスポンスするかたちでつくりますから、「サイト・スペシフィック」、つまり与えられた場所に対して特異なものであるわけですが、「浮かぶ劇場」をやってみて面白かったのは、それ自体が動いて行きますから、周辺の風景がどんどん変わっていく。街の中の場合もあるし、あるいは田園風景に佇んでいることもある……。ですから、最初はどういうふうにつくったら良いのかわからなかったのですが、何らかの形でアイデンティティを与えたいと思いました。ボートでもないし、日本の屋形船のように船の上に既存の建築の瓦屋根を載せたものでもない。何か、さまざまな風景や情況に対して、もう一つ新たな光景をつくり出すような形は無いかと考えました。

ステージですから、見る人のじゃまにならないように両端だけでサポートされた無柱空間で、しかもある種のシンボリックな形態は無いだろうかと探しているうちに、ダブル・ヘリックス（二重らせん）を水平に使うのはどうだろうかということで、こういう形が浮かび上がってきたわけです。

なぜこの形なのかと聞かれると、やはり建築家ですから「これが良いんだ」と言うしかないのですが、ぼくは幾何学でありながら、様々なイメージを喚起させる形に興味を持っています。例えばアングルによってはエスカルゴに見えたり、エイリアンに見えたり、空に溶け込んでいく雲のようでもあるし、白鳥のように感じられることもあります。何を感じるかは見る人が自由に感じればいいんであって、ぼく自身が何かを象徴したいわけでもなんでもないわけです。そこが大事で、例えば歴史主義的な建築はある時代のある様式を象徴化しているわけですが、これはそういうこととは無縁です。

ぼくは、$y=f(x)$ で言えるような建築が、そのつくられ方、材料、あるいは情況によって人々にいろいろなイメージを喚起させる道具立てとしてあれば、それでいいと思っているのです。ですから、一見異様に見えるかも知れないけれども、それ自体がいろんな情況の中で変容しながら、ある特異な情景をつくり出していくような建築をつくりたいと思いました。

今回はそれが「動く」建築であったために、より新しい何かを示唆してくれました。その中でぼくが特に興味を持ったことは、例えばピカソの作品はどこにおいてもピカソであるように、「アート」というのは必ずしもサイトスペシフィックではない。それは、もちろん場所と無関係であるとは言えないけれども、しかし、必ずしも「一対一」の関係で対応していない何かがあるわけです。ですから、建築に含まれるアートとしてのある種の要素は、その建築が場所を越える何かを持っていて、初めてそう言えるのかも知れないと思うのです。例えば、フランク・ロイド・ライトが設計した有名なグッゲンハイム・ミュージアムを考えてみますと、ニューヨークのセントラルパークに面した五番街のあの場所に、なぜあの形なのかとたずねても、おそらくライトは「なぜ、そんなことを聞くんだ」と言ったに違いない。仮に敷地がハドソンリバーの岸辺だったとしても、ライトは同じようなものをつくったのではないかと思うのです。建築というのはそういう面も持っている。とは言っても、まったく時代とか場所を超越できるかというと、そうではない。ぼく自身結論がないのですが、今回はそういうことを改めて考えさせられました。

人は動きながら「認知」する

平良　ぼくは槇さんの作品を見ていて、今までの建築の歴史的なシンボリズムとは違うけれど、シンボリズムを強く感じました。それは何かというと「自然」なんですよ。

槇　そうかもしれません。歴史と言ったときに、多くの場合、ある場所は確かにある時代の歴史を背負っているから、われわれはその歴史を感じ、それによって「歴史」を代表させようとする。例えばルネッサンス時代にできたイタリーの古い街に行くと、ルネッサンス様式でその街のイメージを代表させている。しかし、われわれはある特定の時代の歴史以前に太古の歴史を持っていると思うのです。最近、ＤＮＡの研究が進んで、われわれは人間として進化する以前の動物としての本能的なものも持っていて、それが遺伝子の一部に残っているのではないかということが言われています。例えば、スペース、空間について言うと、動物が最初に自分の場所とか領域を獲得しようとしたときには、それは防御と攻撃という生命の保全のために必要なものだったわけです。ところが人間が集団で生活するようになると、種族とか家族の保全、維持も重要になってきて、おそらくその時点で神話とか宗教が生まれ、その重要な道具立てとして空間と音楽がありました。特に空間の場合はそこにシンボリズムが生まれてくるわけですが、最初は自然教、アニミズムだったろうと思います。例えばストーンヘンジは太陽信仰の場であって、柱の間から太陽が上がってくるのを拝むと同時に、これだけのものをみんなでつくったという、コミュニティとしての連帯を確かめる一種のデモンストレーションでもあったと思うのです。

ぼくは、「自然」の形態とか空間が持っているリズムのようなものが太古の時代から長く人間の記憶装置の中に組み込まれていて、それは場所や時代を越えたある種のシンボリズムだと言えるのではないかと思うのです。

平良　子供が「かくれんぼ」をして何故あんなに喜ぶかというと、そういう遺伝子を持っていて、それを遊びに転化している。槇さんがおっしゃったように人間には防御本能、つまり生存にとって必要な能力があるからなわけですね。

槇　地理学者でジェイ・アップルトンという人がいるのですが、彼が「眺望と隠れ家」ということを言っています。つまり、動物がどこかに潜んで獲物を狙うように、相手に見られないようにして相手を見る。それは十九世紀のジェレミィ・ベンサムのパノプティコン（一点監視システム）につながって行くわけですが、子供の頃を思い出すと、隠れているというのはある種の興奮を感じることがあるんですね。それは学校で教わるようなことではなくて、食うか食われるかという中で動物が本来持っている本能が文化の形態の中である種の遊びに変化していったものだと思うのです。こういうことが建築をつくる人にとっては基本的な、大事な話ではないかと思います。

平良　ぼくが二、三年前から興味を持っているのは、アメリカの認知心理学者のＪ・ギブソンという人が『生態学的視覚論』という本で「アフォーダンス」という概念を出しています。なぜ、ぼくが興味を持ったかというと、これは浜口隆一さんから聞いたのですが、建築家の前川國男さんが口癖のように「環境とのアフォード」という言葉を使っていたのだそうです。

槇　「アフォード」という英語を直接日本語にすると「許容できる」とか「余裕がある」ということでしょうか。

平良　「アフォーダンス」というのはギブソンの造語で、環境が生命体に与える情報なんです。人間の育ち方を見ると、科学的な教育を受ける以前に、環境が生あるものに対して与えるもの、あるいは自分にとって危険なものを経験の中で判断していく能力がもともと備わっている。それをギブソンは「アフォーダンス」と命名しているのです。ギブソンは軍隊から依頼を受けて、戦闘機があのスピードの中で遠くから敵機かどうかをとっさに判断してナビゲーションできるのはなぜか、あるいは着陸の際の判断力についての実験を繰り返して、環境と人間の相互作用のあり方を研究したのです。要するに、人間を含めた動物はそれを手がかりに生きている、そういう概念です。これは環境論にとって大事な概念で、生あるものと環境との関係の基礎にそういう事実がある。

槇　心理学とか視覚論というものが、この百年以上、学問としてはバラバラなかたちでありましたが、もう少し学際的に、今のギブソンのお話のように動物の本能みたいなものに立ち返って見直してみると、もっと開けた視野の中でものごとの本質を理解することができる。同じようなことをわれわれの建築の分野でいうと、形態論とか空間論というものに大きな問題を投げかけていると思います。

平良　ぼくが槇さんの建築を見てぴたっとくるなと思ったのは、ギブソンは、人間が視覚的に環境を認知するのは動きながら運動の中で認知していると言っているのです。ビジョン、視覚自体が運動感覚的なものを備えているというわけです。だからわれわれはクラシックやバロックをきちっとした堅いもののように抽象的に見ているけれども、ギブソンが言っているのはそうではなくて、われわれは動きながら感じていると言うのです。ピカソの絵だって、ピカソは動きながら感じたものをタブローのなかに描いた。

槇　そしてキュービズムが生まれたわけですね。

ぼくは今、ドーシというインドの建築家についての原稿を書いているのですが、彼も空間にとって最も基本的な部分は、歩いているとき、動いているとき、つまり一つの場所から次の場所へ行く間に最も初源的な体験が生まれる、そこが大事だということを言っています。それをぼくなりに解釈すると、例えば、インドで朝早く起きると、人がただただ歩いているんですよ。日本人だとどこかに行くために歩く、あるいは健康のために歩くわけですが、インドの自然は大きくて日本みたいにちまちましていませんから、ドーシに言わせると彼らは歩きながら瞑想しているんだそうです。つまり、歩くということの中に至福の一瞬を見いだすということがある。確かに、本来われわれは動く中で光の動きや周縁の変わっていく様態を楽しんでいるわけですね。山だって海だって、じっと同じところを見ているのではなくて、例えば浜辺を歩きながら変化していく海を見ている。なるほど、その本は面白そうですね。

平良　地味な本で、すぐに役に立つというものではないけれど、環境論を考える上ではなかなか良い本だと思います。

「$y=f(x)$」の豊かな建築とは？

平良　先日、「浮かぶ劇場」のビデオを拝見したのですが、日本の屋形船とか山車にちょっと似ているな、と思いました。

槇　でも、形に関しては歴史的な引用ではないのです。別の例でお話ししますと、大分県の中津市というところに「風の丘葬斎場」が完成しまして、ちょうど二、三日前に撮影した航空写真ができたところです。それを見ていただくとよくわかると思いますが、われわれがつくった葬斎場の前にランドスケープアーキテクトの三谷徹さんと一緒にやった大きな公園がありまして、隣地はお墓です。昔、ここに小さな葬斎場があ

風の丘葬斎場（提供・槇総合計画研究所）

って、今回それをつくり直したわけですが、調査をしたら敷地の中から古墳跡が出てきました。三世紀から中世にかけての古墳ですが、その跡をそのまま復元しました。死者と関係があるものですから、アクロポリスに対してネクロポリスと言って良いかどうか……。

この葬斎場をやったときも、八角形、三角形、四角形という幾何学形態を使っています。遠くから見たときに抽象的な、ある物象のイメージを公園にいる人に与える形がいいのではないかと考えました。これも先ほどの話とどこかでつながってくるのですが、あまり建築らしく見えない形の方が良いのではないかということです。また、普通ですとどうしても建物が四メートルとか五メートル地上に出てくるわけですが、ここでは地面をすり鉢状に盛り上げて、例えばすーっと塀が一つそこにあるだけで建物を感じさせないようにしています。八角形の部分も土の中に突き刺さったようにして傾けて、土の中から何か生えてきたような、そういうイメージがあるんですね。

たまたま、ドーシ（前出）が送ってくれた資料を見ていましたら、彼はアーティストと一緒に不思議なものをつくっているんです。一種のエキシビション・スペースのようで、そこで使っているテクニックはモダンなのですが、外から見ると動物が地上を蠢動しているようだし、中に入りますと太古のイメージ、洞窟のイメージがあって、面白いと思いました。みんな、どこかで初源的なイメージを分かち合う時代になってきたのかなという気がします。これは非常に面白い現象ですね。

「$y=f(x)$」の関係でできている建築というのは、建築を構成する道具立てのプロセスが明快で、けっして訳のわからない部分はないんだけれども、そういう方程式からでもこういう建築が生まれるという一つの証というか、建築の形態論に何か示唆するものがあると思うのです。特に葬斎場のように人の「死」に関わる建築では、表現を考えるときの手がかりになるだろうと思います。

「風の丘葬斎場」をやったときに考えたことは、去っていく者と残された者の最後の出会いの場所はどのようなものにしたら良いのだろうということでした。ある静かさと厳粛なものが優しく包まれているような意識、それだけを手がかりに、それをどう表現するか、あとは空間の問題になっていくわけです。最近の建築とは、建築と言うより「施設」なんですね。学校でも、工場でも、病院でも、極端にプログラム化された「施設」にすぎない。それに対して「建築」は、それを越えて、人間の意識とか期待をどう表現していくかということが重要なのではないでしょうか。

平良　一時期、モダニズムに対する批判が建築の内外から起きましたね。施設になってしまった、あるいは施設止まりでしかなり得ない建物を全部モダニズムのせいにした傾向がありました。

槇　平良さんは一九六九年にＳＤの「生成建築論」という特集で、「モダニズムはそういうことに失敗したといわれているけれども、どうですか」とぼくに質問されて、それに対してぼくは「そうではありません」と答えています。一時、建築が類型化し、要求された機能に対してどう解くかを一義的に考えるようになったときに、モダニズム建築は生命が絶えたのではないか、あるいはモダニズムでは都市をつくっていくことができないのではないか、ということが盛んに言われました。

ぼく自身は、それはけっしてモダニズムの言語が間違っているわけではなくて、使い方の問題だろうと思っていました。少なくともモダニズムが切り開いた地平、つまり抽象的図像による空間形成は大変奥の深いものであって、けっして「これがモダニズムだ」と言って終わるものではない。ある時期に建築が教条化してしまったという反省は、七〇年代、われわれの中でかなり意識されましたし、それを含めて広義の意味でのモダニズムは現在の言葉を使えば「生成」していくものだろうと思います。ただし、そのためにはわれわれはもっとオープンなかたちで歴史を見なければいけないし、形態論にしても、先ほど言われたギブソンの心理的知覚論のような意識を持つことによって、新たに何かに挑戦するという課題が生まれてくる。ですから、ぼく自身はモダニズムのデザインに対して、望みを捨てているわけではないのです。

平良　一時、ポストモダンでいろいろなデザインが出ましたね。ぼくは、どうもあれについていけなかったのですが、ただ、いろんな分野から出てきたモダニズムの限界に対する批判は受け止めるべきだという感じはあるんです。ポストモダンのデザインが消えて、いつのまにかそのことまで忘れられたようになっているのは、どうも具合が悪い。

槇　そうですね。結局、ポストモダニズムの行き着いたところ、あるいはまだ行き着いていないと言えるのかもしれませんが、それを批判する前に、ポストモダニズムがモダニズムを批評したという功績は十分に認めます。非常に広いモダニズムのなかのあるクリティックとして、ポストモダンが現象的に表れたと言えます。

平良　ポストモダンというのは大きなモダンのなかの一分派ですね。ぼくはそう解釈している。

槇　ぼくもそう思います。そして、われわれはある意味でポストモダンの時代に入ってきている。ぼくは最近発見された縄文時代の遺跡についてはあまり詳しくは知りませんが、歴史というもの自体が読み直しの時期に来ていると思うのです。網野善彦さんなどの本を読んでいると、すでに中世の読み直しが行われています。ぼくは歴史というのはすごく大事だと思うのですが、同時に、今までの固定観念的な歴史論は壊さないといけないですね。いったい、われわれにとって基本的な問題は何で、歴史がどういう意味を持っているのかを知るために、やはり歴史そのものについて今までに無かった視点からの情報がもっと欲しい。

閉ざされた歴史から開放され、「場所性」の再構築を

平良　ぼくは、ポストモダンが失敗したのは、トポスの問題をまともに扱っていなかったからだと思う。ポストモダンは近代建築の固定観念を壊す意味では役に立ったけれども、トポスの問題はちゃんと扱っていなかったし、トポスという観念があやふやのような気がするんですね。そこで例として、槇さんは、C・アレグザンダーの『パタンランゲージ』のようなアプローチの仕方をどういうふうに見ていますか。

槇　ぼくは『パタンランゲージ』をAからZまで詳細に読んだわけではないのですが、アレグザンダーがマクロからミクロまで、例えばマクロというと地域、

リージョンの問題から、ミクロと言うとそれこそ食事のためのテーブルと椅子の配置のあり方まで、何段階かに分けてそれぞれについてガイドラインのようなものをつくっているのに対して、ぼく自身はちょっとついていけないところがあるんですね。先ほど言ったように人間の行動の中にも何段階かあって、動物のレベルにまでさかのぼることができる空間概念と、何世紀にもわたってある地域の中で培われてきた生活様式がつくり出す行為を、現代のように過渡的現象の中でどうとらえるかというのは、例えば玄関一つとってみてもさまざまなレベルで議論が可能なわけで、それを一つ、これだというような言い方はできないはずなんですね。ですから、ぼく自身は、彼がパタンランゲージでマニュアルみたいに言っていることは、同感できる部分もあるけれど、それは極めてケースバイケースでして、いや、こんなことはとてもと思う部分もある（笑）。彼はやはり教祖ですから、教祖というのはマクロからミクロまですべて決めなければいけない（笑）。ぼくは教祖ではありませんから、どちらかというと今言ったような批判が出て来るのです。

トポスというのはものすごく奥の深い話で、どう定義するかによって違ってくると思いますが、二十世紀の建築の中で最も革命的なことは何かというと、空間について技術的により高く、広くということが可能になったことのほかに、先ほどの生態学的視覚論、あるいは空間認知論の問題まで含め、われわれにとって空間とはなんだろうかという再認識が行われました。その結果としてさまざまなトライアルが行われ、その一つは「部屋」という概念を破壊したことです。例えばデ・スティル（一九一七〜三一年、オランダで結成された芸術家のグループ。水平垂直な床や壁、青・赤・黄の三原色など純粋抽象造形を用いたデザインが特徴）がそうです。それからもう一つは、平良さんがおっしゃったトポス、つまり歴史的な場所にはア・プリオリにその場所の持っているエネルギーのようなものがあって、われわれはそれを尊重しながら人工環境物をつくってきたところがありますが、例えば二十世紀初頭に表れたル・コルビュジエなどが言っていたのはテクノ・ユートピアです。先ほどの部屋の概念の破壊にもつながるのですが、テクノ・ユートピアの本質は何かというと、ある意味ではトポスの概念の破壊を前提にしているんですね。例えばコルビュジエの「三百万人のための現代都市」（一九二五年）という提案は、明らかに既存の、例えばパリという都市が持っているトポスを一度壊して、均質化された場所に再構築しようとした。それが良いとか悪いとかいう話以前に、われわれの空間概念の中にそういうものが表れてきたということは注目しなければいけないし、それがまた歴史的事実を形成しているわけです。

二十世紀初頭のアヴァンギャルドはトポスをいったん壊して見せたわけで、それはものすごく大事なことでした。ちょうどモダニズムが行き詰まったときに、ポストモダンが一度潰した方がいいのではないかと言ったのと同じような意味を持っているわけですが、ただ問題は、二十世紀も終わり近くになって、そのあとのフォローアップとして、どのくらい有効な提案がなされているかというと、まだ壊されっぱなしになっているところがかなりあると思うんですね。歴史的都市は、ある期間にわたって安定した空間秩序の中で人々が生活し、かつ活動することを可能にしていたと思うのですが、現代はわれわれ建築家がこうしたいとか、こうであって欲しいと思うのとは関係なく、社会的現象として政治、経済、特に経済の力が場所というもの、歴史的なトポスをどんどん消去してきた。われわれはそういう状況の中にいる、というのがぼくの一つの状況認識です。

ぼく自身、何を拠り所にして建築をつくっていくかということは大変難しい問題でして、再びコミュニティというものはあり得るのだろうかという、コミュニティ論とも関連してくる。コミュニティというのは、かなりの長期間にわたってその場所で生活する、あるいは活動することを前提としてできてきた社会集団であり、かつその空間的アイデンティティとしての場所であって、われわれの記憶の装置の手がかりとしても大事にしてきたと思うのです。ところが現在の都市社会は、特にこの数十年は非常に流動性の高い時代で、もはや子供や孫が同じ場所に住むというのはなんの保証もないし、むしろそうでない確率の方が高い。隣りの人が三世代ずっと住み続けるということは、さらにあり得無いわけですね。

川添登さんがおしゃっていたように（第十章）、例えば昭和の初めなら、同じような意識を持ち同じような生活をしたいという人たちは文士村のように集まって住むことができた。しかし、そういう選択性すら与えられない場合は、まず個人に帰らざるを得ないだろう。そして、でき得ればあるアイデンティティを持った所で生活したい、あるいは働きたいと思うわけですが、今はアイデンティティを持った場所がものすごく減ってきていると思うのです。

しかし不思議なことに、コミュニティに完全に代替できるかどうかは別として、いくつかそういう場所が生まれてきているんですね。一つはキャンパス。例えばオックスフォードとかハーバード大学のキャンパスは街の中に溶解していますけれど、現在、「キャンパス」という概念は人間にとって瞬時的なユートピアかもしれません。その中では「場所」と自分の行動の一対一のアイデンティティが成立しているわけですね。さらに短い時間帯でいえば、そこへ行ってある時間だけ楽しむというテーマパークです。もう一つ、最近聞いた話で面白いと思ったのは、アメリカのシリコンバレーへ行くといろんな情報産業のリサーチセンターや会社があって、そういうオフィスパークでの生活形態は他とまったく違うんだそうです。まずフレックスタイムで、好きなときに行って、好きなときに帰ってくる。みんなポロシャツ姿で、ネクタイをしていない。しかも車で通勤するのではなくてオートバイだそうです。オフィスの隣にテニスコートがあって、ちょっと仕事に疲れると仲間でテニスをする。そういう話を聞いていると、大学のキャンパスのようでもあるし、働く環境それ自体が新しいルールをつくり、そこに参加する人たちはある拡がりを持ったトポスを経験していると思うんですね。古い歴史的なかたちでの場所性は無くなっていく代わりに、一方において数は少ないかもしれないけれど、そういう新しい場所をつくりつつある。テーマパークも、ぼくなんかはディズニーランドは虚しいと思うのですが、それでもあれだけにぎわっているところを見ると、それなりの代替機能を持っていると言えるのではないでしょうか。

平良　それも新しいコミュニティですね。

槇　それに関して私が一つお話したかったのは、軽井沢の別荘地帯に南原というところがあります。昭和の初め、ある大地主が主に学者さんたちに敷地を分譲したのが始まりです。家内の父は学者ではなかったのですが、その中に別荘を持っていました。そこがなぜ面白いかと言いますと、その別荘地の真ん中を共用地にして林間学校、テニスコート、原っぱと東屋等をつくり、みんなで先生や管理の人を雇いまして、子供たちはそこで午前中、勉強したり、いろんな遊びをしたりするんです。その間、親は解放されるわけですね。夏の初めにみんなで集まって、今年は幾らかかるとか、いろんなことを決めて会費制で維持している、一種の自治体でもあるわけです。そういうコミュニティが、世代が交替しても結構続いているんです。夏場だけのコミュニティですね。三代目くらいになってくると学者でない人の方が多いのですが、こういうコミュニティは例えば転勤しても夏場になると家族はそこへ帰ってくるというかたちで、意外と持続性があるんです。ぼくの孫なんかは、家内の父から見るともう四代目になるわけですが、そういう子供たちがたくさん来る。そして結構子供、孫同士が結婚したりしている。そういう経験をして、なるほどなと思うことがありました。

軽井沢の例は、たまたま意識なしに生まれたコミュニティを大事に育てたということですが、われわれが設計した代官山のヒルサイドテラスに住む人、商いをする人達もあの場所をみんなで維持していこうと思っていますから、昔の商店街の人たちのような意識を持っているかもしれないですね。そういうように世代が変わっても、テナントが変わっても、維持していくなにものかをどういうふうに探して、それをどう接着剤として場所（トポス）をつくっていくか、その可能性はゼロではない。ただし、ものすごい偶然性と努力、その両方が必要かもしれません。

例えば昔だったら、百年、二百年という時間帯の中で商人はここに住む、ものをつくる人はここに住むというようなことが決まっていったわけですね。そこに十九世紀以降、プロレタリアート、ブルジョアという基本的に定着しなくていい、あるいは定着し得ない人達が増えてきた。やがて商いも、この百年くらいの間に商店からデパート、ショッピングセンター、そして最近はコンビニエンスストアと変わってきて、それが街の様態に対してかなり決定的に関連している。われわれ、地方で仕事をしていますと、人口三〇万人程度の都市の中心部商店街、いわゆる昔からあった商店街というのは今、すべて難しい局面に立たされています。結局、一〇万から三〇万都市になると住人が郊外に出ちゃうんですよ。郊外に住んでいる人たちは、車社会ですからみんなショッピングセンターへ行く。

一〇万、三〇万都市というのは大都市のような有効な大量交通機関を持てないのが普通ですし、密集もしていません。そうするとみんな車を利用しますから、車で何ができるかということが物差しになり、どうしてもミニ・ロサンジェルス型都市が発達していく。でなければ街道筋商店街ですよね。百万都市になるとあるスケールメリットが出てきて、中核になる強い商圏が成立すると道沿いに寄生する商店街との共存があり得るのですが、一〇万、三〇万都市でもう一度町中を楽しくと言っても、基本的に古い商店街をどういうかたちで活性化するかというのはほぼ絶望的ですね。

「点」としての建築の可能性

平良　そういう状況の中で町が寂れていく、さあどうしたらいいんだろうということで、国土庁（現国土交通省）なんかも地方の小都市の商店街を活性化するためにいろいろ動いていますが、確かにそのレベルの都市が一番難しいんですね。伝統的な町並みやお城が残っているところは多少それを手がかりにしてまちづくりをしていますが、でもそれは観光を当てにするようなことになってしまう。観光資源だからどんどん活用しても良いんだけれど、それ以外に何かつくらないと、活性化は絶望的なんですよね。一番難しいのはそのへんなんだな。

ただ、経済の動きを見ていると、必ずしも今のままの勢いで大都市にばっかり人が集まるというよりは、大都市でなくても、可能性としては二万でも三万でも町は成立する根拠はあると思う。

槇　例えば、ぼくたちが関わっている富山市で言えば、みんな郊外の一軒家に住んでいるものですから夜間やウィークエンドに町中に人が来ないんです。だけど、富山県は、民力の一つの指標である、どのくらいちゃんとした住居に住んでいるかという点では日本一ですよね。ですから、マイナスの部分はどこかでプラスになっている。しかも情報化が進むとコミュニケーションはインターネット等で東京の人と同じようにできるし、それで何が悪いんだという開き直りもある。ウィークエンドは子供連れで郊外のショッピングセンターへ行く。ショッピングセンターは一種のミニキャンパスですね。事実、住んでいる人の意識や生活スタイルは、百万都市も、十万都市も、一歩ドアの中に入ったら変わらないですよね。昔のように農村と都会で家の中の生活スタイルが違うということが無い時代ですね。

そういう中で、ぼくは「点」としての建築の持つ意味が相変わらずあるだろうと思うのです。逆に、それはさらに重要になってくるだろうと思います。「風の丘葬斎場」のある中津市は福沢諭吉が幼少を過ごした町で、人口は七万くらいのところです。そこで最初に市立図書館を設計した関係で、今回「風の丘」を依頼されることになったのですが、ぼくは建築家として報いられたと思ったのは、小さい所だけに、新しいものができたときの反応を直に受け止めることができるんですね。「風の丘葬斎場」ができたときに、市民の方から「ああいうところで最期を見送ってもらえればうれしい」という手紙をいただきました。そういうことが実際にあるわけです。東京ではあり得ないですよね。

平良　それは小さな町のメリットですね。都会の中でいくら傑作建築をつくっても、街の反応は今一つでしょ？　建築雑誌が扱うくらいで……（笑）。

槇　市民には関係無い場合が多いですよね。小さいところでは、何かを一緒につくったという結果がより大きな反応として出てくるというのは、これまでの経験で言えると思います。それだけに、建築家は地域が共感を覚えるようなものをつくらなければならない、ということにもつながってきます。

このことに関して面白い建築の一つに、大分から博多に向かう途中に山国という町があります。人口数千の町ですが、そこに建築家の栗生明君が巨大なタウンセンターを設計しました。これは山国の町だけでなく、周辺の広域圏を対象にしたものですが、それでも東京の中野にある市民プラザのミニ版と言えるほど壮大なものです。その中に図書館から町役場、オーディトリアム、コミュニティセンターなどを全部入れてガラスで覆っている。そして冬はスケートリンクになる池まである、なかなか爽快なものです。そこに来ている人を見ていると、けっして戸惑っていないのです。そういう新しい建築に対して、簡単にというか、すぐに適応して、ガラスの檻みたいな中でコーヒーを飲んで結構楽しんでいる。最早、どこで何をつくっても誰も驚かないですよ（笑）。そういった意味ですごく面白かった。道に沿って町役場をつくって、オーディトリアム、図書館、コミュニティセンターやみやげ物屋をばらばらとつくるよりも、一緒にした方が迫力があるわけです。しかも、ただ一緒にしてコンクリートの量塊のようにつくるのではなく、ガラスで覆っているからある透過性があるわけです。

だからぼくは、良い建築であれば、何かじくじくと昔の老人の思い出を素にしたような建築をつくる必要はないと思っているんです。

平良　ある種、地域のシンボルになっているんですね。そのなかでコミュニティができちゃっている。

槇　これも、さきほどのミニキャンパスですよね。ミニキャンパスにしない限り、もしかしたら駐車場スペースも生まれない。駐車場の問題一つとってもそういう割り切り方が可能なわけです。

建築がつくり出す原風景

平良　槇さんは福岡大学でも複合的な建築をつくっていますが、それに対して建築家の富永譲さんが「プライマリーな空間」という言葉を使って解説していました。ぼくがなるほどと思ったのは、機能が異なるものを手がかりに、それぞれをプライマリーなものとして考え、それをつないでいって多彩なシーンを生み出している。

槇　プライマリー・ランドスケープという言葉がありますね。かつて奥野健男さんが、『文学における原風景』という著書の中で心象風景を取り上げて、その時、心象風景をどう訳そうかということで「プライマリー・メンタルスケープ」と言ったことがあります。「プライマリー」という中には初源的なとか、基本的なという意味があります。

建築を考えるときに、ぼくたちは建物の重要な空間をいったん「シーナリィ」、「シーン」としてとらえたいと思うのです。これは映画監督と同じだと思うのですが、映画というのはヴィジュアルなものですから、いくらお話が面白くてもヴィジュアルが良くなければどうしようもないわけですね。ストーリーももちろん大事だけれども、どこかで衝撃的な、あるいは基本的なシーナリィを、見ている人に記憶してもらいたいという願望がつくる側に常にある。大事なシーンが何ヵ所かにあって、それを巡りながら話が展開する。つまり記憶に変換して行くわけですね。建築も同じように、それぞれの建築の中にシーナリィというものが存在して、それをどう構築し、複数であればそれをどうつないでいくか、それがわれわれが建築をつくるときの一つのやり方なんですね。

設計を頼まれる際、われわれが貰うメニューというのは何平米の部屋を何部屋といったものですが、われわれはそれを頭の中、想像の世界で、シーナリィというものに置き換えて、その中で核にしたいものは何なんだろうかと考えるわけです。それは冒頭に出てきた情景とか風景の話と関連するのですが、全部の部屋をただ等価値に並べるのではなくて、プライマリーなものを中心にしてシーンをつくっていく。プライマリーということをぼくはそういうふうに考えています。例えば、奥野さんは、東京の当時の子供たちの記憶の中には山の手であれば原っぱ、下町であれば路地が心象風景の基本にあったと書いていますが、同じようなことが建築でもつくり得るのではないかと思うのです。先ほどの軽井沢の例で言うと、真ん中の共用部分の原っぱがプライマリーな空間ですね。自分の家以外に、みんなに共通するものがその情景なのです。

平良　そうすると具体的には、例えばキャンパスをやるときにはいくつくらいのシーンを考えるのですか。

槇　あまりたくさんあって人間の知覚のキャパシティを越えると、まとまりが無くてうるさく感じられたり、ちまちましてしまいます。建築というものを鑑賞して貰うためには、あまり多くないほうがいい。ただ、先ほどのジェイムズ・ギブソンの話で面白いと思ったのは、人間は動きながら認知していくということですね。コンピュータ・グラフィックスによって、われわれは模型の段階で自分たちがつくっている空間がどういうふうに見えてくるか、展開していくかをかなり知ることが出来るようになりました。これは道具としてはすごく有効でして、模型の中に胃カメラのようなものを突っ込んで、それを動かしていくとスクリーンの上でこんなふうに見えますよということがわかるし、また、上から光を射したり、一種のシミュレーション技術は大変発達しました。建築をつくるということにおいて、それを洗練させていく段階では有効な道具ですが、一方で、フランク・ロイド・ライトは図面だけであれだけの空間をつくりましたから……（笑）。建築家はまず何が大事かを知って、その大事なことのために道具を有効に使っていくということですね。

平良　槇さんはシークエンスを楽しんでつくり出しているようですね。

槇　ぼくは、もともとシークェンス派です。「風の丘」でも、最初に玄関から告別の場、待合い、収骨壷へ行く経路が、空間の儀式として大事だろうと考えるわけです。それは日本的というより東洋的なのかもしれません。

東洋的と言うときに、ぼくの友人でタイのスメット・ジュムサイが『水の神・ガーナ』という本を書いています。彼は、太古、何億年前から始まって分裂していったアジア、西アジアから東南アジアにかけて、共通しているものが一つある、それは水の文化だと言うんですね。水の象徴が、文学、建築、装飾、舞踏、あらゆる面で、これほど多く出てきている文化は無い。確かに、ヨーロッパには運河や川はありますけれど、水というものがそれほど深く関わってきていない。それはやっぱりアジアが氷河期から何回にもわたって分裂していく中で、水というものが絶えず重要な意味を持ってきたと言うのです。龍とか亀とか、そういう水の中に棲息しているものを使ったシンボル、それから波を素にした図象がたくさんありますね。もちろん仏教の影響が無いとは言えないのですが、彼に言わせると、類似の象徴は日本、インド、中国、タイ、インドネシアなど、随所に発生しているそうです。そういうマクロな歴史性の方が、これから、大事になってくると思うのです。われわれは歴史というと、すぐに矮小化して、限定したところで考えすぎているのではないかと思います。

ヴァナキュラー（土着性）と言うときに、一番大事なものの中に生活様態があって、それがヴァナキュラーをつくる原動力になっているわけですね。もう一つは、そこの地形とか、気候とか、あまり変えられないもの。三番目に、建築の場合、それが最も強く表れてくるのは土着の材料です。ところが、グローバルな経済圏の中で生活していると、こと建築材料に関しては土着ということがほとんど消失しています。なぜなら日本の石にしても木にしても、今や「高くて良くない」という現実があるわけです（笑）。外国の材料の方が「安くて良い」んですよ。円が高いということもあるかもしれませんが、運搬費がかかっても安いんです。ですから、われわれが今つくっている建築は世界中の生産品の成果であり、非常にハイブリッドになってきています。二十年くらい前には、一点豪華主義で玄関の床か何かにおそるおそる外国産の石を使ったというような思い出がありましたが、今はそうではないんですね。普通の単価の建物でも、安くて良い素材や建材を探してくれれば良い材料が使えるわけです。それは石や木といった一次生産品だけではなくて、福岡大学の外壁のアルミパネルはシンガポール製です。設計はわれわれがやって、シンガポールの工場でつくって運んでくる。輸送費を払っても日本でつくるより安いんですよね。そういう時代に入っちゃったんですね。石にしても原石はポルトガル産で、一次加工をイタリーでやり、それを船で持ってきて岐阜の長良川の上流でプレキャスト化して、トラックで新宿に持ってきて取り付けるなんてことをしょっちゅうやっているわけです。もちろん、出来上がった建築がある地域の経済力なり、時代の証であるということは言えると思いますが、ヴァナキュラーというテーマ自体が変わってきている。ただし、建築がスピリットにおいてその地域の何かを表現していくことは必要です。ものをつくるということは、どこかでその場所の努力というか、エネルギー、そういうものが表れてくると思います。

平良　あまり固定して考えない方がいいということですね。

槇　ぼくは建築というのは、一面において絶えず啓蒙性を持っていると思うんですね。そのスピリットは絶対になくさない方がいい。そうでないと、単なる施設になってしまう。やはり、人を刺激する、あるいは考えさせる、そういうものであって初めて施設を越えることができると思うのです。

われわれは、建築をつくるとき、設計を依頼したオーナーの注文を越えて、ユーザー、つまりそこを利用する人のことを常に考えます。ヒルサイドテラスができたばかりの頃、近くに住む美濃部都知事や三木首相がその辺をよく散歩している姿を見かけたことがあったということです。やっぱり、散歩したいなという場所をつくるのは大事ですね。散歩したい街というのは、良い街かどうかを判断する一つのメルクマール（指標）になるかもしれない。

平良　そういう街には、ここに住んでいるんだ、という情感が生まれるんですね。旅行から帰ってきて、わが家、わが町に帰ってきたという気持ちになる。確かに、散歩したくなるような情景をつくり出すのが良い建築の条件と言えるかもしれませんね。

第三章

都市に新しい「場」をつくる

対談者／原　広司（『造景13』一九九八年二月）

京都駅ビルを「つくる」こと、それ自体が「都市」だった

平良　実をいうと京都駅ビルのコンペ案を見たとき、大変心配したんです。そして大きな疑問をもっていました。特に、コンペ案の中にあった絵はぼくにはあまりリアリティが感じられなくて、原さんはどんなものをつくるんだろう、大変なんじゃないかと心配していました。

原　みんな、心配していた（笑）。

平良　それが完成したというので、先日、実際に見に行ってきたのですが、あの空間には一瞬息を飲んで、びっくりしました。あんなに緊張感と統一感のある緊迫した大空間になるとは想像していなかったのです。

京都の町に対して駅ビルは「大きすぎる」といっている世の中の声も聞こえてきたし、もともとぼくは大きい建築はあまり好きではないけれど、ところが京都駅ビルを見て、少しぼくの考えがぐらついて変わってきたような気がする。もちろん巨大なものに対しては、ぼくは手放しでは肯定できないのですが、京都駅ビルは現実に体験してみると、その大きさがあまり気にならなかった。これはちょっと驚きでした。

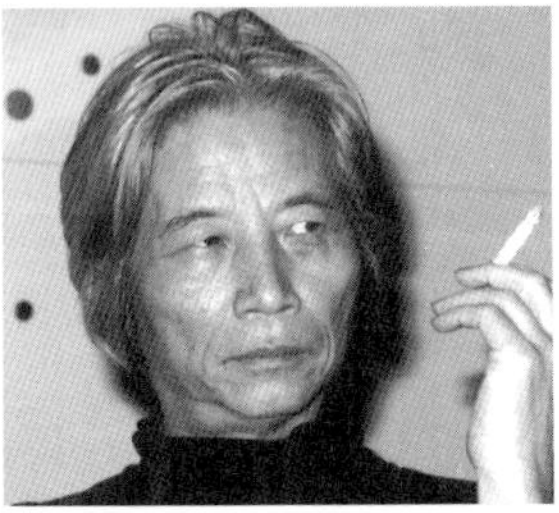

原広司（はら・ひろし）氏／1936年川崎市に生まれる。1959年東京大学工学部建築学科卒業。1982年東京大学生産技術研究所教授。1986年田崎美術館の設計で日本建築学会賞受賞。1997年ＪＲ京都駅ビル。

最初に行ったとき、ぼくは列車で京都線のホームに入ったのですが、何となく巨大な客船に艀《はしけ》かなんかで近づいていって乗り換える、というような気分でコンコースに行きました。

一度目はとにかくびっくりしたのですが、二度目に行ったときはディテールまで目に入るようになってきました。原さんは昔から、小さな住宅にまで「都市を埋蔵する」という大胆な理念をもってましたが、それがあんなに大きなものでも同じように「都市を埋蔵する」思想方法なんだな、ということが良くわかった。これは相当迫力がありました。今までは、小住宅に「都市を埋蔵する」といっても、それは理念や比喩としてはわかるけれど、「都市」という感じは実感として感じられませんでした。ところが今度はどうも「都市そのものだ」という印象を受けました。そう感じているのは、ぼくだけじゃないんだな。京都駅ビルに来ている人びとは「すごいすごい」といいながら押し寄せている。みんな、隅々まで歩き回っているんですよ。

ぼくは原さんの作品は初期の「慶松幼稚園」に始まって「伊藤邸」「自邸」とわりあい小さなものを見てきましたが、「飯田市立美術館」、軽井沢の「田崎美術館」ときて、「ヤマトインターナショナル」が大きな建物の始まりでしょう？

原　そうですね。

平良　それと大阪の「新梅田シティ／梅田スカイビル」。実際に見たのはつい最近なのですが、下から見上げるのが一番いいですね。

原　あの建物は、実はインテリアなんですよ。

平良　そう。梅田スカイビルの空中庭園はコンセプトはわかるし、上がっていくまでのプロセスはドキドキするけれど、上は「庭園」にはなっていなかった。でも京都駅ビルを見て、改めて見直しました。「京都」は、エスカレータで上がると途中にステージのようなものがあって、室町小路があり、さらに大階段があって、全部歩き回りましたが、それが素晴らしい。人を歩かせる力がある。あんなに大勢の人々を引っ張っていって歩かせる力のある空間というのは、初めてです。回遊性があり、変化に富むストリートを感じさせる雰囲気がある。

原　確かにぼくは、最初、小さい建築をいろいろやってきて、だんだん大きいものも手がけるようになったのですが、例えば京都駅ビルの床面積はヤマトインターナショナルの二十倍です。ですから大きいことも大きいのですが、そうなるとそれを建てること、つまり計画して実現していくこと自体が社会化していますね。建築をつくる、あるいは都市の一部分をつくるということもさることながら、「つくる」という行為自体が都市化している。それ自体が一つの社会であり、一つの都市であるということです。

とにかく大勢の人と会議をしながらつくっていくわけで、そのプロセスにはものすごい数の人たちが登場して、それぞれいろんな意見をいうわけです。京都駅ビルがああいう建築になったのは、そういうことがかなり影響してます。

平良 それは今、建て終わった後でそのプロセスで経験した多くの人たちとの作業を振り返っておっしゃっているわけで、そのことはそれなりにわかります。しかし、それは結果論であって、コンペの最初の構想段階にはそのプロセスがファクターとしてどの程度入っていたのですか？

原 コンペ段階で考えたことは、とにかく駅の面積が総面積の二十分の一しかないのですから、それが「駅」といえるためにはどうしたらいいか、その一点ですね。それで「谷」をつくって、一番下にいる人も全部見える、ということを考えたわけです。

結局、あの大階段や他の公共スペースは建物の屋上を利用しているので、延べ床面積には算定されないのです。もし、床面積に算定されていたら、ああいう建築は成立しなかった。

平良 われわれが歩いているあの大階段は、全部デパートやらホテルの屋根の上ということですね。それは、「慶松幼稚園」以来の原さんのやり方で、地面から階段を昇って、いつのまにか屋根に上がっている。屋根を歩かせるのは原さんの一貫した手法ですね。そうか、あれは面積に入っていないのか。

原 そうでなかったら、あんなに広い公共スペースが経済的に許されるはずがないのです。コンコースの一部分だけが面積に入っていて、あとは全部、面積外なんですよ。コンペのときから、そういうことが可能だなと考えていました。

和解の道筋としての「谷」と将来につながる「マトリックス」

平良　ぼくは、コンコースのエスカレータに乗るところから屋根までいって、大空へ抜けるところまで、人工地盤だという気がしていました。そうすると、その上にかかっている覆いは、あれは屋根じゃないんですか？

原　いってみれば、屋根を幾重にもかけているのです。ぼくの自邸もそうですが、屋根の下にまた屋根があって、さらにまた屋根があるわけです。

平良　あの「谷」のイメージは、原さんが育った飯田のイメージですか。

原　そうですね。今回はその谷を細く切ったわけです。あのコンコースは幅二十五メートルですから、日本の都市のどこにでもあるような道路の幅員とさして変わりません。その道路の帯を谷型にして、そこにいろいろなレベルで小さな広場のようなものをたくさんつくっていった。それが最初に感じた「駅」のスペースの少なさを解決する方法であり、単に視覚的な役割

京都駅のコンコース

だけでなく、人が実際にそこへ行くことができて、それぞれの場所性を探し出せるような仕組みをもっている。コンペの後、実際に設計が始まればいろいろな要請が出てくるだろうけれど、そういう基本的な構造をもっている限り、大丈夫ではないか、と読んでいたわけです。

先ほど平良さんは結果論といわれましたが、つくる過程で登場してきた大勢の人の主張に対して、その基本構造を守りながら、それぞれの意見を一応取り入れて対応することができたのです。

平良　もちろん、それは大変なエネルギーが必要だっただろうけれど、最初から「谷」という空間の軸があるから、話し合いはすべてそこに集約されていったということですか。京都駅ビルが出来るまでには一万人以上の人が関わったそうですが、アトランダムではなくて、基本の軸ができていたから、自然に話し合いがついたというように……。

原　話し合いはほとんどつかないんだけど（笑）、和解する余地、和解の道筋が「谷」だったというか……。何となく「谷」で和解する（笑）。

平良　「谷」で落ち着くんだ。

途中のプロセスで駅の側からの要請はどんなかたちで出されたのですか？

原　細かいことが多いのですが、それよりむしろテナント側の要求の調整が大変でした。みなさん終わってみるとわかって下さったけれど、途中では言いたい放題おっしゃいますから（笑）。模型や図面で説明してもなかなかわかってもらえない。

例えばデパートは、結局最終的には従来のX型のエスカレータをつけましたが、みんな、あれでないとエスカレータではないと思っているようでした。デパートで一番大切なのは地上に近い地階、一、二階であって、あとはいってみればいかにしてマイナスを防ぐかである、というようなデパートの観念があるのです。ところがあの建物は地階も五階も六階もほとんど差がないわけです。ぼくは、これは従来のデパートのように人が下から上へ順番に上がって行くような建物ではないと思っていました。みんな面白がって上まで昇っていって、それから降りてくるはずだ、と言ったのです。そうすると、今までのデパートとはまったく違った店舗展開ができるわけですが、最初はそのことをなかなか理解してもらえませんでした。今では皆さん、「あんなことといって、すみませんでした」といってくれてますが（笑）。

無理といえば無理かもしれないけれど、大きな模型をつくったり、いろいろ説明しても、やはり建築を理解してもらうのは難しいのでしょうね。

平良　ぼくの不満をいうと、ヨーロッパの終着駅だとホームを包み込んでいるドームがありますね。あれはとてもいい空間です。それが京都駅にないのがちょっと残念で、在来線と新幹線をまとめて屋根を架けて、列車が出たり入ったりする情景を見渡せるともっと面白かった。

原　一番線のホームだけは希望してやらせてもらったのですが、あとはぼくらの設計範囲から除外されているのです。

コンペでは将来的な構想を述べてもいいということでしたので、ホーム全体に屋根を架けるという案を模型までつくって出しているのです。ぼくの基本的な考え方は、地上約十五メートルのところにマトリックスと呼んでいる一層分くらいの厚みのある台のような部分があって、将来もし高架になったらこのレベルにホームをもってきて、下を解放できるようにしてあります。高架化がどうしても不可能なら、マトリックスを必要に応じて延ばして都市へ広げていけばいいんじゃないか。そういうシステムになってるのです。

将来はどう展開するかわかりませんが、なにしろ「プラットホームを直さないで駅といえるの？」とぼくは言いたいのだけれど、それはぼくらの設計範囲外だということです。

平良　それが将来の仕事になるかどうかは別にして、京都駅ビルの設計者として京都駅の将来構想を含めて考えるというのは建築家の義務ですね。原さんはそれを提案すべきです。

原　初めから提案してあるんですよ。マトリックスを碁盤の目のように通して、今は地下も一階も使っているけど、将来、構造的には自由にできるようにつくってあるのです。

ぼくが梅田スカイビルで考えたことは、超高層ビルは垂直方向の袋小路ですから、それを水平につないでいくことによって、空中都市、つまり真の三次元都市に転換されていくだろうという原理です。京都駅ビルではその原理を展開させてみようと思ったのです。

スカイビルでは超高層に対する知識、技術をいろいろ学びましたから、そういう意味でも京都駅ビルでは原理を一般化することができたわけです。

平良　京都駅ビルにはリアリティーがあるというのはそういうことですね。原理だけだと、どうもリアリティがない。

原　梅田スカイビルは層間変位があって揺れる建物のタブーのいくつかを越えるという段階だったと思います。京都の場合はそのタブーをほとんどなくしたといえます。これなら大丈夫という見極めがある程度ついて、判断の手がかりがあったわけです。

京都的であり、日本的、アジア的、そして世界的であること

平良　京都駅ビルは外観を見ると確かに横長の箱だけれど、実体は内部の「谷」でしょう。要するに山と谷という地形のような空間をつくりあげたわけですね。

原　ぼくは世界中の集落調査をしてきましたが、それまで、建築の風土をマクロ的にとらえることが重要であり、大きな影響力を与えるという見方がありました。ところが実際に集落を調べてみると、建築においては地形というようなミクロ的な要素のほうが重要な意味をもっているということがわかったのです。

例えば、モンスーン地帯にも、砂漠にも、寒冷地にも斜面がある。建築においてはモンスーン地方というマクロ的な要素よりも、斜面とか山、谷といったミクロ的な自然条件の方が重要な意味をもっている、というのが集落調査をして得た一つの結果です。地形は建築にとって大事なのです。

平良　原さんの集落調査はぼくらにとっても大変勉強になりました。それを媒介にして学んだのは、日本という国は山国で、デコボコなんですよね。ヨーロッパのようにアルプスからずーっと傾斜してきて平野の中に都市が存在しているのとは地形的にまったく違う。生態系的にいっても違うし、ですから日本独特の都市のつくり方があってもいいんじゃないかと思います。

例えば坂道というのは不思議で、みんな昇りたくなるし、降りたくなる。坂道には人を誘導する力がありますね。

原　地形の力ですね。日本の原型の一つに、村があって、石段を昇ったところにお寺やお宮がある。あれが日本の空間の原型の一つだと思うんです。京都駅ビルはそれをつくっているわけで、京都駅ビルは京都的でないという意見があるようですが、そういう意味では、京都的であると同時に日本的であり、アジア的であり、世界的である。そういうような構造をもっていなければ、建築というのは具合が悪いわけです。ぼくはそういうふうに展開しているつもりなのです。

平良　京都の人たちがこういう建築に馴染めないというのには、一つにはスケールの問題がありますね。京都の山裾に広がる伝統的な京都の町の空間、京都人がつくってきた環境や町中の路地のような生活空間のレベルで日常感じていることと、そして一方に現代都市がある。その二つのギャップが、まだつかみきれていないのではないか。

日本には本当の都市づくりの理論がまだないんですね。みんな「アテネ憲章」を批判しますが、あれを越えるような、デザインまで組み込んだ計画論はまだ出来ていませんね。

原　明治初年に日本の人口は三千万人で、今の四分の一だったのです。コルビュジエが「輝ける都市」を出したときにも、世界の人口は今の三分の一から四分の一でした。今や状況はまったく違ってきていて、スケールの問題一つをとってみても、かつての集落や町に合ったスケールもヒューマンなスケールであるし、今は非常に大きなスケールであってもヒューマンなものとして現れてくるはずなんだけど、その辺のうまいつくり方がまだ出来ていないということがあると思います。何が人間的かというとらえ方が、出来ていないのではないか。おっしゃるとおり、ＣＩＡＭの時代の都市論と、その後、それに対して批判的に出てきた考え方から展開していない。

もう一つ、「京都」に関して、みんなが心配してぼくにいってくれていることは、「市民の声を聞かないといわれてます」、「最近はデザイン論ではなく、人格批判になっています」と（笑）。これには非常に難しい問題が本質的にあると思うんですね。京都で一番まずかった点は、市民の声を聞く体制になっていなかったことだとぼくは判断しています。その状態に置かれては、なかなか難しい状況でした。

市民と通じ合うための新しい「建築の言語」が必要

平良 コンペのプログラムづくりにはどのくらいかけていたんだろう。四、五年くらいかな。

原 その当時はぼくら建築家はまだ登場していませんから詳しいことはわかりませんが、実際には十年くらいかかっているんです。仕事を引き受けた以上はプログラムがどうということは言いたくないし、どんなプログラムだろうとちゃんとやらなければならないと思っていますが、しかし、もう少し何とかならなかったのか、というのが一つ。

それと同時にちょっと難しかったのは、こういう問題は政治の問題にしてはいけないんじゃないかということです。どういう建築が適切かという話し合いだったらいいのですが、建設賛成か反対かという論調では、話し合いは成立しないと思う。もちろん、中には建てるか建てないかという議論が必要な場合もありますが、京都駅があのままでいいと思っていた人はいないと思うのです。

平良 京都全体のグランドプランをつくって、京都のまちづくりも含めた上で京都駅を位置づける必要があった。かつて『ＳＤ』誌で京都の保存と開発を取り扱ったことがありますが、それから続けて古都のグランドデザイン構想を練り上げていくような議論がなかったことが不幸だったのではないでしょうか。

原 しかし現実的に考えると、人間のやることというのは何かを契機にして考えなければ前に進まないという気もします。そういう意味ではよかったのかもしれないけれど、だからといって建築家はすべての責任を取れといわれても、いくらなんでもそれは無理ですよといいたい面もありますが、それをいってもしようがないし（笑）。

京都はティピカルな例ですが、これから建築家が建物を設計するときには、大なり小なり同じような問題が起こってくると思っています。皆さん、そういうことをご存知だからこそ、いろいろと意見をおっしゃるんだろうと思う。

ぼくがちょっと感じたのは、人間とか社会に対する考え方にあまりにも差があって、正直なところ説明しきれない部分があると感じています。

平良　大江健三郎さんのように原さんの良き理解者もいますが、建築の場合は特に、非常にリアルな問題とメタファーも含めた比喩の世界を一致させながらつくっていく仕事であって、一般の人にとってはメタファーの方はなかなかわかりにくい。普通は現実的な利便性、機能性というレベルからしか建築を理解できないわけです。

古典建築や遺跡を見るときには利便性なんかでは見ていないのに、現代建築だと見方を変えてしまう。そのへんにギャップがありますね。

原　ぼくは群馬県渋川で、まさに市民との話合いというのをやってきたわけです。それは、すごいエネルギーを使って話し合いをしたんだけれど、その時に痛感したのは建築を語る「言語」がないということです。

つまり、ボザール時代の建築の言語を現在もそのまま使っているのではないかという感じが強いのです。例えば、屋根がどうだとか、柱がどうだという言葉がすぐ出てくるけれど、そういうボザール的な意識というのは、もはやちょっと違うんじゃないかとぼくは思っています。

それは全部「空間」に言い換えなければいけないと思うのです。古典建築を説明する時には、柱はこうであり屋根はこうであり、寸法はこうであるというようにオーダーから語り始めるけれど、それは順序が逆で、初めに空間の状態があって、それを実現するために柱や屋根が出てくる。ボザールの時代からすでに百年以上経ったのだから、その語り口は全部変わっているはずだし、変えなければいけない。ところが、そういう新しい言語は建築家の中にもないし、ましてや市民の中にはない。建築家と市民が建築について語る言語の体系をつくり上げていかないまま、最終的な景観についていいわれても、とてもじゃないけれど、という感じはします。

ぼくは大学の研究室で景観問題をずーっとやってき

たし、景観の手法的なことについての論文の審査もやってきて、それがいかに難しい問題かということはよくわかっているつもりです。今、景観を語る新しい「言語」がほとんどなくて、高い低いとか、長い短いといってもしょうがないんじゃないかと思うのです。それはすぐに政治的な問題に切り替わってしまって、その間に認識を共有化するような技術や道具立てを挿入する余地がない、というのが現実です。

京都駅ビルでは要するにフィールドをつくっているわけです。それが谷とか帯といっている部分ですが、仮に「フィールド」とはどういうものなのかを市民に説明しようとしても、これはなかなか一般化しないんですね。柱とか壁、屋根ならみんなわかるから、京都らしい屋根を架けたらいいんじゃないか、とおっしゃるんだと思うんです。何か、スタート地点が違うというか。

平良　それはまずいですね。だけど、東本願寺と調和するようなものを考えたりすると、大変なことになっちゃうし（笑）、京都の人もそれを望んでるわけではないと思う。

原　そうですね。そんな単純なことではないと思う。それは建築の言語の足りなさであって、われわれ建築家が建築の言語をもっと早く整備すべきだった、とぼくは思う。

あらゆる人に同等の権利がある「場所論」とは？

平良　ぼくは、どうして建築論から都市論に広がっていかないのかというと、場所という概念を排除するところで空間論をやっているからだと思う。ぼくの考えでは、もう少し地理学的な概念を基礎に、再構築しなければいけないんじゃないかと思っています。

原　実は、今日は平良さんと場所論をやろうと思っていたのです。

「場所」という概念を平良さんに教わってから二十年以上になると思うけれど、それからずっとぼくは「場所」という言葉を頭に置いて集落調査をしてきたし、建物もつくってきました。

つまり、ミースやコルビュジエたちが近代建築でやろうとしてきたことは「場所性」からいかに抜け出るかということでした。それが批判され、その再批判としてもう一度「場所」が、建築だけではなくいろいろな意味で出てきました。そのときに、今日の社会情勢の中で、最後に信頼できるのは人間の血の絆じゃないか、みたいな言い方が一つありますね。ぼくは、それを否定できるような「場所論」でなくてはまずいのではないか、と思うわけです。

「場所」には地域とか、民族といったもので規定されるような「場所」もありますし、あるいは近代建築は機能的に用途をもっている「場所」ということをいっていました。もちろん、そういう場所性もまったく無関係ではないと思うけれど、そのエリアにおける伝統的なものとは違ったかたちで「場所性」が確保され、獲得されていかないと、そこに先住している人たちの権利だけが主張されることになる。ぼくは、場所論がそういうかたちだけで展開されるのではなくて、あらゆる人に同等の権利があるような場所論でなければ具合が悪いんじゃないか、というふうに思って建築をつくってきたし、今もそう思っています。

これはかなり重要な話ですし、確かに難しい問題であるとは思います。しかし、そういうかたちで場所論を展開しない限りだめなのではないか、とは思っています。じゃあ、どうしたらいいのかと聞かれると、ぼくはその万能策をもってるわけではないけれど、例えば、今、世界の人口は一年間に九千万人増えている。ぼくは、その人たちがどこにいるのかということが気がかりなのです。日本の人口にほぼ匹敵するような数の人々が、みんな都市に行って放浪して浮浪者になっているわけです。彼らのことを考えると、ぼくはシンパシーみたいなものを感じる（笑）。ぼくの考え方は、都市というのはそういう人たちも受け入れる、そういうものだと思うんです。

平良　これからの都市を考えると、環境問題もありますし、都市は拡散していく方向にいかざるを得ない。

原　それも危険なんです。日本、台湾、韓国の都市計画というのは拡散していくという状態でずーっとなされてきたわけですが、例えば日本では、明治初年に人口が今の四分の一だったときに比べて、農地はより少なくなっているのです。東京の面積は一一〇〇平方キロメートルですが、現在、一年に三〇〇平方キロメートルの割合で農地と森林が都市化に使われている。ぼくは、権力の拡散問題と人が住むというフィジカルな意味での拡散は、はっきり区別して考えないといけない問題だと思うのです。

例えば、地球環境全体の農業生産力で考えると、モンスーン地帯は二毛作ができるけれど、一方で中南米のように一年使ったら二年休耕しなければならないようなところもある。そういう地域の一平方メートルと日本の一平方メートルではまったく意味が違うと思うのです。今、地球上の人が全員生きていけるのかというと、そうではなくて、日本はお金があるからわれわれは生きていけているけれども、世界中には餓死している人もいっぱいいるわけです。

例えばインドに行ってみると、みんな路上に寝ていて踏んで歩かないと前へ行けない。歩いていると人をけっ飛ばしちゃうとか、そういう現実がある。そういうところで日本が体験してきたような都市のあり方をそのままやろうとすると、森林はなくなるし、大変なことになる。ヒューマンであるというのはどういうことなのかということを考えると、今の日本の状況、全体の流れはちょっと絶望的というか……。そこら辺の考え方の違いが、ぼくはすごくあるような気がする。それが正しいかどうかはわからないけれど、都市のあり方について、ぼくは直感的にそういうことを感じています。

平良　原さんは、現在の都市化はこのままの勢いで行ってはいけないと思っているわけですね。そういう行き方に対して否定的な論理を内包していくような都市化でなければいけない。それは、日本だけの問題ではなくて、都市と農村の結合を考えなければいけない状況にある。それを抜きにしてしまうと、現実問題から遠ざかってしまうということですね。

原　同時に視野に入れなければいけないということです。単純な話でいうと、人間の居住範囲はこれ以上増やさない方がいいんじゃないかということが、第一に考えるべき問題ではないか、と思うのです。

ぼくはそれは、食糧問題だと単純に思っているんです。炭酸ガスの問題もそうですが、近代化に成功してきた先進国の人たちがなんで今さら炭酸ガスのことをいうのか、と後進国の人たちから言われていますが、それと同じようなことがいずれ都市に関しても言われると思うのです。われわれが獲得してきたような快適な空間を、後進国の人たちが獲得しようとするとき、どういう手法を取るのか。東京のようにおやりなさい、日本のようになりなさいということは、一体何を意味するのか。

認識を新たにしてそういうところまでいろいろ考えていくと、ものの考え方自体に関して、例えば景観論を自信満々でいう人たちの感覚とはどこか本質的に違いがあるような気がするんです。ぼくがそう思っているだけかもしれないし、ぼくがいっていることが妥当だとか普遍性をもっているとか、偉そうなことをいっているということではなくて、なにか、人間というものをとらえるときの感覚が違うような気がするのです。

平良　そこまでいわれるとぼくもわからない。それはどういう感覚なのか。

原　ぼくは浮浪者なんです。

平良　えっ？

原　感覚が誰に一番近いかというと、ホームレスに近いんです（笑）。都市の住民は、本質的にはみな「行き場のない人間」なのです。

平良　こんな立派な事務所をもっているくせに……（笑）。

それはどうしたらいいんだろう。

原　長い時間かけて、これから再構築していってもらうしかない。ぼくはもう時間がなくて、自分ではできないと思う。非常に難しい問題がいろいろあるから、ぼくにはちょっと遅すぎる。

平良　そんなことといったら、ぼくはもっと先がない（笑）。

原さんが自分はホームレスと同じ感覚だというのは、あなたの論を聴いていると浮遊して煙のようにただよっているという感じはわかります。そういう感覚はわかる。建築家として、人類の一人として考えると、ホームレスを考慮に入れなければならない。ダンボールで暮らしている人たちからスタートすればいい。それを含めて再構築しないといけない。理念としては。

原　確かに、「お前は事務所をもってるし、あんな大きい仕事をしているじゃないか」と言われてしまいますから、ぼくが浮遊する人間だと言ってもわかってもらえないですよね。

平良　わかってもらえなくてもいいんじゃない？

原　それでいいのですが、今回いろいろなことがあって、一般の人たちと自分の考え方の差異がどういうわけでこんなにできたのか、と実はそれに一番驚いているのです。ぼくは、一人でも多くの人に喜んでもらおうと思って建築をつくっているし、そういう態度をもっているつもりです。

平良　京都駅ビルについていろいろ批判する人たちと違う人たち、一般大衆といっていいのかどうかわからないけれど、その人たちはあなたのつくった空間に誘われて、魅力を感じて散策していると思いますよ。

やはり今は大衆社会なんですよ。その中で文化人や知識人など浮き上がっている人たちがいる。だけど、批判的な知識人だと思っている人が意外に社会のメカニズムに飲み込まれていたりすることがある、ということは言えるかもしれない。

原　例えば景観を語る言葉は感性的であって、論理的な言葉ではないわけです。感性的な言葉をいかにも客観化されたような言葉に置き換えるというのは、まずいんじゃないか。つまり、本来客観化できないことをあたかも客観的であるかのようにいい換える、これは危険なんです。

平良　しかし、景観論である以上、われわれ人間の感覚を通した表現行為が客観的な風景を変えていくわけですよ。

原　ただし、それを共有する構造が難しい。

平良　例えば、建物が高いとか低いとかということでいうと、ぼくは個別の超高層がやたらに高くなっていくのには否定的です。オフィスならまだ我慢しますが、住む場所は屋上で遊べるくらいの高さが限度だと思うんです。コルビュジエのマルセイユのユニテ・ダビタシオン程度、日本でいえば住都公団（現都市再生機構）の十四〜十五階の建物、あるいは二十階くらいまではいいのか、そういう高さの厳密な境界というのはないかもしれないし、ここまでと断定するのは暴論になるかも知れないけれど、その境界線がどこかにある。市民の選択の問題です。

原　それもさまざまな高さに水平的なレベルが用意

されると、感覚がかなり違ってくるはずなんですよ。それまで十階くらいが限度だと思っていても、仮に十階レベルに広いグランドができると、今度は二十階でも大丈夫かもしれない。

平良　ぼくが地理学的な基準を据えたいと思うのは、その点です。だけど、棒のような建物はダメだというのがぼくの単純な考え方です。

原　ぼくもまったくそう思っていて、都市の中の水平移動がさまざまなレベルで可能であり、それが公共性を伴ったスペースになっていないと居住環境は悪くなると思われます。

平良　今のまま放っておくと、日本の都市は環境が良くなりっこない。美しくないし、見るのもいやな感じだね。やはり水平移動が基本だと思う。

原　水平移動を多層的につくり上げないと、ちょっと具合が悪い。そうすると、同時にヒューマンなスケールが獲得できると思うのです。ぼくが大きな建物をやってみて痛感したのは、寸法の大きいものに対して細かなスケールがないと建物が成立しないということです。大きなスケール、小さなスケール、その中間のスケールがあって、いろいろなスケールが同時に存在し得るような都市のあり方を探っていかなければいけないと思う。その一つの方法として考えられるのが、建物の箱の中に入っている各階を解体して、水平に展開していくということです。

それができるようになったときに、建築はかなり自由度を増していくという気がします。

平良　それは賛成だ。

原　恐らく、そういう方向に展開していって、例えば環境問題とか、いろんな全体の問題に対応していくことがどのくらいできるか、それがこれからの課題ではないでしょうか。

平良　地理学的、地形学的に建築のつくりを変えていく、都市の構造もそういうふうに変えていく必要があるということですね。

都市の中の「みんな」とは誰をさすのか？

平良　今日はせっかくの機会なので、原さんがやっている「地球外建築」について少し話をうかがいたい。

あれはぼくにとっては飛躍しすぎていて、とても難しいのですが、研究の目的はどういうことですか？　将来、宇宙は研究のほかに観光としては可能性があるかもしれないけれど、定住の地としては難しい。

原　ほとんど不可能ですよ。住むということはいかに難しいかがよくわかりました。月でいうと、陽の当たっている場所と日影では温度差が三〇〇度もあるのです。この三〇〇度の温度差を越えるのは容易なことではない。酸素とか水素とか地球環境がもっている初原的なものが欠如しているだけではなく、環境の差異があまりにすごくて、これはほとんど居住不可能といっていい。これからいろいろな道具立てができてきても、不可能だと思う。

それは要するに、いかに「地球」というものの環境を保全しなければいけないか、ということです。ぼくの学習の結果はそういうことです。建築的には、例えばNASAの技術が洋服の新しい素材をつくっているのと同じように、地球上にはない奇妙な条件を検討していくことで出てきた解答があって、京都駅ビルは地球外建築を研究することで出てきた形がいろいろ使われています。そういうように地球に帰還する帰り方の方が、行くということより意味があるのです。

平良　それを聞いて安心した（笑）。研究としては、それによって地球を理解するために何か還元される成果や、いろいろなプラス面があると思う。

原　ぼくは地球外建築の研究を始めるときから、これは帰還の仕方が大事であるといって始めたわけです。だけど、われわれは宇宙に無関心であるはずがなくて、宇宙とはどういうものか、自分はどういうところに生きているのかとかを考えるときの射程が月であろうと、ラグランジェポイントであろうと、遠方まで行くということ自体は悪いことではない。むしろ、それを確認することは重要ではないでしょうか。

ぼくは小さい建物の設計から始まり大きい建物をやるようになってきましたから、さまざまなスケールにおいていったい何事が起こっているのか、ということに非常に興味をもっていました。

例えば「五〇〇メートルキューブ」というプロジェクトをやっているのも、それを建てる建てないという話ではなくて、そういうスケールの中ではいったい何が起こるかを確認しようというのが目的です。それを地球外というところまで寸法を延ばしてみたら、何が起きているのか。そういう、さまざまな寸法段階において人間の住む環境がどういうふうに違うのか、それを確認してみたいという意味なのです。

ぼくは、大きい方がいいとか小さい方がいいとかいっているのではなく、そういう寸法をいろいろ確認してから、それなら人間はどういう場所に、どのように住むべきかということを考慮したほうがよい、といっているに過ぎない。そういうことなんです。

平良　いや、今日はそれを確認できてよかった。原さんの五〇〇メートルキューブとは別に、五〇〇メートルというのは日常生活圏の単位なんですね。

原　十分以内で歩ける範囲ですね。

ぼくは、現実がどうであれ、みんなに喜んでもらえるものをつくりたい、みんなを迎え入れたい。それがどうやったらできるかということだと思うのです。先ほどのスケールの話ではないけれど、その「みんな」というのがどこまでを指しているのかというと、「周りに住んでいる人」だけでは「みんな」と言えないんじゃないかと思う。「みんな」というのはアフリカで死にそうな人まで含めて、それが「みんな」じゃないだろうか。みんな、対等の距離にある。距離は同じなのです。

平良　公共性を極限までもってくれば当然そういう概念になりますね。

原　今一番いわなければいけないのは、国境を高く構えて安閑と生きるのではなくて、国境を撤去することです。あらゆる国境を、即刻撤去しなければならない。

平良　都市に楽市楽座を起こして既存のものを壊すくらいのことが、今ここで起きないとだめですね。

原　人間の差別、区別の問題ですね。今、現実に先進諸国の人間とその他の人間といった区別が出来ており、先進諸国の人間は、他の人々が見えないふりをしている。そうした意味において、ナショナリズムが貫徹していると考えています。このナショナリズムは、小さな場所を巡るときにも表出してきていると思われます。ぼくは若い頃、「建築に何が可能か」という設問をしました。現在も、この問いを繰り返しています。京都駅は、さまざまな限界はあるものの、一つの解答であったつもりなのです。

ナショナリズムに対しては、ミース・ファン・デル・ローエが「均質空間」によって、徹底的な批判を出しました。それを建築家は決して忘れてはなりません。と同時に、それでも違うのではないかという改めての問題設定を、ぼくも立ててきたのですが、この改めての問題設定に対して、ナショナリズムで答えるといったことはあり得ません。「均質空間」に対する新しい空間概念はまだはっきりしませんので、京都駅は、「均質空間」に点在する「特異点」のつもりです。この「特異点」が、「均質空間」でもなく、モダニズムでもなく、ナショナリズムに対抗する一つの要素たり得ないかを、権力を巡る政治のレベルではなく、建築表現のレベルにおいて、人々に問いかけたつもりなのです。昔から、政治的な態度を持つ人々は、こうした「建築において」といった態度を決して許容しません。ただ、ぼくの「個人時計」を見つめると、こうした大きな問題に取り組む時間は残されていません。新しい都市のヴィジョンを立てる仕事もその一つですが、後は若い世代に任せます。

平良　原さんは世界市民というレベルで考えをめぐらしているように見える。しかし、それはわれわれの到達目標であって、そのまえにローカルな地域レベルの具体的市民社会論に定位した空間戦略を立てていかねばならない厳しい現実があり、そういう現実に耐えていく対抗論理を建築家の都市戦略のなかに組み入れていくことが必要だとぼくは思う。

第四章

記憶の風景をつくる仕事

対談者／安藤忠雄（『造景18』一九九八年十二月）

安藤忠雄（あんどう・ただお）氏／1941年大阪生まれ。独学で建築を学び、1969年に安藤忠雄建築研究所を設立。阪神・淡路震災復興支援10年委員会の実行委員長として被災地の復興に尽力する。

建築をつくり続けるエネルギーの素は？

平良　安藤さんとちゃんと話をするのは初めてかもしれませんね。

安藤　一九六五年頃、平良さんがやっておられた『建築』という雑誌で、菊竹清訓さんのスケッチが表紙になった号や、磯崎新さんや鈴木恂さんの特集がありましたが、ぼくは今もそれらの雑誌を全部持っています。ほかの雑誌では扱っていないような、建築家が作品をつくるプロセスとその裏にある建築家の思想が紹介されていて、ぼくは当時、建築の設計をやりたいと思っていましたのでその雑誌を読んで勉強していました。

平良　そのころの安藤さんは？

安藤　フリーランスで、世界中あっちこっち行っていた頃です。その後、平良さんが『ＳＤ』をされていたとき、一九七一年に渡辺豊和さんと一緒に鹿島出版会に遊びに行きました。初めて平良さんにお目にかかって、恐い人やなと（笑）。渡辺さんが『ＳＤ』にアルバー・アアルトとル・コルビュジエの論文を書いたときです。

平良　あのとき一緒に来られた？　ああ、思い出した。

安藤　平良さんは雑誌で作家と作品、そして作家の思想を紹介されてきているわけですが、社会がどんどんコンピュータ化、デジタル化して、今の若い人はデジタルで思考しデジタルで図面を描いて、後は図面を現場にファックスやEメールで送るというように、ヴァーチャルな、リアリティのない時代になりました。ぼくらのようにプロセスの中に創造の楽しみや苦しみを思い巡らしてきた人間にとっては、生きづらい時代になったなと思います。同時に、これでいいのかな、と。

ぼくは、建築はプロセスの中で膨らみができてきて、そこに徐々に人間の思想性というものが養われていくものではないか、と思うのです。

平良　ぼくもそんな感じでいます。今は、学生はみんなコンピュータを使っていますね。そして、見事に図面ができてしまうから、それでいいものと思っている。困ったことになりました。コンピュータが悪いわけではないけれど、苦労して手を動かしたり、現場でいろいろなことを経験したりということがなくなりました。でも、安藤さんの事務所でもコンピュータを使っているのでしょう?

安藤　基本設計まではできるだけ手で描いていますが、実施設計はほとんどコンピュータです。

今、フランスやアメリカでやっている仕事は現地の人々と全部Eメールでやり取りしています。そのやり取りの中で図面がどんどん発展していくわけですが、そうすると建築がコンピュータ上のゲームみたいになっていくんですね。

しかし、一方で、建築を考えるときに重要なものに「訓練された身体」というものがあって、たとえばわれわれは敷地を見たときに瞬間的にその裏側にあるもののことを考えるわけです。周辺の人たちは何を考えているのだろうか、経済性はどうか、隣の敷地の木を自分たちの味方に引き込もうとか、こういう条件をこう考えられないかというように、建築的に訓練された身体というのはいろんなことを一気に考え上げていくわけです。これはコンピュータではできないことです。コンピュータというのはあらゆるデータを読み込んで、それを選択していくなかで組み上がっていくものですから、たとえそれがいくらスピードアップしたとしても、設計者のようにどんな空間が出来上がってくるかをイメージしているわけではないのです。

今は事務所に入所して二年くらい経てば、コンピュータでちゃんと図面を描けるんです。今までのディテールのデータが全部ありますから、まったく建築がわかっていない人ですら、それを選択していけばともかく図面はできていく。しかし、その図面と実際にできあがっていく建築との間に距離がありすぎるのです。

ぼくは、ものが出来上がっていく楽しみというものが、建築の設計を長くやっていくための重要な力になると思っています。社会に対する理想や、建築の理想も重要ですが、その一方で建築が好きでたまらないということをエネルギーにしていく。建築の設計者は経済的な見返りとか社会的な地位はあまり期待できませんから、自分は理想を掲げてやっているんだという気持ちがないと、できない仕事です。しかし、デジタル化すると、建築が好きで好きでたまらない必要はないし、コンピュータは理想については考えてくれません。ならば経済性と社会的地位はどうかというと、これはあまり変わりそうにもない。ということは、デジタル化することによって、「建築」という仕事のいいところ二つを切り捨てて本当にいいのだろうか、と思っています。

ひょうごグリーンネットワーク

安藤　ぼくは阪神・淡路大震災後、「ひょうごグリーンネットワーク」という植樹活動をやっています。一九九五年一月十七日に阪神・淡路大震災が起こり、その年の五月から準備を始めて八月頃スタートしました。これは、被災地の人々を励ますための、自由な集まりによる運動の一つで、このグリーンネットワークだけではなく震災遺児育英資金等を含めて、復興支援十年委員会をつくったのです。この委員会は、梅原猛さんや、亡くなってしまいましたが福井謙一さんなど五十人くらいのチームで、被災者が立ち上がっていく、その心の支えになるようなボランティア活動をやろうということで始めたのです。下河辺淳さんや堺屋太一さんもメンバーですが、宇野収さんや下河辺さんに、「十年間できるのは安藤さんしかいない」といわれて、ぼくが実行委員長に推されました。被災地の遺児と孤児が四百人弱いるわけですが、その育英資金をつくろうということで、毎年一万円ずつ、十年間払ってくれる人を五千人探した。そうすると毎年五千万円できるんですね。ささやかだけれども、それを育英資金にしていこうと。この五千人は二ヵ月くらいで集まりました。それから文化的な復興を支援する意味で世界中と芸術的な交流をしようと、アンソニー・カロやセザールから自作の貴重な彫刻作品をいただいたりもしています。

「グリーンネットワーク」というのは、被災地の公園や学校の庭、川や道路沿い、家の庭など至る所に植樹をしようという運動です。被災地に一二万五千戸の復興住宅ができるのですが、一二万五千戸に対してその倍数の二五万本の木を植えようということで数の目標を立てました。そのうち十万本はモクレン、コブシ、ハナミズキの白い花が咲く木にしようと考えたのですが、それは震災で亡くなった六千人を越える人たちの鎮魂花として相応しいと思ったからです。毎年、その木が大きくなって花が咲けば、みんな亡くなった人たちのことを忘れないだろうし、もう一つは、その木を育てることが被災地が復興してきたシンボルになれば、と考えました。

現在までに一六万五千本植えて、そのうちの六万五千本はモクレン、コブシ、ハナミズキです。これは、基本的には五千円を単位に寄付金をもらうのと、それから約二二〇の地方自治体から五十本、百本ともらって、それが合計で二万本になりました。また、建設会社が神戸でマンションやビルをつくるときに必ず一、三十本ずつ植えてもらっていますから、来年中には二五万本全部植え終わりそうです。今は、さらに三五万本くらいまでにしようかと思ってやっています。

今、あちこちの現場でモクレンやコブシの苗木を五百本ずつ育ててもらっています。一年経つとそれが五〇センチくらいに育ちますから、一年に一万五千本育てて、それを配るということもやっています。みんなで育てていくなかで木に対する愛情も育っていく。慈しみの心や愛情が出てくると、自分の街を誇ることができるようになると考えて始めたのです。これは「造景」的な仕事といえますね。

しかし、十何万本植えてみて、神戸の街が意外と大きいことがよくわかりました。街はびくともしない

（笑）。

ぼくは高知県越知町に植物学者である牧野富太郎博士の記念館を設計したのですが、そこはコスモスの名所なんです。そこで、越知町からコスモスの種を兵庫県宝塚市にいただいて、武庫川の河川敷に、幅約五〇メートル、長さ三キロのコスモス園をつくろうと思って、今、六百メートルまでいきました。毎年三百メートルずつ延ばしていって、二〇〇一年には三キロのコスモス園をつくる予定です。ぼくは、建物の復興ばかりではなく、みんなで木を育てるという復興もあっていいのではないか、と思っているのです。

神戸は海と山の街で、緑の間から海が見える、緑の間に隠れて異人館があるというような美しい街でしたから、なんとか元の神戸よりきれいな神戸にしたい、という思いで取り組んでいます。

土採跡地を国際公園都市に変える

安藤　もう一つ、今、淡路島でやっている仕事は、淡路島夢舞台と国営公園とを併せて「淡路島国際公園都市」をつくろうというものです。これは、関西新国際空港をつくるために土を採った跡地利用なんです。最初はゴルフ場をつくるという計画がありましたが、兵庫県知事はゴルフ場よりも国際公園都市にしたらいいんじゃないかと。これからどんどん高齢化社会になりますから、花が咲いていて、そこへ行ったら人に会えるような大公園にしよう、ということでスタートしました。面積は公園だけで九十六ヘクタールあります。

淡路島は、東京の人にはあまり馴染みがないかもしれませんが、「国生みの島」として『古事記』の中に出てくる、大阪湾に浮かぶ大きな島です。ちょうど琵琶湖と同じくらいの大きさで、現在、人口一七万人ほどです。気候が温暖ですから、関西の保養地として、また、日本でここだけがレタス、玉葱、米の三毛作地帯です。豊かな土地で、人形浄瑠璃もここが発祥地のようです。

淡路島というのは、もともと花の町でもあるんです。ですから、ここで花を研究して、島全体を花の産地にしたらいいなということも考えました。土採跡をもう一度緑に戻そうというわけです。一度木を伐った所を緑に戻すのはなかなか難しいのですが、まず五センチくらいの苗木を植え始めました。苗木は三年経つとずいぶん育つんですね。今、三メートルくらいになっています。二〇〇〇年の春オープンしますが、その頃には六メートルくらいになるでしょう。島全体を緑で覆い尽くそうというわけです。

このアイディアの原点には、カナダの「ブッチャート・ガーデン」(The Butchart Garden) があるのです。ブッチャート・ガーデンはバンクーバーの郊外にある公園で、ブッチャートさんという人が石灰岩を採った跡地に利益の数パーセントを投入して、そこを花の公園にしたんですね。今では世界中で有名な公園になっているのですが、それを貝原兵庫県知事が見に行かれて、これはすごいな、と。こんなことができるのか、というところから始まったのです。ブッチャート・ガーデンは百年かかっていますが、淡路島では十年くらいでやろうと考えたのがこの公園です。

ブッチャート・ガーデンの中にはイタリア庭園や日本庭園がありますが、われわれも美しい公園をつくるだけではなしに、アイディアのある公園をつくりたいと思っています。国際会議場や、ホテル、温室、野外劇場、それらをまとめているのが大きな水面です。この水面の下には合計百万個の帆立貝を敷くんです。そして貝の浜をつくる。日本人は帆立貝を割とよく食べますから、貝殻もたやすく手に入るだろうと気楽に考えていたのですが、ところが日本は中身だけ買っているんですね。そこで世界中に問い合わせて貝殻を五百万個くらい取り寄せました。貝殻自体は無料で、輸送費がかかるだけですが、輸送中に割れますから、きれいな形の貝殻は五つのうち一つくらいしか取れないのです。

淡路島のもとの美しい自然を、新関西国際空港をつくるために土を採ってつぶしたのですから、より素晴らしいものに戻そうということで、この公園には百の花壇と、千の噴水、百万個の貝の浜をつくります。

平良 その水はどこから引いてくるのですか?

安藤 淡路島は水の少ないところですから、雨水を溜める水瓶をつくりまして、そこから灌水しています。水瓶の上に砂利が敷いてあって、雨水はそこを浸透してきます。ですから大きな穴が開いているわけではなくて、その周辺はヘリポートになります。

平良　その水は循環させるのですか?

安藤　水面については循環しますが、緑化のために使う水は雨水をそのまま使います。

「きれいな景観」ではなく「心に残る景観」を

安藤　ぼくは「ランドスケープ」という言葉に違和感をもっていて、「生命ある景観」をつくりたい、と思っているのです。「生命ある景観」というのは、人間の心をとらえるような景観です。そして、人の心の中に残る景観は、必ずしも美しい景観ではないと思うのです。

平良　そう、「パワーのあるもの」ですね。

安藤　ええ。そういう景観をつくるためには、ぼくはみんなで育てていくような景観でないとだめだと思うのです。ですから、グリーンネットワークも夢舞台も、県民が育てていく景観にしたいと思っています。単純に木を植えたからきれいな景観になるというのではなくて、育てていくことで「自分のものだ」というプライドができてきますから。

そこで考えたのは、普通は建物が先にできて、それから植樹するわけですが、淡路島では建物をつくる前に木を植えようと。建物の工事は二年も三年もかかりますから、その間に苗木は三～五メートルにもなります。そうすると、緑のコストは千分の一くらいにできるんです。しかも、大きな木を移植しようとするとなかなか根付きませんが、その場所で苗木から育てた木というのは強いのです。もちろん、三メートル程度の木を何本かは入れていますが、原則的には苗木から育てているのです。今までの建築と逆で、建物をつくるより先に植樹しよう、というわけです。

平良　それは素晴らしいことですね。自然をつくり上げているわけだから。

安藤　今、岡山県玉野市で、市が提供した土地に県立健康センターを設計しているのですが、そこでも設計を始めると同時に敷地に苗木を植え始めました。ところが現在の財政困難で、建物のほうは延期になって動かずに、木だけが育って景観が変わっていっている。

そういう困ったことも起きていますが……（笑）。

夢舞台も、二〇〇〇年までには木も相当大きくなるだろうから、毎年育っていく「完成」のない建物にしようと考えています。二〇〇〇年にオープンして、二〇〇五年くらいには建物が木でほとんど見えなくなるといいなと思っているのです。

建築家の中には自分が設計した建物の前に木があるのを嫌う人もいますが、ぼくはそれはおかしいなと思っています。木が植わっていて、その後ろに建物があると、きれいに見えるんですね。二十代の初めに設計事務所にアルバイトに行ったときに最初に教えてもらったのは、建築の設計がうまくできないと思ったら、生き延びる道があるというんですね。それは、木を植えておくといい。大きな木を植えておけば、五年経つと建物は見えなくなる。木に隠れるように建築をつくっておけば、建築がきれいに見えると教えてもらった。ぼくの建築はほとんどコンクリート打放しの、「住吉の長屋」のような環境だと思われがちですが、ぼくはその教えられたことをずっと守っていまして、ほとんどの建築は木があるところはそれを残す、そしてできるだけ木を植える、ということをやってきています。

十年前から兵庫県が「ツイン・ツリー」という運動もやっていますが、これはある大きさの建築をつくったときには、必ず木を二本植える、そうすると街の景観が良くなる。兵庫県は「シングル・サイン」という運動もやっていて、サインは的確に、できるだけ小さくして、けばけばしいものはやめよう。ツイン・ツリーとシングル・サイン、その延長にグリーンネットワークがあって、そういう中で生命のある街をつくることができるのではないかと思っています。

人間に都合のいい自然はない

平良　安藤さんの作品の中でぼくが実際に見たものは「住吉の長屋」と京都の「タイムズ」、それから沖縄の建物くらいですが、安藤さんの建築は建物だけでできているスペースというよりは、建物の中に自然を呼び込んでいるという印象を受けます。今、話を聞いていて、なるほど安藤さんらしいと思いました。

よく考えてみると、われわれは、二十世紀このかた、人工的につくったものだけに関心を持ちすぎてきました。実はそれは自然の中に抱かれてこそ成り立っているということに、安藤さんは早いうちに気づかれたんだと思う。

安藤　ぼくは、日本の建築というのは「場」と「自然」との関わりの中でつくっていくものだと思うのです。ぼくの建築はコンクリート打放しが多いですから、建物だけを見るとどこの場所でも同じだと思われているようです。建築雑誌の写真は周囲の関係を省いて建物だけを撮りますから、そう見えるのですが、ぼくはどこの場所でもそれぞれ違う関係をつくってきたつもりです。

「住吉の長屋」にしましても、あちこちから批判を受けるのは、敷地が狭いのになぜ中庭をつくるのか、中庭は雨も入ってくるし、風も吹くから不便ではないか、というわけです。しかし、大阪は最低温度が三度から五度くらいで暖かいんです。もう一つは、ぼくが思うには、生活条件のうえでは採光より、通風のほうが大事なんですね。日本人は戦後、科学技術を信頼し、利便性のみを追求してきましたが、人間の生活には自然と一体になった生活があるのではないか、ということをぼくは関西で育ちながら学んだのです。確かに不便な面はあるかもしれないけれど、春三月から十一月、十二月くらいまで快適であるということを考えると、いまもってぼくは「住吉の長屋」はそんなに不便かなあ、と思っているんです。「住吉の長屋」の住人は、ずっとそのまま住んでいます。みんなが思うほど不便ではないと思うのです。

日本は、日常の生活の中から自然を排除してきたと思うんです。そのせいで感性の鈍い人間が多くなってしまった。日常の生活の中に自然を忍び込ませることによって、感性を磨けるのではないかと努力していま す。

平良さんがおっしゃった「タイムズ」も建物に川を取り込んでいますが、お店の人からしますと、湿気ていかん、それにお客が店を見て歩くのに不便で仕方がないといわれるんですが、ぼくはそれが不便だというお客は来なくてもいいと。そういうとお店の人は怒るわけです（笑）。ところが外国人が来ますと、なかなかいいじゃないかといってくれます。

モダニズムは、流れるような機能性のある建築がいいとされてきましたが、建築の中に自然が忍び込んでくると機能が分断されるんですね。しかし、ぼくは、そこに日本人が育んできた文化と切っても切れないものがあるのではないかと考えています。何割かの人たちにはそれを評価していただきましたが、ほとんどの人たちからは切り捨てられています（笑）。なんでそんな不便な建築をつくるの？　といわれるんですが、しかし、いろいろな考え方で建築をつくる人がいていいんじゃないか、と思うのです。

ぼくは京都の建築というのは、庭が特徴だと思うのです。その中でも高名なのが竜安寺の石庭ですが、ほかにもあちこちに素晴らしい庭がありますね。「タイムズ」を設計したときも、高瀬川の水が流れている、それだけを見るような建築をつくると心豊かになるのではないか、と思いました。もちろん賛否両論ありますが、ぼくは、建築をつくるということは、一歩踏み出すと危険なものだといつも思っています。クライアントが来なくなるとか、自分にとっても危険がありますが、思い切ってその危険を乗り越えてこそ、自分の表現ができてくるのではないかと思っているのです。実際に、ひょうごグリーンネットワークも阪神間の人たち全部に喜ばれているわけではなくて、「木が大きくなったら、落ち葉はどないするの？」「安藤さん、責任取るの？」と。

平良　都会の中ではそういう問題がいっぱい起きていますね。

安藤　ぼくは駅前の線路際に植えると電車に乗る人が気持ちがいいとか、川岸の斜面に植えると河川敷の公園ができていい、といっているのですが、「水面に落ち葉が落ちると困る」というんですね。植物は生き物ですから、落ち葉も落ちますし、建物に水を引き入れると困ることもあります。しかし、環境というのは人間の都合のいいようにばかりはいかないと思うのです。ぼくはそういうつもりで建築をつくってきました。

震災後の神戸が緑でいっぱいになったところを一度見てみたいなと思って、そのイメージを膨らませることができるようなプロジェクトを、と思ってグリーンネットワークをやっているのですが、外国人にはとりあえず見に行こうという人がいっぱいいるけれど、日本人には相手にしてもらえない（笑）。

平良　最近、『琉球新報』にちょっとした原稿を書いたのですが、沖縄は家があって、石垣があって、その間に木があって、昔は屋根が見えないくらいだった。それは生活環境に不可欠の条件であって、そういうことを全部含めて建築なんです。ところがコンクリートの住宅ばかりになってしまって、それを補完するようなことを少し忘れているのではないか。沖縄の集落は、最初は住むところと竈《かまど》が別々だった。それがだんだんつながって便利になって、一定のスタイルが出来上がったけれど、生活全部を屋内でまかなおうというのではなくて、屋外の生活があった。沖縄の自然を見直さなければいけないと書いたのです。建築家の仕事は自然を見直すことから始まります。建物という物質的な形ももちろん重要だけれど、極端にいえばそれは一部なんです。樹木も一部です。空間というのは、その全体を含めて初めて成り立つ。

安藤さんはかなり早い時期からそれを原理原則にして、大胆な仕事をしてこられたわけですね。

イタリアで経験した「建築」への愛情

安藤　戦後五十年経って、日本は世界でもまれにみる経済発展を果たした国だといわれますが、経済に価値観を置いたことで、ずいぶん歪んだ国になりました。今やクラッシュしてしまってどうしようもない状況ですが、それは「無用の用」になるべきものを認知してこなかったからです。経済というのは数字ではっきり出ますから、そのことだけを追い求めてきたせいで、人間の精神の中に余白がなくなったんですね。ぼくは、「無用の用」になるべきもの、心の支えになるべきものが次の時代のエネルギーになっていくと思うのです。

平良　これは反省的にいうのですが、ぼくらも建築は建物だけじゃないんだ、総合的なものだと観念的には考えつつも、戦後、日本は経済的に大きなダメージを受けてスタートしましたから、住まいそのものに関心が集中しました。建築家も建物をいじることに夢中になった。そういう傾向がありますね。

五〇年代に宮島春樹という建築家がいて、彼は「栗の木のある家」という、当時としてはなかなかスマートな住宅を設計したのですが、今、イタリアでランドスケープ・アーキテクトの仕事をしていて、建物の設計からは遠ざかっています。

安藤　ぼくは今、イタリアのヴェニスの郊外でベネトンの学校をつくっているのですが、これは十七世紀のパラディオ風の建築を改築し、その隣りに新しく建物をつくるという仕事です。ぼくが実に素晴らしいなと思うのは、イタリアでは十七世紀の建築に本当にゆっくりと手を加えながら、直させてくれるのです。それに、古材マーケットのようなころがありまして、煉瓦とか瓦はそこから持ってくるんですね。古いものが古いものとして残っていくシステムが社会にあるのです。それはたぶん、社会に建築に対する愛情があるからだと思うんです。日本にはそれがない。同時に、イタリアでは新しい建物をつくるときにも非常にていねいにつくっていまして、われわれもすでに五年つきあっていますが、あと二年くらいかかると思います。

イタリアでそういう経験をしたので、神戸の被災地でもできるだけ古いものを記憶として残しながら、次の時代にバトンタッチしていくことがわれわれの責任なのではないかと考えて、古いものをなんとか保存したいと思ったのですが、上手くいきませんでした。

阪神淡路大震災の時、ぼくはロンドンにいたのですが、すぐに戻り、震災の二日目には被災地に行きました。元町周辺の市電通りには昭和初期に建てられた銀行がずっと並んでいて、兵庫県庁の前にも立派なキリスト教教会がありました。ぼくは少しでも残っている建物は必ずその一部を残して改築して欲しいと頼んでまわったんです。それは、見慣れた風景が全部なくなってしまうと人は記憶喪失みたいになってしまうからです。もちろん、震災を思い出すようなものは残したくない、忘れたいという気持ちの人もいると思うけれど、しかし記憶というものは残すべきではないかと考えて、古い建物の所有者を二十軒くらいまわりました。でも、たいていはこの大変なときに余計なことをいうな、とさっさと潰してしまいました。

そういうところにも、建築家ないしは建設業の社会的責任感というものが欠落しているのではないかと思うのです。確かに、残すより潰したほうが経済効果があるんですね。たくさんつくれますし、じゃまくさいことをしなくてもすむ。しかし、自分たちの先輩が一所懸命つくった建物なのですから、可能な限りなんとか残そうと思わなかったのだろうかと不思議なんです。残しながらつくれば、つくるものに対する愛情や、でき上がってきたときの喜びが生まれてきます。ぼくはそれが建築をつくるエネルギーになっていくのではないかと思うのです。

ところが今の建築をつくるエネルギーは経済なんです。経済だけではエネルギーは続きません。やはり、「つくって良かったな」という思いが建築を考え続ける、持続する力になるのではないかと思います。

困ったことに、そういう力がデジタル化社会の若者たちにはなくなってきています。ならば、木を育ててみてはどうか。木は一年目より二年目、三年目、五年目とどんどん大きくなっていきます。そこに愛情関係ができていかないとおかしいわけです。ヴァーチャルではなく、リアリティのある現場の人たちと対話しながらつくり上げていくときに初めて、自分たちがつくっているものに対する喜び、つくったものに対する責任感が生まれる。そして、ひょっとしたらそれが街の風景をつくっていくのではないか。

こういう話をすると、みんな嫌がるんですね。「安藤さん、少しおかしいのと違うか」といわれるのですが（笑）。

平良　営業主義みたいなもの、具体的な価値、自分の仕事になるかならないか、というところで価値観が決まって、それが人生観まで圧倒しているようなことになってきた。それに対して、そろそろいろんな反省が起きてきているのではないですか？

安藤　もう遅いでしょう？　日本はもう……。今、グローバル化のなかで、経済的なクラッシュの問題も大きいと思うのですが、次の時代を担っていく子供たちに精神力がないというのが大問題だと思うのです。その力を養うべき親たちが、それを教えない。日本だけではなく、一番大きな地球の問題は、子供たちにそのことを教えられるかどうか。それを造景、つまり風景をつくるなかでやっていく。ぼくは、そこで責任を果たしたいと思っています。何もそれで社会が変わったりするわけではないと思いますが、それぞれの専門の職業で、それぞれ自己責任をしっかりと持って地に足をつけて語りかけていかないと、この国は将来なくなるでしょうね。今は、みんな、経済一辺倒で、何もかも忘れ去ってしまった。

日本は妙な国になっていますね。

一九五〇年代の日本の建築は元気でした。増沢洵さんや池辺陽さんの最小限住居を見るとすごく狭いのですが、余白があって豊かなんです。

平良 狭いのに拡がりがあり、何よりも空間に力がありました。

安藤 今から見てもすごいローコストで、小さいんですね。だけど、あんなに豊かな建築になっている。かつてそういう仕事をした建築家がいて、われわれも遺伝子として持っているはずなのに、それを忘れてしまっているというのは、なにか罪を犯しているような感じがします。あの時代の建築家たちは思想もしっかりしていたし、社会的な責任も含めて、元気だったと思います。

今は建築家も流行を追いかけるファッションデザイナーみたいになっていますね。そこには社会に対する自分たちの責任感みたいなものが欠落している。

神戸の街を歩きながら思うのですが、まだまだ問題はいっぱいある。

自分たちでできることは何かと考えて、いろんな人にも語りかけているのですが、現場の人たちと話をしていると面白いんです。春、十センチくらいのコブシを育てて、秋三十センチくらいになったのを見て喜んでいる。このコブシやモクレンをどこへ持っていこうかと、すごく大切に思っています。そういうなかで、次の時代に何かがちょっとずつでもつながっていくのではないかと、今、建築をつくりながら考えています。

しかし、どうも、ぼくたちが考えていることと建築界が考えていることには温度差がありますね。

平良 南芦屋浜の団地で、住民たちが広場に段々畑をつくった。ぼくはあれはなかなかいいことだと思うんです。年取った人も参加して畑をつくっているのですが、これから面白い展開をする可能性がある。それをアーチストが提案しているんです。ああいうことは建築家にもやってもらいたいですね。芸術概念も少し変わってきていますよ。美術館、あるいは都市の広場に芸術作品を陳列するだけではなくて、社会生活に直接役に立つものでありながら、しかもそれを自分たちのアートの作品にしている。そういうアーチストが出てきているというのは、ぼくは将来に希望が持てると思う。

安藤　建築というのは否応なく社会と深く関わるのに、関わりたくないと思っている建築家が多いですね。できるだけ世の中とは関わらずに、自分が思うとおりに建築がつくれればいい、と思っている人が多いようですが、そうはいきません。やはり、社会と深く関わりながら、社会の問題点と自分が表現したいものとがお互いにぶつかりあってつくっていかないとだめですね。

平良　世の中には背負い込まなければならないものがあるんですね。自分たちの日常生活でも、職業生活の面でも、一所懸命にやるとややこしいところに入っていって、それを背負わなければならなくなる。それをなるべく避けたいというのもわかりますが……。

一九五〇年代の建築に活気があったというのは、そういう社会性、正義感というのか、職業的な倫理観があった。面倒なことは避けようというよりは、問題をつかんでいこうという精神がありました。ぼくにとっての戦後史の中でも、いまだにあの時代は懐かしいんです。その後、高度成長の時代に入って、どうも建築がわれわれから遠ざかっていきました。

安藤　一九六四年のオリンピックが最後でしたね。日本人はオリンピックまでは闘っていました。お互いに一所懸命生きようとしていたけれども、六〇年以降の経済発展でそれを忘れてしまった。三島事件が七〇年十一月ですが、あそこで終わりなんですね。

平良　七〇年前後の学生運動は大変なエネルギーでした。どっちへ向かうか方向はわからないけれど、旧体制を変えようという思いがあった。

安藤　そうですね。六八年のフランスの五月革命、六九年の安田講堂事件、あの時の学生の生命力はすごかったですね。今は成績が良くて、いい会社に行ければいいんです。それしか考えていない。日本はもう一回やり直さなければいけない。そのためには、それぞれの分野で激しく生きるヤツがいないと……。だけど、今、激しく生きるヤツというのは、社会にとっては迷惑なんですね。だから、うまいこと排除していきますね。ぼくはできたらそうはなりたくないな、と思っているのですが……。もうちょっと社会に迷惑を振りまいていきたい(笑)。

風景をつくる仕事

安藤 環境づくりというのは人間の記憶をつくることに参加していくわけですから、ぼくは大変重要な仕事だと思っています。日本の風景というのは、美しい自然の力なんですね。

平良 そう。ヨーロッパでも面白い風景に出会うけれど、日本に帰ってくると、改めて日本の自然は美しいと思います。われわれの記憶に残っている局地的な風景もあるし、日常生活の中の風景もあるけれど、人間は記憶を頼りに生きている。それをなくしたら生活者でなくなり、行動力を失ってしまう。そういう意味でも、古い環境を極力残すことがいかに大切か。ときどき街の中で古い建物が突然消えて、あれっ、ここには何があっただろうと思うことがありますね。その時に、何か思い出せるようなものがあるといいと思うんですけれど。

安藤 環境をつくる、建築をつくるということは、記憶の中の風景をつくる仕事ですから、責任が大きいと思うんです。そういう責任感はどこへ行ってしまったのでしょうね。

平良 安藤さんの研究室がある東大のキャンパスの木も僕たちがいたころに比べるとずいぶん大きくなりましたが、これを植えた人はもういない。だけど木は必ず成長するんです。

安藤 ぼくらがやっているグリーンネットワークも、半分くらいは生き延びるでしょうから、それが大きくなるとすごくいいなと思うんです。

平良 淡路島で植えている樹種は何ですか?

安藤 淡路島の植生に合ったものを選んでいろいろな種類を植えています。驚いたのは、植樹した所に鳥とか猪とか動物が来るんです。淡路島には高速道路が通っていますが、鳥というのは自由に空を飛んでいるようだけれど、道路で分断されると迷うんですね。迷ってきた鳥が新しく植樹した所に来ると、今度は恐ろしくて余所に行かなくなる。いま、現場の人たちがその鳥たちを育てているんです。それは彼らにとってもずいぶん励みになっていると思います。自分たちがそれらの生き物を育てているわけですから。だから、できるだけ実のなる木を植えようとしています。ただ花を植え、木を植えるのではなくて、生き物がやってくる街にしたいと考えているのです。

二〇〇一年くらいになって、阪神間の花の咲いている場所をウォッチングしていくと面白いだろうなと思って、今から一緒に見に行きましょうか、と募集しているんです。そういうことも一つの建築づくりのうちだと考えています。

共有される「安藤精神」

平良　神戸というのは、安藤さんにとってやはり特別な場所ですか?

安藤　もともと阪神間で仕事をしていましたから。ぼくの仕事の七〇パーセントくらいが阪神間にあって、ですからほとんどの被災地に仕事があるんですね。ぼくが生まれたのは甲子園のほうですが、神戸はホームグラウンドみたいなもので、異人館のあたりもよく知っていますから、やはりある思いがありますね。

自分としては十年はやるぞ、と思っているのですが、今のところ木が大きくなってきて、グリーンネットワークも少しずつ根付いてきています。

兵庫県では、いま、新しい試みが芽生えています。中学二年生の秋に一週間学校を休みにして、その期間に鉄工所へ行ったり、植物園や動物園に行ったり、パン屋さんやレストランに実際に勉強に行くんです。「トライやる・ウィーク」といって、どこへ行ってもいいのですが、われわれも夢舞台で五十人くらい中学生を引き受けまして、木に水をやったりしてもらおうと思っているんです。今考えているのは、阪神間の植木屋さんと提携して、あちこちで木を植える手伝いをさせてもらおうと思っています。

これもまた賛同者がいて、うちで引き受けようといってくれるところがあるのですが、なにぶんにも二年生は一万五千人いるので、全員が行く場所はないので困っていますが、そういう運動を通じて、何かをわかってくる子も出てくると思うのです。もちろん、作業中にケガをする子もいるかもしれない。責任は誰が持つのかといわれるから、それは安藤事務所で持とうと思っています。まあ、大したケガはしないでしょうし、そんなことを恐がっていたら、引き受けられないですからね。

平良 地元の人に聞くと、震災後、一番最初に被災の状況を見に来た建築家は安藤さんだったそうですね。

安藤 それはどうかな。先ほどもお話ししましたように、ぼくは震災当時ロンドンにいて、被災地に行ったのは次の日ですからね。天保山からフェリーに乗ってメリケン波止場に行きました。その時は関西経済連会長の宇野収さんと一緒に県知事と神戸市長に会いに行ったのですが、普通歩いて十分くらいの距離が一時間くらいかかりました。それから三ヵ月間、だいたい三日に一度、被災地に行ったのです。その理由は、三日に一回現地に行っていると、今後十年間か二十年間、被災地で頑張ろうという気持ちが途切れないでいられるだろうと思ったからです。そうでないと持続することができませんから、ひたすら三日に一回行った。自分の肉体でこの大変な被災地の現状をよく知って、途中でもう止めたということがないように、と思っていました。自分の中で気持ちが途切れたらおしまいですから、自分のために行って、一日中歩いていました。

今、あちこちで講演会を頼まれると条件をつけて、神戸に木を百本くれますか、というのです。ぼくは講演会は商売ではないですから、木をくれないところへは行かないんです（笑）。「安藤さん、まだやっているのですか」といわれますが、三日に一回行っていたときのエネルギーがあるから、頑張ることができるのだろうと思います。

やはり、やらなければならないときというのがあると思うんです。それだけです。人のためにやっているわけではないですから。社会のためでも、運動でもない。自分のためにやっているんですから。

平良 木を植えようというのはいいことだとは誰もすぐに思いますが、それを自分のためにやっているというのは、何か理由があるのですか?

安藤 自分たちの風景ですから。自分の記憶の中の風景の街ですから。たぶん、東京だったらやってないでしょうね。神戸はぼくにとって切実な問題なんです。

平良　安藤さんは運動ではないというけれど、それが社会的なパワーになっている。社会に与える力を持っていますね。

安藤　みんな、呆れています。呆れると、みんなついてくるんです（笑）。まあ、十年は大丈夫ですよ。

被災地の小学校だけでも八十校くらいありますが、全校に十本くらいずつ木を植えたんです。中学校、高校、それからお寺や、公共施設にも全部植えています。花は三年くらい経たないと咲きませんけれど、十年経ったらずいぶん大きくなりますよ。

平良　ヘーゲルという哲学者がいますが、ヘーゲルは、精神というのは個人の範囲内でいるうちはまだ精神ではない、それが共通のもの、社会のものになってはじめて精神になるといっています。

安藤さんのやっていることは何千人をも巻き込んでいっている。こういうのを精神という。よく考えてみると、都市の精神、あるいは時代の精神というのはそういうことですね。多くの人を巻き込んで、実際の活動をしていく。安藤さんは精神のかたまりですね（笑）。いろんな人に行動させている。それが精神。

安藤　日本人は今、シュンとしていますが、ぼくは明石海峡大橋を見て、日本人の技術はなかなかすごいなと思うんです。全長四キロで、一番長いワンスパンが一九一〇メートルですが、あの吊り橋は団結力と忍耐力がないと、コンピュータの解析力だけではできません。日本は技術を継承してきたからこそ、あの橋をつくることができた。

今、アメリカでは吊り橋がつくれないんです。もともとは一八五〇年代にできたブルックリン橋が一番最初の吊り橋で、百年間くらい、吊り橋はアメリカが世界一だった。それから途切れているんですね。解析はできるけれど、技術を継承してきた人間がいないから、次に続いていかなかった。解析は世界中でできるんですが、技術者の継承ができていかないと、吊り橋はできない。今、日本しか吊り橋ができないんです。日本は結構たくさん吊り橋をつくっていますし、今度、ジブラルタル海峡にワンスパン二千何百メートルの吊り橋をつくりますが、たぶんそれも日本が落札すると思います。日本人は個性がないとか、自己主張がないとかいわれますが、片一方で団結力とか、協調性があるんですね。

よく、土建屋は、と批判的にいわれますが、今回の阪神淡路大震災後の動きを見ていると、一九九五年一月十七日から約一年間、土木・建設業の人たちは損得抜きに働いたとぼくは思うのです。彼らは補強から解体作業、民間の清掃などを手伝っていました。ぼくは、そこには土木・建設業の人たちの努力があったと思うんですね。それを、あいつらは仕事を取るためにやったんだ、と言い過ぎました。地道に、身を粉にして働いた人たちにそれをいうのはまずいと思うんです。

われわれ設計をしている人間が建設現場に行くと、猛烈にたくさんの人たちが汗水たらして働いている。道路をつくる人も、土木工事をする人も、一所懸命働いている。とんでもないところに無駄な道路をつくったりするから、建設業は儲けているといわれるんですが、それは現場の人たちが悪いのではなくて、政治家が自分たちの票田のために予算をつけてきたわけです。それを抜きにして、土木・建設屋は悪いということになっていますが、ぼくはそれは違うと思うんです。

平良　今、批判者が「土建国家日本」といっているのは、ちょっと行き過ぎのところが確かにあると思う。その背後にある力をきちんと批判するのならいいけれど。

安藤　ぼくはそっちのほうが問題なんだと思う。汗水たらして一所懸命働いている圧倒的にたくさんの現場の人たち、技術者たちのお陰で今の日本の国土があるのも事実なんですから。認めるところと、反省するところ、両方必要だと思うんです。

ぼくは、建築の設計をしている人や現場の人が、自分たちがやった仕事がきちんと認知されると思えるような社会にならないとだめだと思うんです。それには必要なところに適切な道路や護岸をつくり、工事をすべきだし、そうすることでやっと現場で働いている人たちは誇りを持つことができる。そういう社会になって初めて、国土の風景ができていくと思うんです。ぼくは、それに少しでも参画したいと思っています。

平良　頑張って下さい。

安藤　頑張れるかなあ（笑）。

第五章

まちづくりと建築家芸人論

対談者／吉田桂二（『造景25』二〇〇〇年五月）

吉田桂二（よしだ・けいじ）氏／1930年岐阜市生まれ。1952年東京美術学校（現東京芸術大学）卒業。1957年連合設計社設立。生活文化同人代表。1992年古河歴史博物館と周辺の修景計画で日本建築学会作品賞受賞。

古河を「北の鎌倉」に

平良　吉田さんが古河（茨城県）で仕事をするようになったのは「小倉邸」が最初ですか？　小倉邸は一九七八年の完成ですから、もう二十年前になりますね。

吉田　そのもともとのきっかけは、昔、西鎌倉で設計した住宅の施主が古河の出身で、お披露目の際に古河の人たちがたくさん来たのです。そこで住宅の設計を一軒頼まれて、その次が小倉利三郎さん（前市長）の住宅でした。そのころ小倉さんは市議会議長で、工事中に市長選に出たのですが、反対派に「豪邸を建てている」とやられて落選して、その次の選挙で当選しました。けっして豪邸ではなかったのですけれど……（笑）。

　小倉さんは「古河のまちづくり」を言って市長に当選したのですが、それにはまず市民の運動が必要だということでいろいろ仕掛けをして、その結果、古河には市民運動団体がたくさんできました。それと同時に職員をきちんと教育しなければいけないと、市役所の中で勉強会を始めました。メンバーは課長補佐もしくは係長クラスで、いずれまちづくりを実行に移す段階にはその人たちが中心になるだろうということでした。

　最初、市は、「今は考える段階だ」と言って何もつくらなかったのですが、そのうち「考えろ、考えろと言って、いつまで考えているんだ」という声があがってきた（笑）。それで市民グループやさまざまな運動団体を集めて会を開こうということになり、ぼくがコーディネーター役を務めて、朝からそれぞれのグループが報告をしたところ丸一日かかりました。古河のまちで、踊りも歌もなしで八〇〇人集まったのですから、これは優秀です。そのことが一つの区切りになって、市はいろんな施策をやり始めました。

平良　一九八七年にコミュニティセンターが三つできていますが、このころからまちづくりに具体的に入っていくわけですね。

吉田　その一番の目玉は古河歴史博物館でした。

平良　それが竣工したのが九〇年ですが、具体的な話はいつごろから始まったのですか？

吉田　八七年ごろからメインの計画としてあったのですが、用地の問題や、これから古河をどんなまちにしていくのかが決まらない状況でした。

そのころぼくが言っていたのは、鎌倉公方に対して古河公方である、古河を「北の鎌倉」にしようということでした。鎌倉はベッドタウンですが、アイデンティティをきちんともっている。そういうことが古河でも可能なのではないか。それにはいい住宅地をつくることだ、ということでした。

ぼくは、豪邸をつくってもいいと言っていたのです。「購買力の高い人が住みたくなるようなまちにすれば、第三次産業もうまくいくようになるだろう。今は、みんな東京で飲んで来て、あとはスッと家に帰るだけで、古河の駅で降りて酒を飲むヤツがいないじゃないか」と。かつては横丁にいろんな飲み屋があったけれど、みんなつぶれて、商店街は荒物屋ばっかりになっちゃったわけです。荒物は長くおいていても腐らないから（笑）。駅前の食堂もウィンドウのガラスは拭かないし、中にある蝋細工のサンプルはどれもカレーライス色になっている、蝿がひっくり返っていても掃除もしない、夜七時になるとシャッターを下ろす、そんな状況でした。それで大型店に反対、反対と言ってもダメだ、とぼくは言ったのです。「駐車場がないから、客が来ない」と言うから、「駐車場がないから来ないんじゃない。このままでは駅前がガラガラになる。きちんと商売しないとだめですよ」という話をしました。

古河が鎌倉のようなまちになれば、東京の店も出店するようになるだろうし、それも古河のまちづくりの一つの軸になる。そのためには、鎌倉がそうであるように、古河でなければならない景観をつくっていく必要がある。景観をつくりながら古河のまちの歴史性を明確化する。ふつう、歴史博物館というのはあまり人が来ない施設だけれど、古河のまちづくりにとって歴史博物館はもっとも中心になる建物ですよという話をして、あの場所が決まったのです。ほかにも候補地があって、そこなら悠々と面積を取れたのですが、ちょっと不便な場所でした。今の場所は土地にくびれがあって、ひょうたんみたいな地形で、建物を建てると庭も残らないくらい狭いけれど、お堀が少し残っていたので、やはりそこが一番いいんじゃないか、ということで決めました。

平良　古河歴史博物館は、駅から近いことがまずいいですね。それに敷地が狭いから成功した、とぼくは思う。

吉田　ぼくもそう思います。狭いほうがいいんです。建物の全貌が見えないほうがいい。群体の建物の場合

古河歴史博物館周辺

には全貌は一遍に見えないわけですから。

建築カメラマンが「カメラマンは全体を撮りたいんです」と言うから、「それは無理だよ」と（笑）。

平良　建築雑誌で育ったカメラマンはどうしても全景を撮りたいんだと思うのです。でも、あそこの魅力は重なって見えることですよ。コミュニティセンターの脇を通って、古河文学館、その向こうに歴博のそれらしき屋根が重なって見える。一つの地点にいくつかの集合体ができている。集合体ができると、エネルギーがわくような、まちの中心点になっていく。

吉田　そう。そして、それは同じような建物ではないほうがいいと思って、古河文学館はオルゴールの家みたいにしたのです。

集合体をつくる

平良　文学館も歴博も、和風的な要素はあるけれど、いわゆる和風ではありませんね。土蔵のような壁はあっても、しかし日本の木造住宅のように開放的ではない。ぼくは、吉田さんはデザインの幅が広い人だなあと改めて感じました。和風が好きで和風、和風とやっていると、和風という概念が狭いところに行ってしまって、ある種の伝統の細い流れしか見なくなる危険性があるけれど、吉田さんの和風は適当にぶれている。あれは成功していると思います。

吉田　気分でぶれる部分もありますが、その建物を置く場所、場所でこんな形もいいかなと考えて、なるべく違う形で、しかも調和感のあるものをつくりたいと思いました。ひと色にして調和感のあるものをつくるほど楽なことはないのですが、それでは公団住宅みたいになってしまう。確かにそれも一種の調和感ではあるけれど、それは軍隊の調和であって、そうではなくて、全体が自然にできていったような感じがほしいなと思ったのです。

平良　それと、歴博の向かい側にある「鷹見泉石記念館」の存在がいいですね。

吉田　そういう場所を選んだのです。鷹見泉石（一七八五〜一八五六）は幕閣にかかわっていた地理学者でしたから、地図等の資料がたくさん残っていました。地図というのはそのころは秘密書類ですね。

平良　泉石は何でも書き写した人のようですね。

吉田　しかも絵のうまい人です。その資料が散逸しないで、子孫があそこに保管しておいてくれた。それを市に全部寄付してくれて、それが歴博の元になっています。

平良　あの南側に吉田さんの設計した泉石の子孫の家があり、そのまた南側に吉田五十八が設計した住宅がありますね。

吉田　とてもいい家で、しかもきれいに住んでおられます。襖なんかも、ちゃんと元通りに張り直しては住み続けている。これは負けられないと思って、がんばりました（笑）。

平良　いい雰囲気がつながっています。

吉田　歴博周辺は道路の高さまで変えているんです。前は高いところからすとんと落ちるような道でしたが、いくらなんでも、お堀が道路より高いというのは格好悪くてしようがなかったものですから、一メートル半くらい土を盛ったところもあります。それであああいう景観ができたのです。あのくらいのわずかな高さでも、古河は平坦地で高さの体験がないところだから、古河の人は「高い」という感じを持つようです。

平良　お殿様がああいう平らなところに城をつくった条件はなんだったのだろう。

吉田　お城は渡良瀬川の河川敷の中にあったのです。周りに川が流れていて、川を堀に見立てていた。歴博が建っている場所はそこからの出城でしたが、土塁の堀だと土が崩れてあとで保守が大変ですから、石を積んだわけです。

そういうふうにして文化施設をつくっていって、それが古河の歴史性を感じさせ、アイデンティティを形成していくというのが一番のコンセプトでした。小さい文化施設をあちこちに配して、それを巡るというような「まちかど美術館」、そういうふうになっているわけです。

まちづくりをうまく進めるためには

平良　古河の駅を降りると、大きなマンションがドーンとあって歴博周辺のような雰囲気はまったくないけれど、駅の反対側の広場はなかなかいいですね。東屋があって……。

吉田　あの「ゆきはな」は筑波万博のときにつくったのです。あそこから万博会場に行くバスが出ていました。かつての駅はホームとホームの間に跨線橋が架かっていたのですが、そこで使われていた鋳鉄の柱が駅の裏に何本も転がっていました。それをもらって、「ゆきはな」や中学校の校庭に使ったりしました。

平良　奥ゆかしい広場になっていて、あれはいい。だけどマンションがドーンと建っていて、その一階にはハンバーガーだの今風の店がある側は……。将来、「古河市民権力」が樹立されないとそれを規制するのは難しいですね。

吉田　計画道路ができて、これから駅前広場が整備されます。その道路は古河の大きなお寺の裏を通るのですが、そこは道路沿いに堀を復元しようかと思っています。土塀をつくってお寺の墓を隠し、柳かなにかを植栽して、そこを通ってまちへ入ってくるようにする。いつになるかわかりませんが……（笑）。

平良　そういう仕掛けをどこかに残しておくといいですね。徐々にやらざるを得ないような……。

吉田　全体構想などというものではなくて、ぼくにできることはそのときそのときに一番いいものをつくっていくお手伝いをすることではないか、と思っています。

歴博の隣にある第一小学校の周囲は、もともとは学校の中に大きな木があって、その外側に万年塀がずうっと続き、狭い歩道にガードレールがついていました。それではしょうがありませんから、校内側に生垣をつくって万年塀を取り払い、立木を全部歩道に出してガードレールも全部取ってもらったのです。ですから幅広い歩道に立木があるという感じになった。学校の中は丸見えですが、これはお金がかからなくて、大変いい方法です。ただし、これは教育委員会と道路課の縄張り意識だけはやめてもらわないとできません。お互いに譲り合えば、そういうまちづくりができるんです。

古河市は各課の横の連絡が非常にいいのですが、その辺は、係長クラスでまちづくりを考えてきた勉強会が実ったと思います。

平良　吉田さんの説明を聞いていると、古河ではまちづくりがスムーズに流れてきたような気がするけれど、その最大の要因はなんだろう？

吉田　古河のまちについて考えようという、あの時間が大事だったとぼくは思います。それから、小倉さんは何かあるとすぐにぼくに電話してきた。職員は何か事業を委託しないとぼくに頼めない、そういうふうに考えるのかもしれないけれど、小倉さんは、「ちょっと来てくんないかね」なんですよ。出かけて行くと、そこにはいろんな人が待っていて、「どうだね、こういう話は」というわけです。ですから、ぼくは、いつでも気軽に話ができる、古河のまちづくりに関するコンサルタントという立場になれた。それがうまくいった一番の要因だったかもしれません。

平良　そのときには吉田さんと市長が二人だけで話をするのではなくて……。

吉田　周りにいろんな人がいる。

平良　それがいいんだな。堅苦しい会議じゃなくてね。

吉田　古河のまちづくりがやりやすかったのは、ほとんど合併していないので市域が非常に狭いんです。それも要因として一つありますね。昔のままの市域に五万七、八千人ですから、かなり密集している状況です。それだけに施策はやりやすい。話がストレートにいきやすいんですね。

建築家「芸人論」の真意とは？

平良　今日はいい機会なので、もう少しつっこんだ話を聞かせてほしいのですが、吉田さんは「建築家芸人論」を書いていますが、あれはどういう経験からそういう発想が出てきたのか。「建築家職人論」というのは、ぼくも前から感じていました。その「職人」というのは従来の職人とは少し違う像を描かなければいけないとは思うけれど、しかし「芸人論」というのは……。

吉田　ぼくも最初は「職人論」を考えていたのですが、そのあと「芸人論」に切り替えたのです。

平良　それを読んで「あっ」と驚きました。

吉田　職人というのは、自分の仕事が気に入らないとせっかく焼いた茶碗をガチャンと割っちゃうというようなことがあるでしょう？　でも、建築家はそれとは違うのではないかと思ったのです。建築はいったんつくられると、建築家は自分が気に入らないからと言って壊すわけにはいかない。だから、建築はそれだけの責任感をもってつくらなければいけないと思うのです。そうすると、それは職人ではなく芸人なのかな、と思った。職人というのはつくったものを使う人のことをそれほど考えなくても成立するけれども、芸人は観客がいないと成立しない。建築は社会の中でつくっているわけですから、これはつまり観客がたくさんいるということだ、と思ったわけです。ですから極端に言えば、建築家はたとえ失敗したとしても、失敗も芸のうちにしたほうがいい（笑）。

平良　出来上がった建築はコミュニティのもの、というくらいの気持ちがないと、まちづくりにはつながらない。

吉田　ちょっと開き直りみたいですが、まちづくりは暗くなってはだめなんです。楽しくやらないと……。ぼくは古河のまちづくりを経験して、つくる人が自分で楽しくないと、まちの人は絶対に楽しんでくれないということがよくわかりました。だから、これは楽しくやるに限る、と。もし失敗した部分があっても、「まあ、そんなもんだ」と努めて明るく言わなければ、と思っています。あとで失敗したから良かった、ということもあるかもしれないよ、と（笑）。

平良　失敗したおかげで、こういういいこともある、と（笑）。今の建築家はそういうところが足りないね。

吉田　一品制作的すぎますね。大きな建物もそうだけれど、住宅でも一品制作すぎると思うのです。

平良　一品制作に慣れっこになると、どうしても外に開かない。建築とは別に都市論を書いたりする建築家もいるけれど、それと自分が一品制作しているという行為をつなぐものが見いだせないまま、二元論でやっているんですね。

吉田　ぼくは古河で建て売り住宅の団地「まくらがの郷」をやったときに思ったのですが、全部同じデザインにして統一感のあるまちをつくることは造作ない。しかし、昔の家はそれぞれ全部違うけれど全体として統一感がある、そういうふうにつくられていたわけです。そういう家並みを今つくるにはどういう方法があるだろうか、と考えたわけです。

まくらがの郷は戸建て住宅が全部で二十戸集まっているのですが、ふつう、そのくらいの数だったら基本設計は一人でできます。それが同じ形にならないようにしようとまず思いました。そのためには敷地の大きさを変えよう。建てる家は敷地によって変わってくるはずだ。そうすれば住む人間の家族構成も変わるだろうし、まちとして一番自然な状態になる。それを同じような家を並べるから、幼稚園がパンクしたり空っぽになったりするわけです。

そして設計はぼくが一人でやってもいいんだけれど、事務所の中でコンペをやりました。それぞれが案を出して並べてみると、同じ敷地にやったものでも優劣がありますし、並べてみると、隣との関係でこっちの案のほうがいいんじゃないか、ということが出てくるんです。そうやって隣との関係性をつくり上げながら間取りを決めて、どんな外観にするのかを考えていったわけです。

たとえば、屋根というのは統一感をつくる一番重要な要素ですから、勾配はどのくらい、切り妻、連続させる場合はどうするとかルールを決めて、それは守る。下屋は自由にして、外装はいくつかの候補の中からどれを選んでもいい。真壁のようにするのもいいし、そのとき壁の色はこの範囲で選んでほしい、と。で、担当した家をそれぞれが設計したのです。その結果、かなりバラエティに富んだ住宅群ができました。そして、建て売りだけれども全部完全につくるのではなくて、あとからつくる余地を残しておこうと。これは、入居者が決まったら、設計を担当した人とつくった大工とで挨拶に行って、どうですかと相談して、つくってない部分をつくる。それは物置とかそういう程度ですから、変えられる部分というのは本当にわずかなものですが、オーダーでつくったのと同じような部分を残しておきました。変化に富んだ中にも統一感がある、そういう家並みをつくろうというのがコンセプトでした。

まちづくりで建築家ができること

平良　古河以外では？

吉田　今、やっているのは内子（愛媛県）の大瀬地区です。成留屋という一五〇戸くらいの森と谷間の町、大江健三郎の出たところです。そこで前にＨＯＰＥ計画をやったのですが、今、街並み環境整備をやっています。ぼくはＨＯＰＥ計画は成留屋の基本設計だと言っているのですが、ぼくのＨＯＰＥ計画は絵だらけなんです。建設省の人がそれを見て「これは事業計画ですか」と言うんだけれど、絵がたくさんあるとまちの人はよくわかるわけです。

それをまとめるために事務所からはぼくと助手が一人、月に一度の割合で行きました。調査等はまちの人にやってもらうために、まず、おじさんたちで環境調査班をつくってもらって、それぞれがまちの写真を撮ってそれを並べてみて、このまちのどこがいい、悪いということを考える。そして、建築関係者も結構いますから、その人たちで建築調査班をつくって一五〇戸全部調査してもらう。ところが建設省の人は「そんなことはできません。代表的な家だけやってください」と言うわけです。ぼくは、代表的な家がわからないから調べるんであって、わかっていたらやる必要がないと言ったのですが、「いや、そういうわけにはいかない。入ってもらっては困るという家が必ずありますよ」と言う。まちの連中にそれを言ったら、「誰がそんなこと言うんだ。みんな、入らんでもわかっているくらいだ」と言うんですね。一軒や二軒断る家があったら、みんなに「なんだ」と言われるんだから、必ず入れると言うわけです。そのくらいのコミュニティはあるんです。どういう人間が住んでいるかなんて、調べるも調べないも、みんな知っているから、そのまま書けばいい。おばちゃんたちには住民意識調査班をつくってもらって、ＨＯＰＥ計画をやっている間、毎月、ワープロ打ちのＨＯＰＥ速報を全戸に配布しました。計画が全部終わったときには地元で説明会をやって、報告書を全戸に配布しましたが、そうすると町中に共通意識がかなり行き渡るんです。

そして街並み環境整備事業に入ったわけです。そのなかには修景もあるし新築もありますが、まちづくりのオリエンテーションをつくるわけですから、それは造形言語だと思い、今、それをつくっているところです。どこを統一するのかというと、一番重要なのは屋根である、と。それからフロント。そしてフロントと同程度、あるいはそれ以上に重要なのが側面です。町並みを見ると、側面というのは意外とよく見えるんですね。もしかしたら前面よりも重要かもしれません。一階は基本的に商店街ですが、美容院とそば屋のデザインが違うのは当たり前ですから、何も全部和風にしろというのではなく、一階は自由にしました。しかし、自由といっても、原色を使ってもらっては困るから、いくつか禁止事項をつくったのです。それを今みなさんと一緒にやっています。

そういうことをきちんと決めておくと、これから何十年かそれで動いていきますから、だんだん町並みがつくられていく。それさえ決めておけば、あとは誰がやってもいい。たとえばぼくが死んでも、そのルールに従って町並みがつくり続けられていくわけです。それは人のためにやっているということになるかもしれないけれど、実はぼくがつくりたいものをみんながつくってくれるような仕組みをつくっている。それが、ぼくの仕事のやり方かな、と今は思っています。それは、古河のまちづくりなどを経験して、だんだんわかってきたことのような気がするのです。

平良　街並み環境整備事業は道路周りが中心ですか？

吉田　メインの街道部分と、もう一つは川沿いです。川沿いは家の裏側ですから、物干し場があったりする。それを見た目よくするのはほとんど不可能ですから、川沿いは緑化します。護岸の上に長蛇の藤棚をつくって、建物をある程度遮蔽しながら屋根だけを見せるようにする。

成留屋はとてもいい川が流れているのですが、護岸をコンクリートで固めてしまっていて水辺に降りられるようなところがあまりないのですが、それを水辺で遊べるようにする。上のほうにダムができていますから、水量は一定なんです。

平良　それが形になって見えてくるのはいつ頃ですか。

吉田　来年度の予算で、まず四ヵ所程度修景をやります。

高台に大瀬時代の村役場があるのですが、ＨＯＰＥ計画で「大瀬の館構想」をやって、きれいになりました。建築調査班のメンバーの地元の大工さんたちと一緒にやったのです。

今、内子の隣の大洲市にも行っています。内子は昔、大洲の藩領だったのですが、最近は内子にばかり人が行って、「大洲というのは内子の隣町だそうですね」というせりふが出るものだから、怒っているわけです（笑）。

大洲にはまちづくり突撃隊がいるんです。みんな市の職員ですが、各課の係長クラスでまちづくり推進会をつくって、いろいろやっています。この人たちがいいのは、各課を横断した組織ですから、セクショナリズムに陥らないでできるんです。昔の金融機関だった建物を利用して赤煉瓦館という土産物売場と展示室をやっているのですが、そこで人力車を一台買って、それを彼らが引くんです。お客さんの中には大洲で乗って、内子まで行ってくれという人がいるそうですが……（笑）。それをまちの人が見ているから、彼らに対する信頼感が非常にあるんです。今、その連中と一緒にやっているのは、おはなはん通りを囲んだ一帯にいい建物が残っているので、そのエリアで八十八戸ほどを指定して、補助制度をつくっています。法的にしばっているわけではなくて、持ち主と市が契約するというかたちの協定をつくったのです。

平良　その突撃隊の人たちは三十代？

吉田　四十代です。そろそろ腹の出っ張った人たちが人力車を引くんですから、乗ってるほうが遠慮して「もう降ります」と言うそうです（笑）。

大洲でもまち全体のオリエンテーションをつくったのです。それも絵本のようなものをつくって、市民集会をやりました。

平良　絵から始めるというのは、景観、風景から入っていこうという視点ですね。

吉田　そうです。商業活性化と言うけれど、われわれ建築家はそれはできないんです。われわれにできるのは環境とか景観の問題であって、それがどう商業活性化に結びつくかというところは、そのまちの人たちがやらないとできないことです。ぼくは最初に、「ぼくのできる範囲はこういうことなんだよ」と必ず言います。

従来のいわゆるコンサルタントがつくる報告書というのは博士論文みたいなもので、まちの人には何を言っているのかよくわからないということがありますから、ぼくは絵から入るわけです。

平良　ヨーロッパや日本の古い町がいいなと思うのは、まず目に映ってくる風情なんですね。ヨーロッパを歩いていると、建物は広場や街路のために建てられている。スイスのワルダーという山のてっぺんにある集落は、山のてっぺんの一筋の通りの両側にできた石造の集落ですが、見事に正面を意識して、窓の出方なんかを工夫している。ところが裏側へ回ると洗濯物が干してあったり、その向こうには原野が広がっていて山が見える。裏へ回ると自然が出てくるわけです。正面の構えとはまったく違う。ドイツのまちも通りに対して壁を立てているような感じですね。あれはまちの顔なんだ。パブリックな、共有空間をつくるという意識が強烈に感じられますね。

吉田　そうですね。建物が一軒ずつ独立するなんていう意識はまったくない。

平良　建築は都市の要素なんです。一品制作をしている建築家たちは都市から超越したところで建築をつくっていますが、それは教会や宮殿をつくってきたエリート建築家の流れであって、まちづくりというのはそれとはまったく違う方法を考えなければいけないのでしょう。

日本は都市のストラクチャーがなかなか見えてきませんね。

吉田　おそらく、明治以来、日本がヨーロッパの建築をいろいろ摂取していたときにはデザインを見ていたと思うのです。ところが、どういうわけか機能主義がそれを断絶させたようなところがあって、戦後、われわれの目にはヨーロッパの建築は機能主義としか映らなかった。だから初めてヨーロッパに行ったときにびっくりしたわけです。白くて四角い豆腐みたいな近代建築の住宅が並んでいるのかと思ったら、なんだ古い民家がたくさん残っているじゃないか、と。日本は戦争で一種の鎖国状態にあって、建築もそこで断絶があったのでしょうね。明治時代の建築から連続していたら、そんなことにはならなかったと思う。

平良　日本にモダニズムが入ってきたとき、もちろんジードルンク（ドイツの計画的住宅地）の紹介もあったけれど、それよりはミースの作品だとかベーレンスだとか、個々の建築作品として入ってきて、都市づくりに結びついていかなかった。これはちょっと不幸なことです。そして、戦後のわれわれのファンクショナリズムというのは一種の平面主義、プランニングから入るわけです。建築の姿は後から考える、あるいは結果として自動的に出てくるという思いもなきにしもあらずでした。

吉田　それは大間違いですね。日本の木造架構の技術は優秀だから、どんな間取りでもつくっちゃうわけです。素人でも間取りを考えられる。建築家ですら、まず間取りを考えて、それから屋根を考え、構造を考え、というようなことでしょう?

平良　日本建築の優れた伝統技術が悪い方向に影響したんですね。みんな、まず間取りから考える。

吉田　そう。おそらく、それによって日本のまちは相当汚くなったのではないかと思います。学校でも、今週はプランを考えて来なさい、それをチェックして、来週はエレベーション……。それはないですよね(笑)。

平良　まず分解して考えるというのは、近代の科学的な思考の影響が多少ありますね。

吉田　逆に極端に言えば中身なんかなくったって、ここにはこういう形があったほうがいい、ということがあるんですね。そうでないと、まちはつくれない。だからまちの人に、ぼくは旅人として来ているんだ、と言うのです。土地の人間はいろいろしがらみがあるけれど、ぼくにはそういうことが何もないから自由に発言する、と。

平良　「旅人」というのは大事な概念ですね。

まちは住むところだ、というのは原理的にはそのとおりなんだけれど、われわれが旅行してよその国やよそのまちへ行くと興奮しますね。自分のまちではそんなに興奮しない。日常は、なにも特別に風景など見ていなくて、その中で自由自在に生活しているわけです。ところが、よその国へ行くとそのまちの形が見えてきて、そういう経験をすると自分のまちがどんな形をしているのか、それを見る目が育つ。そういう意味で、観光旅行も軽んじてはいけないですね。

吉田　名所旧跡をバスでまわるだけではなくて、まちを歩いてみる。これは楽しいですよ。

設計事務所もＮＰＯで

平良　これからは建築をつくるというより、まちをつくるという感じにしていかないとね。まちをつくるためには、たとえば吉田さんがやっているようなことを次の世代に伝えていく必要があるわけですが、それを社会的な制度につないでいく方法がないといけない。それにはどういうことを考えたらいいのだろうか。

吉田　ぼくは、このごろＮＰＯを考えているんです。今までの設計事務所は、個人でなんとかがんばって所員を雇って企業としてやってきたわけですが、そういうやり方だけではだめなんじゃないかと思うのです。設計を引き受けるということは最初にボランティアみたいな部分がありますから、若い人が集まる組織として、ＮＰＯ的な事業としてやっていく。そういう道が開けると、ぼくは設計事務所の体質がかなり変わるだろうと思うのです。今の設計事務所はあくまでも企業ですから、そのための論理がどうしても優先する部分があります。そのことが作品にも影響してくるだろうし、それを乗り越えないと、設計事務所は限界に達してしまうという気がします。現在、建築家個人の力を中心にしてやっていく設計事務所と、もう一つは設計組織体制がありますが、それは設計というより、設計から建設までをつないだオーガニゼーションの体制ということでしょうね。設計事務所が小さい建築をきちんとつくっていくために、ＮＰＯを拡大できないかな、と思っています。

平良　吉田さんがやっていた「大平宿を語る会」はどうなっていますか？

吉田　「大平宿を語る会」は現在はなくて、その後の生活文化同人で建築塾をやっているのですが、今、それをＮＰＯにしたらどうかと考えています。そうすると社会的な活動が可能な組織になって、まちづくりにかんして相当動けるようになる。まちの人は企業が入ってくるということになると警戒しますが、設計事務所もまちの人にとっては業者なんです。それはやはりまずいわけで、ボランティア的な活動として理解してもらいたいですね。

平良　だけど純粋にボランティアというわけにはいかないでしょう？

吉田　ＮＰＯの中に事業部をつくることができるんです。そこは課税対象になりますから、そこできちんと事業体になっていかないといけない。やはり、きちんとした組織をつくる必要があります。今、法人をつくらないでがんばろうとしている若い建築家たちもいるけれど、本来は法人格にしたほうがいいわけですから、それにはＮＰＯが一番いいかなと思っているのです。将来、そこから独立して自分で設計事務所をつくるということがあってもいいと思います。

平良　そう、両方が併存すればいいんですね。

吉田　ぼくは併存できると思います。もう一つ、ＮＰＯ化を考えているのは、森林から木を切り出して製材するまでの過程をＮＰＯにする。茨城県の八溝山系の木を使いたいと前から考えていたのですが、さあつくるぞというときになって木を手配しても、これは無理なんですね。古河の文学館で使った太い材は全部八溝の杉ですが、あれは設計段階で発注しました。そういう木の手当ての仕方は、たとえば年間百～百五十棟くらいつくっている住宅会社なら、山と契約できます。そうすると山は本当に喜びます。伐ったところは苗を植えるということが計画的にできますから、サイクルができるわけです。そして、製材所を山に持って行く。プレカットをするのなら、プレカット工場も山に持って行く。そうすると自然乾燥ができますし、木は乾燥すると目方が半分になりますから、輸送のことを考えても断然有利です。それに、製材のときに出る木っ端は山に還元することができますから、ゴミ処理の問題も楽なんです。今、それをやっているところが熊本で一社ありますし、これからやろうとしているところも何社かありますから、そういうネットワークをつくろうと思っています。そうすると貯木ができるわけです。国産材をどういうふうに使っていくのかということを考えるのと同時に、山林の管理をしながら、力のあるネットワークをＮＰＯでつくる。これも面白いと思うのです。

平良　徐々にいろんなことができるようになってきましたね。

吉田　やりやすくなってきました。これは不況のおかげだなあ、と思いますよ。ある意味では不況がいい影響を与えつつあるのではないか、と思っています。

第六章
「せんだいメディアテーク」の試み

対談者／伊東豊雄（『造景33』二〇〇一年夏）

「これは都市の広場だ」

平良　仙台に息子夫婦が住んでいまして、小学校一年生の孫は「せんだいメディアテーク」に行ったことがあるらしいんですよ。それで、「おじいちゃん、連れて行ってあげる」と（笑）。実際に行ってみたら、想像していたのと違う印象をもちました。イメージとしてはチューブはもっと細いのかと思っていたのです。

伊東　最初のイメージはメッシュ状のストラクチュアでしたが、途中でぼくの考えていることも変わりました。

伊東豊雄（いとう・とよお）氏／1941年京城（現ソウル）生まれ。1965年東京大学卒業。1971年アーバンロボット設立。1979年伊東豊雄建築設計事務所に改称。1995年せんだいメディアテーク・コンペ最優秀賞入賞

平良　細いと構造的にはどうなんだろうと思っていたのですが、強い感じを受けて、その点は安心しました。施工がたいへんだったのではありませんか?

伊東　かなりたいへんでした。鉄骨の工事に約一年半かかりました。全体で二年半くらいの工期でしたから、そのうちの三分の二ぐらいは延々と溶接作業が続き、多い時は溶接工が四十、五十人いました。船の溶接工で、現場はまるで造船所のようでした。

　とくにプレートと呼んでいる床のパネルを溶接する作業がたいへんで、上下二枚の鉄板の間にリブが入っ

ているわけですが、構造家の佐々木陸朗さんのコンペ時のアイデアでは一メートル二〇センチのグリッド上にリブを入れればいいだろうということでした。しかしチューブの周辺に力が集中するので、そこに放射状に密にリブが入るようになって、複雑な形状のリブになったわけです。ひずみが出ることは予想していましたが、最初は想像以上で、溶接の方向によっても変わるし、経験に頼る部分が多いので、やってみて初めてわかったことも多々あります。二階の床にかなりのひずみが出たので、そこで一度工事を中断して、設計者側と施工者側で長時間の議論をしました。上の階に行くにしたがって慣れてきて、ひずみも少なくなったようです。

平良　コンペから完成まで六年かかったそうですね。

伊東　構造と防災の評定を取るのに半年くらい、設計と工事を合わせて五年、最後の半年以上が準備期間で約六年ということです。ちょうどいい期間で、それより短いと、事業として展開していくための内部的な調整も大変だったと思います。

平良　「メディアテーク」が建っている場所は以前

せんだいメディアテークの内部。窓の外はけやき並木

は何があったのですか？

伊東　パチンコ屋でした。そこに何をつくるか、当初はいろいろなアイデアがあったらしく、二転三転して「メディアテーク」になったようです。

平良　ぼくは、あの場所にとてもふさわしい建築ができたなと感じました。

伊東　仙台市としてはとびきりの良い場所のようです。しかし、少し手前までは人通りがあるけれど、あのあたりまではなかなか人が来ないとか、ケヤキ並木も排気ガスで枯れそうになっている木もあるし落ち葉もたいへんで、商店街の人たちにとってはなかなかたいへんな場所のようです。

平良　でも、ケヤキ並木としては仙台で一番見事なところですね。中に入って並木通りを見ると、何階に行っても緑が見える。そういう意味でガラスの壁にとても存在感がありました。

伊東　コンペの時の模型の写真はファサードのガラス越しにチューブが建ち上がっているような写真でしたから、実際にはそういうふうに見えないじゃないかとおっしゃる方もいましたが、むしろ中から通りを見

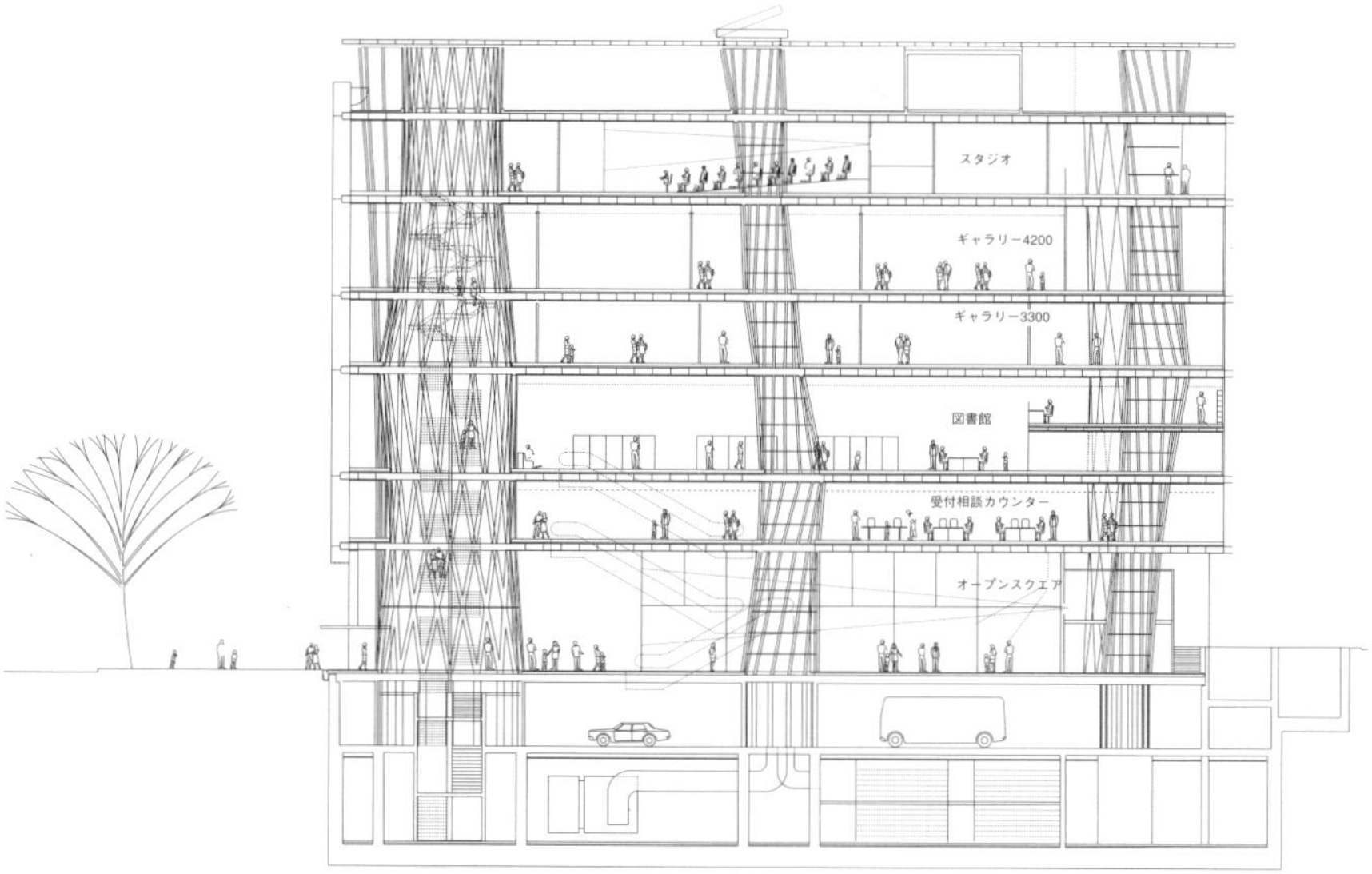

せんだいメディアテークの断面

た時の印象のほうが強いですね。けやきの表情も夏と冬とでまったく違いますし。

平良　ぼくは、ガラスの壁面の存在感と言いましたが、その存在感というのは普通の意味とは少しばかり異質なのです。内と外のあいだにあって、中間領域と幅をもった透明体としてのあり方が、かえってチューブの樹状の形態と外の樹木が響きあっているように響存効果を増幅している。外から見ても面白いけれど、中からのほうが環境と響き合っているという印象を受けました。

伊東　ぼくの中には森や林の中を歩いているようなイメージがあって、それが建築という壁によって切られてしまうのは残酷なことだと思っていました。敷地があって、建築は内と外を区切らないといけないわけですが、でも本当はどこまでもずうっと続いているんだというイメージを描きながら、それでも切るとしたらどういう切り方があるだろうか、と考えていました。

平良　木造建築をやっている若い人たちは、森のイメージというと柱に頼って、生々しい樹木のイメージを何とか実現しようとするわけですが、伊東さんの森のイメージはそれとは対極にあるように感じましたが……。

伊東　たぶん、そんなには違わないような気もするのですが……。ただ、たまたまぼくは鉄やアルミで建築をずっとつくってきたものですから（笑）。

平良　ぼくはこのごろ木造に加担しているのですが、しかし、きちっとできあがった近代都市の中で、コンクリートに対抗して木造で何かやろうとしたら、たいへんなことになる。レストランなどは別として、三十メートルを超すビルを木造でつくるのは あまりふさわしいとは言えませんから、仕方なくコンクリートや鉄骨も認めないわけにはいけないということで言うと、この建物は素晴らしいと思う。外の樹木と本当に呼応し合い、響き合っているという実感がもてました。たいへん感心しました。

ぼくが最初に感じたのは、「これは都市の広場だ」ということでした。立体的にできあがった広場であるという感じが第一印象でした。

伊東　そうおっしゃっていただけるとうれしいですね。ぼくは、街そのものをつくりたいということを意識していました。

平良　そう、街の重要な構成要素になっている。

「うまく使ってもらえそうだ」という感触

伊東　完成前の昨年の大晦日、定禅寺通りのイルミネーションが消えたその瞬間に市民の人たちに建物の一階部分だけ開放したのですが、ぼくはみんなが歩き回っているのを見ていて、これはきっと上階でも建築の中にいるような感じにはならないですむかもしれない、と思いました。

そして今年一月、オープンの日に行ったところ、初日なのにずっと昔からこの建築を使っているようにみんながあちこち楽しんで歩き回ったり、面白いところがあったらそこに座り込むという感じだったので、「あ、これならうまく使ってもらえるかもしれない」と思いました。

平良　できてみて初めてそういう感じをもたれたのですか？

伊東　そうですね。平良さんはチューブ状の柱は思ったより、太かったとおっしゃいましたが、最初はいろいろ反対もありましたから、どんなに反対されてもこの柱は壊せないだろう、と（笑）。こいつががんばってくれて、柱を前面に押し出してぼくは陰に隠れてケンカをしている感じだったんです（笑）。壁一枚立てると言っても、この柱とすり合わせるのはたいへんで、簡単にはいかないんですね。そうやって壁のない建物になって、その結果、家具だけで場所をつくることができたのです。チューブ状の柱が強くあってくれ、というのは途中からぼくの願いのようなものになって、建築がきれいに見えるとか見えないとかそういうことは関係ない、と思い始めました。

オープンの日に、この近くに住んでいるという若い主婦が「こういう街の中心部で子どもを育てるのはたいへんだと思っていたけれど、メディアテークは子どもを自由に遊ばせておいて、自分も安心して本を読んでいられる。これなら町中でも子どもを育てられると思った」と言っていました。壁を立てて部屋を区切らなかったことが、そういうことを許容したと思うのです。

「せんだいメディアテーク」は夜十時まで開いているのですが、実際に、お母さんが仕事をもっているのでビデオを見たり本を読んだりして迎えに来てくれるのを待っているような子供たちがたくさんいるんですね。

平良　うちの孫も母親が働いているものだから、学校が終わると児童館の人がメディアテークに連れていってくれて、絵本なんかを見て母親が帰るのを待っているらしいんです。託児所ではないけれど、それを兼ねたような場所になっているわけですね。

伊東　それに近い使われ方もしています。お年寄りもビデオを見ながらリラックスしていますね。

平良　そう、普通の図書館のイメージではまったくない。気持ちよさそうに居眠りしたり、憩いの場になっている。

伊東　若いカップルがハンバーガーを持って来たり……。それも良しとするかどうするか、館のほうはだいぶ迷っていました。

夜十時まで開館するというのは館がずいぶんがんばってくれたのですが、図書館は別で、開館時間だけでなく図書館は月曜日が休みでその他の施設は無休というような問題はあったのですが、使われ始めてみると、結果的には違和感はあまり感じませんね。チューブの中のエレベータが各フロアーを縦断して行きますから。それは良かったと思います。

マニュアル化された公共建築から抜け出すためには？

平良　スタッフはこれからたいへんでしょう？

伊東　手探り状態だと思います。ただ、幸いなのはメディアテークが完成するまで役所の内部でがんばってくれた生涯学習課長が館長に就任したことです。役所側として面倒なことを全部クリアしてくださった、そういう人が結果的に館長になったものですから、この建物をつくった意図を汲んでがんばってくれるのではないかと思っています。

平良　『せんだいメディアテークコンセプトブック』を見ると、市民が自発的に利用の仕方、使い方を考えてほしいとありますね。これは建築家側から言うと、どういうイメージなのですか？

伊東　通常の公共施設ですと、各部屋に部屋名が付いていて、ここは何をするところですと一義的に決められていますが、メディアテークはどこで何をしていいのかわからないという意味では曖昧ですし、逆に、ここを使ってこういうことをやりたい、と館に持ち込めばそれが可能なシステムになっていますから、街の中でパフォーマンスをやるように自分たちで提案をして何かをやっていってほしい。実際に東北大学の建築学科の学生の講評会をメディアテークでやるのですが、コンピュータを使ったワークショップをやったり、そういうふうに今までの公共建築より自由なかたちで使われると思うのです。ということは、利用者の側が発見的に使い方を考えざるを得ないわけで、そこにすごく期待しているのです。

ぼくはこの十年、公共建築をやってきて、いやというほどそのつまらなさを感じてきました。あてがいぶちの施設内容があって、建築家は形だけつくっていればいいんだ、みたいなやり方にうんざりしてきましたから、今回せんだいメディアテークで初めて、少しは公共の仕事にかかわれたなあ、という感じをもちました。

平良　仙台というと堅いイメージがあるのですが、最近は変わってきているのでしょうか。

伊東　いや、今も十分に堅いところだと思いました（笑）。

平良　そういうところでよくこういう建物をつくったなと思いました。最近、ＮＰＯ活動や仙台市がサポートして市民活動が盛んになってきているようですが、バックグラウンドとしてそういう雰囲気が市民の中にあるように思います。

伊東　そうですね。堅い分、若い人たちのフラストレーションがたまっていて、そういう人たちがサポーターになってくれそうな感じはありますね。今のところ、想像以上にリラックスして使ってくれているな、と思います。

平良　メディアテークはそこにいることが気持ちが良い空間ですが、その秘訣はやはり間仕切りがないことでしょうか？　職員のスペースもカーテンで仕切られているだけで、ああいう公共施設も珍しいと思うのですが。

伊東　それはかなり意図的にやったのですが、あのくらいオープンにすると、職員も腹をくくっているんでしょうね（笑）。

コンペ後、最初はどんな空間になるのか、みんなわからなかったでしょうから、たいへんな時期もありましたが、後半はみんながやろうという気になってくれて、非常にいい雰囲気でした。普段はうるさいことを言ってくる営繕課も一緒に盛り上がってくれる方向に行きましたから。

平良　伊東さんは何か言っても変わりそうもないから、みんなが引っ込めたのではないですか？（笑）

このイメージはこれからの建築でもさらに生かしていくことができそうですか？

伊東　これに近いものは他のコンペティションでも提案しているのですが、こういうチューブに合った建物というのはそんなにはありません。ある程度積層していないと意味がないし、スパンを飛ばす必然性があるとか、壁があまりなくても成立するとか、そう考えるとそんなに一般的なものとして成り立つものではありませんから、また何か別のことを考えないとだめですね。

平良　ただ、建物が密集しているような状態の中で、一つの閉じた建物と建物の間をつなぐための単なるツールではなくて、広場的なものが都市の中に必要だと思われるような状況はこれからも起こってくると思います。そういう場面には「せんだいメディアテーク」のような建築を適当に挿入していけると面白いなと思います。

伊東　いわゆるアトリウムとか吹抜けとはちょっと違うやり方ですね。

平良　そう。アトリウムはもうあまり魅力ないよね。アトリウムは一度仰ぎ見ればそれでおしまい（笑）。

伊東　はい、どうもありがとうございました、という感じですね（笑）。ああいう大仰なポーズというのは現代建築には合わないし、ちょっと違うのではないかと思いますね。そういう時代ではない。

メディアテークの七階を使って、ここにある資料をインターネットや図書館から探し集めてきてそれで何かをつくろうというワークショップをやった人が面白いことを言っていました。みんながこの建物の中に散らばって行って、他の仲間を捜すときにチューブをのぞき込む姿勢、それがメディアテークの姿勢だと。それは面白いなと思いました。そういうチラッと見えるような感じが至るところにあって、今までの吹抜け空間とは違う。

たとえば図書館の吹抜けの上の階へ行くと下で作業している裏方が見えたり、一階でも駐車場が見えちゃったり、本来は裏方で見えないはずの場所が見えるという意外性がありますね。

平良　それがかえって面白い。

伊東　ええ、裏表をなくしたいというのが当初のコンセプトでした。

平良　バックヤードという考え方をしないということですね。

伊東　本当はもっと表裏をなくしたかったのですが、やはり徹底的にはできませんでした。裏からモノを搬入しているところを表から見えるようにしてしまおうと思ったのですが。

公共建築は議論しながらつくりたい

平良　今まで伊東さんがやってきた公共建築と「せんだいメディアテーク」とのいちばん大きな違いは何ですか?

伊東　ここを使って何をしようかということを議論しながらつくることができた最初の公共建築だと思います。

平良　それは、最初のコンセプト・メイキングが良かったということですか?

伊東　ストラクチャーのシステムが単純で、中で何をするか、かなり後まで議論していても大丈夫なシステムになっていましたから救われました。もっとも現実には、現場に常駐していた事務所のスタッフはその間に立って相当苦労したと思いますが。

平良　それはやはり、最初のコンセプトが強かったせいでしょうね。普通の建物だったらそういう議論は起こらない。それは建築家としてやりがいがあることでしょうね。

伊東　考えながらみんなでつくっていった、という感じがあって、それが何よりうれしかったですね。

平良　伊東さんは「アノニマスな感じが出た」とおっしゃっていましたね。

伊東　誰かが「この建物はオレがつくった」というふうに言い出せば、構造家は構造家で、館長は館長で、現場所長もみんなオレがつくった、と言うと思うのです。それはやはり単純なイメージであった、ある意味ではシンボル性があったからだと思います。それを逆に言えば、途中からは自分だけの建物ではなくなったということです。だからぼく自身も美しくつくろうとか、完成度を上げようとか、そういうことはみじんも考えませんでした。

平良　最初のイメージに乗っていけばいい。周りの人がそれに乗ってくれれば、自分だけでやっているという感じはなくなりますよね。

伊東　今回はみんな、かなり乗ってくれました。そういかない場合は、結局建築家は空間をきれいに仕上げていくしかないというところで堂々巡りしてしまう。そこから解放された、ということが今回は楽しかった。

平良　建築家というのは自分の作品をつくりたいんだ、と思われているところがありますね。

伊東　実際にそういうところが多々あるからしょうがないんですよね（笑）。でも、本当はそれではだめで……。

平良　これは一つのシステムの提案だったから、そうなったのでしょうか。

伊東　そうですね。形と言っても形をつくっていない。イメージが共有しやすかったのかもしれません。このくらいのスケールの街で、今までよりもうちょっと気楽な使われ方をする公共建築が広がっていくと、ぼくらもつくりやすくなると思います。

平良　東京でもこういう公共建築は可能ですか?

伊東　難しいでしょう（笑）。東京近郊は一番難しいんじゃあないですか。横浜で経験したのですが、公共建築のマニュアル化が進んでいて、議論をする余地がないんです。委員会があっても、建築家はそのテーブルの席に着けないくらいですから。

平良　最近は公共建築をつくる際にも住民参加ということが言われていますね。

伊東　それがすごく形骸化していて、現実には本当にものを言いたい人たちが発言していないんですね。役人が全部コントロールしていて、その上に乗ってやればいいと言われるのは建築家もまったく同じで、その点では田中真紀子さんのように真っ向からケンカをしたくなるというのはわかります。何が何でもケンカしたいというような（笑）。

今、高橋靗一さんと熊本アートポリスのコミッショナーをやっているのですが、たまたま去年は四年に一度の予算が付く年だったのでプロフェッサー・アーキテクトにお願いして、六つの小さな自治体に学生とも行ってもらって、その町ではいま何が必要なのか、町の人や役人と一緒にワークショップをやってもらいました。それをプロジェクトにして展示して、シンポジウムをやったのですが、面白かったですね。五、六チームががんばってくれて、そのうちのいくつかは実際にアートポリスのコミッションになるような仕事も出てきました。

平良　それはいいことですね。これからは設計に入る以前が重要ですね。やはり、畑を耕すように、今までとは違う仕事のつくり方を建築家はやらないと。

伊東　公共建築は、設計を頼まれたときには条件が既に決まっていて、建築家は土俵際に詰まっているような状態なんですよ。ですから、真ん中で相撲を取れるようにするためには、建築家がもう一歩、進まないと。

ただ一方で、公平にということで、特命とか設計の前段階に入っていくことを嫌いますね。アートポリスの場合も、今までは完全にお膳立てができた段階でコミッションしてくださいということですから。もっと早い段階から一緒にやれるといいのですが、役人の論理で言うと、その段階ではまだ予算も通っていないので、ということになる。

「せんだいメディアテーク」はオープン・コンペティションで設計者が選ばれたわけですが、コンペの最初の段階で審査委員長の磯崎新さんがこの施設に「メディアテーク」という名前を付けたのです。みんな、「メディアテーク」とはなんじゃい、とわからないわけです（笑）。その間隙で議論が成り立ったというところがあると思います。

平良　そういうふうに議論をしながら公共建築をつ

くっていく、特に街の共通の広場になるような施設をつくっていく場合には、そういった状況が今後増えていくといいですね。

その場合、ユーザーの立場からいろんな注文が出てきて、建築家としてはやりにくいということもあるのではないですか。

伊東　注文が出てくればくるほど、面白い建築になると思うのです。

平良　今はデザインワークショップのように、デザインの面にまで市民が口出しをするというところまで話が進んでいますね。そのへんは建築家としてはどうですか?

伊東　プログラムをフィックスする前から一緒に議論できれば、それは結果的にはやりやすいと思います。

平良　今回はまず「メディアテーク」という新しい名前があって、それが新しい施設のあり方を生んだわけですね。通常の文化センターとか図書館ですとある程度決まっていて、図書館の場合はこう、美術館はこう、とありきたりのタイプになってしまう。

伊東　「せんだいメディアテーク」ではマニュアルがないところで、初めから考えることができたことが良かったと思います。

平良　その辺は、これから新しい公共建築をつくる場合にはとても大切なことですね。

伊東　やはりオープンコンペティションがいいですね。最近流行のプロポーザルコンペや指名コンペとは違った意味があります。

第七章
建築の〈素形〉を求めて

対談者／内藤　廣（『造景36』二〇〇二年夏）

〈素形〉は自然の近くにいる

平良　内藤さんの作品を雑誌などで拝見して最初に注目したのは「海の博物館」です。ぼくはこの作品をたいへん気に入っていて、今日は『新建築』にあなたが書かれた文章などを手がかりに、いろいろ話を聞いてみたいと思います。

内藤さんは現在、東京大学土木学科（現社会基盤学科）の先生でもありますね。これは土木学科にとってても重要なことだと思いますが、内藤さんご自身はどんな考えで土木に関わろうと思ったのですか。積極的な意欲があって、引き受けたのだと思いますが。

内藤廣（ないとう・ひろし）氏／1950年横浜に生まれる。1976年早稲田大学大学院修士課程修了。1981年内藤廣建築設計事務所設立。2001年東京大学工学部土木工学科助教授。2002年同大学教授。

内藤　元はといえば、東京大学の篠原修さんと一緒に仕事をしたり、委員会などでご一緒してコミュニケーションがあり、篠原さんから「東大に教えに来てくれないか」といわれたのです。ぼくはそんなこと、一パーセントも考えていなかったので「ちょっと待ってください」と。でも、つらつら考えてみるに、ぼくは四十代、仕事をしすぎたんですね。高知でやった「牧野富太郎記念館」の仕事が終わったころ、本当は一年ぐらい事務所もお休みにしてと思っていたときにそういう話が来たので、それも面白いか、と。

設計事務所の中でやっていることは、ある種、ワインの醸造みたいなもので、あるところまで行くとフン詰まりになってきますね。だから、少し枠を変えたい、と思っていたのです。土木学科のほうも、土木自体を変えなければいけないという意気込みがあって、むしろ建築より新鮮に映った。土木はいま批判の矢面に立っているから、危機感が強いですね。それは良いことだし、明治以来、東大の土木でデザインを教えるということはなかったと聞いたので、それはやりがいがあるかなと、思い切って引き受けました。

平良　土木学科の中に景観研究室というのはユニークですね。

内藤　篠原さんが八年前に起こした研究室ですが、中村良夫さん（東京工業大学名誉教授）や篠原さんがその分野のパイオニアで、もう少し実践的な動きをしたいということでぼくが引っ張られたんだと思います。いってみればサポーターみたいなものですね。

平良　まだサポーターという感じですか？　しかし、そうでなくなる可能性もあるよね？　土木を変えようというのなら、それぐらいの意気込みがあってもいいじゃないですか。

内藤　とりあえずぼくがやろうと思っていることは、今みたいに建築と都市と土木がブツブツに切れているというのは、ぼくから見ると異常なことで、その仕組みを少しでも柔らかいものにしたい。アカデミズムの中にいる人にとっては常識でも、普通の人にとって、都市と土木と建築がほとんどコミュニケーションを取っていないなんておかしな話だから、少し風通しを良くする役割ができるかな、と思っています。それは三者にとって良いことなんですね。建築は敷地の中だけが自分の世界だと思っているし、都市は法律をつくるのに一所懸命、土木は土木で、なんだかんだいってもインフラを支えているのは自分たちだ、と思っている。だけど、本当はそうではないんですね。今、できることはたくさんあると思います。

平良　建築と都市と土木で、お互いに縄張りをつくってきているわけですね。その縄張りが固定化していて、それを破ろうとする動きが今まではそれぞれの中からはあまり出てこなかった。

内藤　むしろ、戦前のエンジニアたちはもうちょっと自由にやっていた。震災復興計画などを見ると、エンジニアはエンジニアリングだけやっていればいいというのではなくて、文化のことも考えて、いろいろやっていたわけです。全体のレベルが高かった。ぼくが篠原さんから聞いたところでは、高度成長期以降、みんなつくるのに一所懸命で、要するに経済規模がいきなり拡大したわけですから、それぞれの専門領域でともかくやらなければとやってきた。しかし、今、時代は低成長期に入り、こうなると少しつながりを考えなければ、と思うのはごく自然な流れかなという気がします。

平良　ぼくが「海の博物館」を見て気に入ったのは、建築家が風景を本気で考え始めたなと感じたからです。文章を読んでこれはいいなと思ったのは、内藤さんは「〈異形〉が自意識の近くにいるのに対して、〈素形〉は自然の近くにいる」という名言を書いている。これは大事なことで、あなたは建築の領域で作品をものにしながら、新しい意味の風景観、風景という概念を体得している。だから、内的な必然性があって、土木学科に誘われてスムーズにいったんだなという感じを持ちました。

内藤　本当のことをいうと、建築をつくっていると

海の博物館の展示

きはそのことに一所懸命で、文章を書くのはそれが終わった後に半ばこじつけるようなところがなきにしもあらずなのですが、この言葉を書いたのは九二年ですから、まだバブルが終わりきっていなくて、右も左もポストモダニズムといっているときでした。それに対して、自分は違う立場で考えてきた、ということを言いたかったのです。建築家はあまりにも自分のことだけを考えすぎる、というようなことも言いたかった。当時は、異様な建築をつくると拍手される、というような状況でしたから。

平良　そういう傾向がありましたね。

内藤　そんなことでいいのか、と思いました。建築というのはもう少し違う枠組みで語られなくてはいけない。場所の意味についても、もっと違うところから見ないといけないのではないか、と考えていました。

平良　「〈素形〉は自然の近くにいる」というのが、ぼくはとても気に入った。〈異形〉というのは、自意識過剰なデザイナーがそうですね。それに対して、〈素形〉というイメージ、それは自然の近くにいるんだ、という言葉はとても魅力がある。これからの風景論に大事なイメージ、概念のような気がします。

内藤　「海の博物館」ができたときに、ちょうど時代の巡り合わせもあって、すごく誉められたわけです。いろんなメディアに出たり、講演をしてくれという依頼が殺到して、自分のやったことを説明しなくてはいけなくなったわけです。これがいかにも苦しくて、命からがらようやくゴールにたどり着いた人間がインタビューされているみたいなものでした。だから理屈ではなくて、「海の博物館」をつくっている最中に自分が向かっていた方向みたいなものがあるはずだ、その行き着く先に思い切って名前を付けてみようと考えて思いついた言葉です。

もともとはサル学で「祖形の家族」という言葉があるのですが、別の〈素〉という字を当てて何かいってみよう、いってから考えよう、というところがありました。いろんな人がいろんなことをいいます。たとえば、それはユングの原形なのか、と。そういうこともあるかもしれません。ぼく自身の幼児体験のようなものに戻るのかもしれない。ぼくが物心ついてから、見たり聞いたり、勉強したりした前に感じていたものを探ってみようということがあったのかもしれません。

これはかねてから思っていたのですが、建築家は世の中と共に生き、建築をつくっているわけですが、世の中のことを知るのにふたつ方法があって、ひとつはたくさんのものを見て、世の中というのはこうだという知り方と、自分自身も今という要素のひとつとして生きているのだから、自分の中を探っていく。そうすると、ぼくも思っているし、Bさんも、Cさんも思っていることがあるはずだ。もっと掘っていくと、実はたくさんの人が思っていることが見つかる。建築というのはたくさん人が関わってできますから、そういう建築の価値のあり方、そういうものから建築を考えるつくり方があるのではないか。その行き着く理想型みたいなものを〈素形〉と呼んでみよう、というアプローチの仕方ですね。そんなことを考えていました。

あるとき、篠原さんがふと「日本人は原風景を失ったんじゃないか」といわれたことがあるのです。ぼくも、そうかもしれない、と思いました。山野を眺めても、その戻るべき場所を失いつつある。ぼくたち建築家は自然の中で建築をつくっていかなければいけないわけですが、そのときに、われわれみんなが土壌とするような、帰るべき風景というものを考えたほうがいいのかな、という気がしました。

自然の「技術」と人間の「技術」が重なるところ

平良　内藤さんは「自然と技術の直截な応答が〈素形〉を生み出すのではないか」と、すごいことを書いているのですが、この「技術」は建築技術でなくてもいいわけですね。いろんな技術がある。生き方の技術もあるし、料理の技術もある。いろんな技術との直截な応答が〈素形〉を生み出す、というふうにとらえると、自然の持っている技術と言ってもいいようなものと、人間が技術だと思っているものがオーバーラップする、つながっていく可能性がある。

ぼくが戦争中に西田哲学から出てきた三木清さんの技術論を読んで参考にしていた、自然は人間とは違うんだと分離して考えるモダンの思想とは違って、自然も何かを生み出している、形がある、植物、動物、さまざまな形をつくっている。それは一種の技術ですよね。人間も技術によって形あるものを生み出している。そういう自然の技術と人間の技術がピタッとショートする、つながっていることを意味していて、ぼくはたいへん気に入っているんです。

今までは比喩的に、自然も生き物だ、われわれだけではない、動物、植物に至るまで自然は生きている、生命現象だ、そういうレベルで考えていたわけですが、自然とどういうふうにつながるかについて、〈素形〉によって自然の技術と人間の技術がつながっていくというのは素晴らしい言葉だと思います。

内藤さんは「海の博物館」について、技術ということに触れていますね。それを見た人たちが、これは何かに似ていると感じるのは、自然とあなたが触れ合って、自然の技術とあなたの技術がつくり出すもの、それが何かに似ていると感じる。それは見る人にとって安心感があるわけです。だけど、バブルの時代に多くの建築家がつくっていたものの中には人を不安にするようなデザインもありました。人を脅かして面白がっている、まるで手品師を見ているような奇抜なことをやってみせる、それを見たほうも拍手喝采する。でもこれはすぐに飽きちゃいますね。最初は驚くけれど、すぐ忘れちゃう。しかし、自然と直截に対応する技術で生まれたもの、たとえば雑草の一つ一つ、それも素形といっていいでしょう。そういうものがおそらく建築をつくる中にもあって、あなたの中ではイメージとしてつながっている。そういう説明をしているなあ、とぼくは感じたのです。

内藤 ぼくが建物について説明するのは、葉っぱや木がどうしてこういう形をしているのかということを説明するのに近いかもしれないですね。できるだけそうありたいと思っています。

ブリゴジン（ベルギーの物理化学者）という人が生命の定義をしていて、エントロピーを食べるのが生命だ、有機物と無機物の違いはそれだ、と。それを聞いたときにぼくは、建築はどうなんだろう、と思いました。建築は自然と対立するというふうにいわれているけれど、よく考えてみると、鉄や木を野ざらしにしておくと一年で朽ち果ててしまうけれども、建築という技術の体系の中に取り入れることによって、本来持っている生命の時間よりも長い時間存在することができるわけです。建築という行為も、全体としてはエントロピーを増大ではなく、むしろ減少させる。そう考えれば、建築も自然、すなわち生き物と同じシステムだと考えていいのではないか。ということは生き物だということです。そういう建築を目指せば、それは周辺ともそう違和感はないだろう。周辺は建築が生きていくのを助けてくれるし、建築も周辺が元気になるのを補足することができるのではないか。

それはたとえば、ル・コルビュジエの「サヴォア邸」のあり方や、ミース・ファン・デル・ローエの「ファンズワース邸」のあり方とは違う。ヨーロッパ的な考え方ともちょっと違う、と考えています。これは「海の博物館」をやっている中で考えたことだと思います。

しかし、実は「海の博物館」は最初から高尚なことを考えてやった仕事ではなくて、ともかくコストがなくて、どうしようか、というなかでずうっと格闘してきた、きわめて現実的な仕事なんですね。それまでぼくがそういう建築のつくり方をしていたかといったら、そうではなくて、迷って、いろんなつくり方をしていた時期もありますから、あまり公明正大にはいえないのですが、「海の博物館」は八年近くやっていましたからね。極限のローコストを実現しようと思うと、建築をつくり出す仕組みそのものについて知らないとできない。さまざまなことが起きて、ぼく自身苦しんだわけです。たいへん苦しかった。苦しい中で、あきらめないためには、いろいろ考えるわけです。そこで考えたことがここに書いてあるのです。

本当のことをいうと、「なんで自分だけこんな苦しい仕事をやらなければならないんだ？」と思っていました。というのは、この仕事に取りかかったのが八五年ですが、ちょうど東京はバブルの頃でした。同世代の建築家が集まると、おれは今坪二五〇万の仕事をやっているとか、みんな、羽振りが良かったわけです。ぼくも人間ですから、「いいな」と思ったりもしたんです。ぼくだけ田舎の町に通い続けていて、時たま新幹線の中で考えちゃいますよね。だけど途中からはあきらめて、「しょうがない、これも人生だ」と思って。「海の博物館」が出来上がってこういう形で話題になるとは、本当のことをいって微塵《みじん》も思っていませんでした。自分は世の中とはぜんぜん違う方向に行っている、と思っていましたから……。精一杯はやるけれども、たぶん世の中はあまり見てくれないだろうな、と思っていました。「海の博物館」の仕事はそういう感じの終わり方でした。

平良　ぼくは、「海の博物館」が成功したひとつの条件は、八年かけてやったということだと思うんです。おそらく、全体計画を最初につくってやったとしたら、こういう結果にはなっていなかったかもしれない。そういうことと、あなたの〈素形〉ということを、どうしても結びつけて考えるわけです。雑草が芽をふいて、必死になって生きようとしている。風が吹いたり、大雨が降ったり、いろんな外的な条件と戦いながら生きようとするわけです。花が咲くのはだいぶ先、咲くかどうかもわからない中で伸びていく。

どうもそれが〈素形〉なのではないか。その結果がとても良かったのだと思うのです。

全体計画というのは、建築家の仕事でだいたい成功してないですね。時間が経つとダメなところがだんだんわかってくるわけです。生命現象というのは、生き始めたら、どんなに小さくても、たとえ断片でも素晴らしいじゃないですか。生き続ける可能性を持っているわけです。ひとつひとつ必要に迫られてつくる形が〈素形〉だから、〈素形〉の集合体は非常に良くなる。ひとつひとつ理解できる。何かそういう感じがあって、見た人が何かに似ている、どこかで見たことがあるという思いを持つ。ところが、大きなものを一度につくると、小さな部分、ディテールが見えたとしてもどうつながっているのか、わからなくなる。「海の博物館」は構造もわかりやすい。ひとつひとつの建物の構造の違いがわかる。コストも、素人にはなかなかわからないけれど、きっと専門家が見れば明快なのでしょう。

おそらく風景を考えるときにも、〈素形〉は生きてくると思うんです。一本一本の木、周辺に棲んでいる動物の生き様が見えてくる。それがものづくりにも反映されて応答関係が出てきて、何かその痕跡を作品に残すことで、初めて風景論がひとつにまとまってくるような気がします。

時間の流れに乗る「笹舟」のような建築をつくる

内藤　今のお話とつながるかどうかわかりませんが、これは海の博物館ですから、漁民が使っていたものを収蔵するわけですが、収蔵庫に収蔵すると、日常の時間のスピードが遅くなるんですね。それは遅いほど良いわけです。ああそうか、博物館というのは、そういう時間の流れの中で成り立っているものなんだ、とそのとき思いました。ぼくはそれまで空間を手がかりに建物をつくっていたわけですが、考えてみると、建物の性能をひとつひとつ組み上げていくということは、その場所に建物が生き続けてほしいと思っているわけです。そして生きていくということは、最終的には時間なんだ、と。風景というのも、全体としては時間なんだ。時間は直接はいじれないけれども、時間のスピードとか、その場所に流れているものとつなげられるか、それが見えない大テーマとしてありました。それができると、そこにずっと流れている時間とつなげることができるのではないか。笹舟みたいに、建築を時間の流れの中にうまく置くことができると、建物というのはわりとうまく生き続けてくれるんじゃないかと思います。

ぼくはそれが風景とか景色の隠れた、しかし大きな役割だと思うんです。ぼくがああきれいだなと思う風景は、ぼくが生まれる前からあって、たぶんぼくが死んだ後までずっとあるだろうと思うものです。それは、ぼくらが日常で忘れている時間の別の姿なのではないでしょうか。建物をつくるときに、そこにうまくコミットできれば、それが新たな風景になるのかなという気がするんです。

平良　なるほどね。時間の中で見ると風景は持続している。永遠の今、という言葉がありますが、要するに持続していくもの、そういうものが見えてくるわけですね。きっと、日常生活もそうですよ。昨日も、今日も、また明日も生活している。だけどこれはとても大事なもので、持続しているもの、そういう感覚の中でわれわれは生きている。空間感覚というより、それは時間感覚ですね。だから安心して生活していける。死について考えてみても、たとえば植物はある程度まで生長すると風で倒れることもあるけれど、時間の中で見ると生命の流れが確認できる。自然とのつながり方も見えてくる。

内藤さんは、収蔵庫に収められた船について書いていますが、船の形を見ると、海の中における船のあり方、漁師の操作のあり方がすぐ浮かんでくるわけです。それもひとつの〈素形〉ですね。

内藤　船の形というのは、もうあれ以外ない、というようなものです。和船にしても、洋式船にしても、自然と技術の非常にタイトな関係でできているから、きれいなわけですね。それをきれいだと思う気持ちはなんだろう、建築だってそういうあり方があるはずだ、と考えたわけです。技術が非常にシンプルに答えを出した場合に、その形はたぶんきれいなはずだ、という予測はありました。

和船のあの美しさを見たときにもそう思ったし、船の板図を見たときにもこんな技術があるのか、と思ったし、船の形を生み出している自然と技術との関係に触発されたところが大きかったと思います。和船にもさまざまな形があるわけですね。あまり波が立たない所の船の形、荒海に対しての船の形、川の船の形、全部ファンクションなんですね。それぞれ、一番良い回答を出しているわけです。そういうものを実際に目にして、建築の考え方も知らないうちに引きずられた、という気はします。

建築は海の上に浮かぶわけではないけれど、その場所に対して一番良い答えを出すということを一所懸命やると、それは船大工が海に対して一番相応しい形の船の答えを出した気持ちと寄り添うことができる。たぶん、「海の博物館」の収蔵庫をご覧になった方が、収蔵されているものと建物とがうまくいっているなというふうに思っていただけるのは、そういうことだと思うんです。そういうような気分。もちろん、今から考えると直したほうがいいなと思う部分もありますけれど。

平良　収蔵庫をプレキャスト・コンクリートでつくったのはどういうことですか?

内藤　海の博物館の館長から、たぶんこれから間取りを変えたり、展示物を増やしたり、変動要素が多いので、中に柱を立てないでくれ、といわれたんです。

そうなると一八・五メートルスパンを在来工法で構築するのは無理ですし、収蔵庫ですから火災のことも考えると、コンクリートでいかなければならない。その中で一番合理的な技術は何か、と考えたわけです。それに、現場打ちのコンクリートは建てた後でアルカリが大気中に出ますが、それは収蔵品の木造船にとって良くないんですね。ですから、アルカリが出ない、高品質のコンクリートということでプレキャストを選んだのです。

これは極めて合理的につくっていまして、この収蔵庫は坪四十二万円でできています。展示棟のほうは少し複雑ですから坪五十五万くらい。全部併せると坪単価五十万くらいの建物です。それは、スペックを全部厳密に追い込んでやらないととてもできないことでした。収蔵庫のPCに関しても非常に良い品質でできたと思います。

平良　展示棟で素材を木造に変えたのは？

内藤　実はこれを建てる前の「海の博物館」は鳥羽市内にあったのですが、それは一九七一年に原広司さんが設計した建物です。コンクリート造で、海際に建っていたのですが、これは設計なのか施工のせいなのかわかりませんが、メンテナンスが悪くて、塩害を受けて損傷がひどかった。そういう経験があって、「海の博物館」の館長は本当は全部木造でやりたかったんです。最初は、収蔵庫も木造がいいといっていたのですが。重要文化財が入るので、文化庁が木造ではだめだと。それは別に根拠はなくて、木造でも耐火性能があるものをつくることができるのですが、結局、収蔵庫はコンクリート系の構造になりました。最初に四年かけて収蔵庫をつくったのですが、それが終わって展示棟をつくるときに、後は木にしてくれということで木造にしました。でも、館長が途中で心変わりをして、収蔵庫の出来があまり良いので、PCでもいいじゃないか、といい始めたりしたこともあります。

時間のスパンを延ばして考えてみる

平良　コンクリートやガラスのような、建築家がよく使う人工の材料を使う場合と、土や木などの素材と取り組む場合と、風景はどう変わっていくのか。そのへんはもっと建築家ががんばって、実際に建物をつくることで、啓蒙ではなく、わかってもらう必要があると思います。

内藤　ぼくは、これからは時間係数を少し延ばしていろんなことを考えるのが良いと思うんです。今までの建築家は、一九六〇年あたりに決まったＪＩＳ規格、ＪＡＳ規格に縛られて建物をつくってきたわけです。つまり、スクラップ・アンド・ビルド、その後にきたのはポストモダニズムとバブル、それでやってきたわけですが、たとえば、建築にしても風景にしても、三百年もつ建物を設計するといったときに選ぶことができる素材は非常に限られてきます。必ずしもコンクリートが良いとは限らないし、木を使うなら、五十年周期でちゃんとつくり変えるという前提で考えるとか、時間のスパンを延ばして考えれば、それなりの答えが出てくるのではないかと思います。そう考えると、ぼくは使える材料はそんなにたくさんはないと思うんです。

平良　よく考えると、そうなんです。それを今まではあまり考えてこなかった。進歩史観というのは、どんどんめまぐるしく変わるわけです。技術も変わっていく。昨日よりも今日のほうが進歩している、進歩に合わせないといけないというので、持続して使える素材を過去に送り込んでしまった。そういう意味では、長い時間のスパンで考える、という意見には大賛成です。

長谷川堯さんが、みんな、歴史はドンドン変わっていく流れみたいにいうけれど、歴史を輪切りにしてみると、捨てたものがそこにまだ生きていることがわかってくる。「輪切りにして考える」ということを盛んにいっていますが、ぼくもその考え方にだんだん賛成してきた。輪切りにしてみると、土蔵は今も生きてる、まだ土も使えるぞ、木も竹も生きているけれど、工業製品はダメになっているとか、いろんなことがわかる。そうすると、何か世界が変わって見えてくるような気がしますね。

内藤　アメリカやヨーロッパの考え方はそうではないですね。つまり、人類進化でも系統樹のトップに人類がいて、というわけです。だけど、珊瑚の専門家に聞いたら、「進化の系統樹なんていわないでくれ。今生きているものはすべて適応しているんだから」というのです。それは、長谷川さんがいわれていることと似ていますが、人間中心で自然界を見るのではなく、全体として見るということです。建築の歴史も同じで、今あるものを見る、なぜそれが命脈を保っているのか、ということはとても大事だと思います。

いずれにしても、時間を少し延ばして見る、時間に対してのビジョンを持つということが必要なんだとぼくは思います。近代的な文明史観だと、時間係数をゼロにしてものを見ようとしますが、それは間違いだとぼくは思う。

平良　そうすると、教育も変わっていかないとダメですね。

内藤　ぼくが今、若い諸君にいっているのは、東京の風景を見て絶望するとか、身の回りを見て絶望するみたいなことは、考えないほうがいい。というのは、それ自体、たかが戦後五十年で出来上がったもので、みんなが棺桶に入るまでにはまだ五十年、六十年あるんだから、こういうふうに変えたい、と思えばできるんだから、自分のこととして考えなさい、と言っているのです。五年後にどこに就職できるとか、そういうことではなくて、自分が生きていく世の中のことを、最低五十年、うまくいけば百年くらいのスパンで考えるべきだ、と学生には言うようにしています。

平良　ぼくも最初は技術論を信じていたというか、たとえば武谷三男の技術論は技術者の主体を支える実践論で良いと思っていた。だけど、特に伝統的な技術を見ていくと、客観的法則性の意識的適応なんていうのはどこかへ消えて見えなくなって、そういうこととは関係なく一つの習慣のようにしてやっているわけです。それはあの技術論ではどうも理解できない。六〇年頃から理論的にはおかしいなと思って、だんだん柳宗悦さんの工芸論のほうに魅力を感じていました。あれは技能というのを大事にしていますね。もちろん、おそらくそれだけでは技術は理解できないと思うけれど、武谷三男の技術論で具合の悪いところはその辺で補いながらきたわけです。ところが世の中は技術がどんどん進んで、超高層も出始めは、なるほど高くして土地を空けるんだから、われわれが見捨てた土をもう一回再発見する意味で良いだろうとぼくは思っていた。

しかし、こうニョキニョキ建ち始めると、下を空けるどころではなくて、下が生きてこない町をつくっている。もう絶望だ、という言葉を使いたくなるのですが、このごろはちょっと落ち着いてきて、あれもそんなにいつまでも続くはずがない。つくったものはいつか壊れるし、不便になっていく。われわれはそれを横目で見ながら、そうじゃない方向でコツコツとやっていけばいい。コツコツ、百年、二百年やれば違う世界になる。そんな感じになってきた。

内藤　超高層を成り立たせているのはエアコンディショニングの技術ですね。ということは石油エネルギーですから、たとえばオイルショックの規模の大きいものが起きたとすると、使えなくなるわけです。五十年のスパンで考えると、だんだんエネルギーもままならなくなって、普通に地べたで暮らそうということになるんだろうと思います。もしかすると、超高層は形式としてもう古いんじゃないでしょうか。先週レクチャーを受けたのですが、五十年後の人口推計は六割から七割、百年後はだいたい半分だそうです。そうすると、今の都市のつくり方自体が成り立たなくなる。たぶん、二十年、三十年後ぐらいには、郊外に広がりすぎた都市も畳まなければならなくなる。コンパクトに住まなければならなくなるらしいんですね。そのときに超高層かというと、必ずしもそうではない。京都は意外と人口密度が高くて、東京の倍くらいだというんですね。ですから、京都プラス・アルファくらいの住み方をすれば、まあまあ快適でコンパクトな街ができる、という話を聞きました。

平良　われわれはもっと時間に依存して、時間を頼りに生きていくと、もう少し豊かな、ゆっくりとした生活ができるのではないか。

内藤　ぼくは独立する前、菊竹事務所にいたのですが、当時オフィスが超高層ビルの中にありました。超高層で仕事をしていると世の中の見方が変わっていくんですね。

平良　どういうふうに変わりますか?

内藤　気が付かないうちに人の目線ではなくて、俯瞰的に見ているんですね。あれはやっぱり危ない。人生観が変わるのではないでしょうか。

今、バンコックではだいたい一九九三年から七年間で超高層が二百棟以上建ち上がっているんですね。上海ではその四、五倍建ち上がっている。これがたぶんうまくいかなくなるんじゃないかな。そうなったときに初めて、こういう都市はうまくいかないんだということに気が付くんですね。その結果が出るのが二十年後くらいでしょう。ぼくはこれから超高層スラムができると思っています。

東京に関して、問題は都市戦略がなかったということ。超高層が建ち上がったら、それを成り立たせるための社会的なインフラは税金で整備するわけですから、本来だったら街はこうあるべきだということがまずあって建てるのが本来の手順ですが、土地の需要だけでつくりますから、めちゃくちゃになります。当然、車も集中してたいへんな渋滞になるし、そういうことがあまり考えられていない。不動産ビジネスだけでマネーゲームが行われていることがたいへん危ういと思っています。

ぼくたちがやらなければいけないと思うのは、低層で、こんなに快適だという事例をたくさんつくること。「二、三階建てで、あんなにいい環境に住んでいる」というモデルをつくらないといけない。そうなると価値が逆転するんですね。

平良　一九七〇年代に低層住宅のブームがあって、われわれも雑誌で一所懸命紹介した時代があるのですが、建築家レベルではブームになったけれど、それに実際に対応してはものが建たなかったような気がします。低層のほうが快適な住宅がつくれる、そういう兆候が、今は少しあると思うんですね。

内藤　まだ、不動産業界のマーケティング戦略のほうが情況全体をコントロールするヘゲモニーを握っているんですね。それをひっくり返していかなければいけないとは思います。それがこれからの東京の課題ですね。

平良　これはいくら反対しても、今は止まらないね。

内藤　大手の不動産の人に、何であんなに床面積が必要なのかと聞くと、そうではなくて需要をどこかから持ってくるというんですね。持って行かれた所はどうなるかというと、ダメになっていくわけです。問題はそっちのほうなんです。超高層に移った後の地べたがガラ空き状態になる。そこの再構築をちゃんとしないと、東京はロサンジェルスみたいになっちゃう。それは問題ですね。ぼくはどちらかというと、そっちのほうを何とかしたい。

バブルの時に、何でこんなことがうまくいくんだろうと不思議に思ったことと似ているんです。

平良　バブル時代、東京は世界都市としてのオフィス面積が足らないといって、オフィスをドンドン建てた。今も欲望を抱いて、東京はニューヨークになりたい、というのは同じ発想なんですね。

内藤　でも、何かおかしい、と感じたことはだいたい当たりますからね。百年というスパンで考えて超高層を建てるのならまだいいんです。今は二、三年のセールスの中でプロジェクトをやっているでしょう？　それが問題なんです。投資家にしてみれば、出来上がったときに売れれば良いんです。売れたら資金回収して、という短いサイクルでつくられていることが問題なんですね。都市というのはそうではなくて、もうちょっと長い時間でいろいろ判断しないといけないのに、短いサイクルでマネーゲームをやっている。その極端な例が上海です。それはまずいんじゃないの、というのが、ぼくのいいたいことです。

建築は小乗仏教、土木は大乗仏教？

平良　篠原修さんは、戦前の土木のデザイナーはそれなりの美的な意識を持ってやっていたけれど、戦後はそれが途絶えて美的気運がなくなったという考え方ですが、内藤さんに土木学科に入ってもらったということは、建築のほうからいわば新しい血を輸血しようということですね。建築家の持っている美的な感性なり、考え方を土木の中に入れて、混血化か、あるいはまるっきり入れ替えるのか、とにかくそういうことをしてみようという大いなる決断だと思いますが、今は肝心の建築のほうもちょっと怪しいですね。

内藤　土木の教官の懇親会に出たら、ある先生が「土木の美徳は利他的なところにある」といったんです。ぼくは、なるほど、と思った。建築の先生はまずそういうふうにはいわないな、と。そして、こう思ったんですね。建築は小乗仏教だと。つまり、自らの救済が最初にあって、しかるべき後に他を利する、救済する。

それに対して、土木は大乗仏教だ。世情救済がまず最初にあって、世情救済をする自分自身が救われる。

ところが両方とも問題があるんですね。建築は自らの救済に血道を上げた果てに、世の中から信用されなくなっちゃった。土木は、他を利するといいつつ、基本的に官需ですから、要するに予算の行使の仕組みに乗りすぎて、「世情」といっても自分たちが考える世情であって、本当の意味での世情がどこにあるのか、わからなくなっちゃった。だから両方とも、血を行き来させたほうがいい、とぼくは思うんです。土木も、お役人がいっている世の中の人ではなくて、本当の世の中の人とどうコミュニケーションできるかが問題だし、建築は、自分のことばかりやっていないで、もう少し本当の意味での世の中というものと接することを考えたほうがいい。

平良　第三の道を切り開かないといけないわけですね。建築から見ると土木は官僚的な考え方をしているように見える。超高層から下を見下ろして都市計画をつくっている。建築家はその逆だ。

内藤　両方とも行きすぎたんです。戦前は、たとえば山田守や山口文象といった建築家が土木に関わったことがあります。黒部の小屋平ダムを見に行きましたけれど、山口さんの仕事はやはりいいですよ。あるいは、東大に震災復興計画の青図が残っていて永代橋の図面を見たのですが、図面を見ればわかりますね。その図面を描いたのは製図工ですが、図面にどのようにどんな情報を描くかというのは美意識です。これが極めて高いんです。つまり、自分は技師だからというのでただ描いたのではなくて、図面が美しいわけです。ということは、図面を描いた人は美意識を持っていたということですね。ところが今の土木のいわゆる発注図は、そんなことは関係ない。

たぶん、戦前には江戸時代がしっぽのように生きていたのではないでしょうか。江戸時代は庶民文化のレベルが非常に高かったわけですが、戦前の技術者は世間様に恥になるような図面は描けない、と思っていたはずです。今はそういうことすら考えないでやっていることが問題で、本当は篠原さんやぼくが口うるさくいうんじゃなくて、技術者自身がそういう自覚を持つ、技術というのは文化と不即不離なんだということを意識することが大事だと思います。

二、三年前、土木のシンポジウムに高知県知事の橋本大二郎さんがパネラーで出ていて、最後にいった言葉が卓見でした。土木の技術者たちは十年に一回、百年に一回の災害についてどう対処するかを考えている。それはそれでしっかりやってもらわなくては困るんだけれども、残りの九年と三六四日、その隣に住む人のことも考えてもらわないと行政としては困る。つまり、非日常を支えるということと、日常を同時に考えなければいけない、というわけです。今の土木技術者がいっていることは、非日常の話ばかりなんですね。

平良　百年を形にとって、自分たちの技術を正当化しているわけです。

内藤　橋本さんは両方やらなければだめだ、そうでないと行政としては苦しい、というわけです。それは川でも道路でも同じで、土木のデザインにも、日常をどう扱うかということが役割としてあるのではないか、そんなことを考えています。

第二部

歴史と批評

第八章

民家研究から町並み保存へ

対談者／大河直躬（『造景4』一九九六年八月）

民家との出会い

平良　今日は大河さんのまちづくりにかかわった経験から、お話をいろいろと聞かせて欲しいと思いますが、大河さんが体験されたまちづくりというのはどのへんから……。

大河　八〇年代の半ば少し前ぐらいからですね、だいたい。町並みの調査は七〇年代の半ば頃からやっていましたが。

私は大学を卒業するころから、建築史のなかでも民家の研究、それから、当時の農村建築研究会という建築計画や都市計画の関係の人がつくった会での研究に携わっていました。いま考えると面白いのは、当時の農村建築研究会の主な仕事は農村住宅の改善なんですよ。

当時、農村漁村の文化の向上をめざす団体がありまして、そこでつくったスライドを調査に行ったときに上演しました。それはたとえば、煙の出るかまどは「改良かまど」にしなければいけない、煉瓦でつくったりですね。食事は椅子・テーブルを置いてするとか、真っ暗な納戸には光を入れるやり方とかの解説です。

それから、当時、私たちの先輩の建築家の方が描か

大河直躬（おおかわ・なおみ）氏／1929年、石川県金沢市に生まれる。1958年東京大学大学院数物系研究科建築学博士課程修了・工学博士。千葉大学名誉教授

れたいろいろな農家改良の図案が出ていました。それをみると、従来の農家の生活とは全く切り離したような生活とデザインの図がたくさん出ています。だが、いま考えると、ずいぶん現実から離れたことを農家の生活に押し付けていたみたいです。

平良　そうですね。僕も新日本建築家集団に入っていましたから、農村建築部会というのがあって、農家の生活改善に取り組んでいる人たちがいたことを知っています。近代化の啓蒙主義的な運動なので、僕はあまり興味をもたなかったんですよ、実際。でも、悪いことじゃないからね、生活改善は。だけど、要するに、都市の生活を基準にして、都会風の合理化を農村に普及していく啓蒙主義的な運動であったように思います。

大河　そうそう。

平良　だから、そういうレベルの運動であってそれ以上じゃないから、僕自身はあまり興味をもたなかった。やるのならちゃんと農村へ入って、農村の民主化を根底から押し進める中で生活の改善を図ることを地道にやっていくのが良いのじゃないかと思うけども、それは都市の生活を基準にして、都会風の合理的システムを上から与えていくことではないはず。だから、あまり興味をもたなかったんですけど、そのころから入っていたんですか。

大河　ええ。そういう農村建築研究会の事務局にいて、『農村建築』という雑誌の編集をお手伝いして、それから、調査のマネジャーとか、そういうことをやっていました。私がそれに入るちょっと前は、有名な若い建築家の方もずいぶん農村のことをおやりになっていたんです。たとえば、吉阪隆正先生、浜口隆一先生とかね。だけど、そういう方は戦後の都市住宅の復興その他が盛んになってくると、みんな農村には関心をもたなくなった。

平良　そっちのほうが忙しくなっちゃってね。

大河　ええ。私も計画のほうと民家の研究と両方やっていたんですけど、だんだん会の活動が退潮していくなかで、民家の研究のほうに集中するようになりました。当時は民家の保存なんていうことはまだ具体的に全く着手されていませんでした。戦争前は現在の重文にあたる国宝という制度がありましたが、その国宝に指定されていた民家は、大阪府の羽曳野市にある有名な吉村邸一つだけだったんですね。これが指定されたときの事情は、最初に国宝の候補になったのは数寄屋造の立派な離れ座敷のほうであって、その審査に伊東忠太先生がいかれて、母屋のほうもみて、「これもいいから、これも一緒に指定したらどうだ」ということで指定になったということです。

それから、私が大学を卒業するころに、戦争前に出た『民家』という雑誌を見まして、戦争前に一軒だけ移築保存した農家が保谷（現・西東京市、以下同）の日本民俗研究所の構内にあるというので、保谷まで見に行ったんです。そうしたら、その構内に見あたらないんですよ。そして、ひょっと横をみたら、構内の一番隅に茅葺きで、両側にトタンの下屋をかけた家があって、そこに引き揚げてきた管理人の方が住んでいた。つまり、移築保存した住宅を、戦後の住宅難だからまた改造して住んでいた。そういう時代だった。

それで、本格的な日本での民家の保存は、岐阜県の白川村を流れる庄川の御母衣というところに御母衣ダムが計画されて、これが昭和三十年ちょっと前ですかね、文化庁で、当時の文化財保護委員会ですけれども、水没することになった民家を昭和三十一年に何件か指定しましたのが最初です。白川村の民家というのは、戦争前からブルーノ・タウトが非常に高く評価して、日本でもある程度知られていたんですね。それで、民家も重要文化財に指定しなければいけないと、それが本格的な保存の始まりですね。

昭和三十五年にいよいよ白川郷の荘川村にあった矢篦原《やのはら》家を横浜の三溪園に移築することになりました。当時は、民家の移築の専門家がいないんですね。それで、私が民家の研究もやっていたし、アルバイトで住宅の設計もやって、一応現場も管理できるということで、そこへいってその解体工事の監督と実測から調査まで全部やった。ちょうどそのころから民家の保存工事が始まったんです。当時は民家の保存というのは、現地に保存するというのはほとんどなかったんです。

平良　みんな移築保存であった。

大河　ほとんどが移築です。水没とか、あるいは家を建て替えるとかの理由ですね。まず荘川村、白川村の家を横浜や下呂温泉などに移築した時期があって、その次が大阪の豊中に日本民家集落博物館というのができまして、そこへ移築する。それに続いて、川崎市の民家園ができました。これらのお手本になったのは、世紀末から世紀の初めにかけてできたスウェーデンの首都のストックホルムの島の上にあるスカンセンという野外博物館です。戦争前からスカンセンという名前は日本でも知られてました。豊中の民家集落博物館、川崎市民家園、それから香川県の四国村と、幾つかできましたね。

民家研究と町並み保存運動

大河　そういう移築保存が進行する時代に、私たちの研究のほうでは、戦争前の民家の研究というものは――私たちの若いころのちょっと生意気な意見ですが――やはり科学的な根拠が少ない。調査方法が確立していないということで、民家の復原を部材に残る痕跡を頼りに行う方法をつくり上げました。これは戦争前に法隆寺の修理工事で浅野清先生が確立されたんですけれども、それを民家に適用したのです。

もう一つは、民家の年代判定です。そういうふうに復原した民家からいろいろなデータを取り出して、たとえば古い時代には、窓の表に格子が付いているとか、それが片引きの半間だけ開く戸口、それから、引き違いで三本溝。つまり、板戸二枚と障子一枚をはめている。さらに時代が下がると、障子二枚の外側に雨戸を引く。それは戸口ですけれども。大黒柱の太いのが入ってくる。それから、差し鴨居という太い鴨居の数が増えていくとか、そういうものをデータにとって、編年といいますか、建築された年代の序列を決めることができる。そういう方法をわれわれの世代でつくったわけですね。

そういうふうに序列が決まって、途中に棟札とか、普請帳とか何かで年代がはっきりする家があると、年代判定のモノサシができる。ちょうどうまいぐあいに民家の保存が始まったときに、この二つの調査方法ができたわけですね。

それで、高度成長が進んできてさらに大量に民家が壊されていくというので、昭和四十一年から文化庁で全国民家緊急調査を行うことになり、毎年五つの県を選んで調査をして、それで全国的に重文に指定して行ったわけです。

だけども、その時代になりますと初期のような移築というのは、一種の建築の標本みたいで、現地から離した民家というのはやはり味気ないものですよね。白川村の民家を大阪の豊中の公園のなかに移築したり、東北の曲り屋を川崎に移築する、それは建築的には資料としていいけど、生活の環境が整わない。それで、やはり現地に保存しようということになりました。この場合でもその保存価値というのは、学術的な資料であるとか、美的な資料であるという考えであった。そういう時代がかなり長く続いたんですね。それが七〇年代の半ば過ぎまで続いてたでしょうか。

しかし、一方、七〇年代に入るころから、いわゆる町並み保存運動が出てきましたね。鎌倉の御谷《おやつ》宅地造成を防いだ鎌倉風致保存会の運動は、それより早く一九六三年に始まりました。六六年に高山で三之町の保存会ができて、だいたいこのころに妻籠（長野県）とか、そういう先進地帯の保存運動が生まれたんですね。

ちょうどこの時期は、社会的にもそういう古いものに対する関心、いわゆるディスカバー・ジャパンの時期でもあったんですね。住民のほうでは、環境破壊があまりに進むし、故郷の町や村というものが消えていくという危機感があって、町並み保存運動が起きてきた。

一方、学界では、ヨーロッパからアンサンブル保存という考えが入ってきた。アンサンブルというのはどういうことかというと、ヨーロッパでも第二次戦争前は、建造物の保存といえば、ゴシックの大教会だとか、宮殿だとか、ほとんどそういうものが対象だったわけです。ところが、戦後になって、そういう有名な建物だけじゃなくて、周りにある普通の民家その他も一緒に保存しなきゃ意味がないという考えが生まれた。これは戦後の復興の過程で、たとえばワルシャワとか、そういう戦災復興のなかで、自分たちの町を戦争前の歴史を受け継ぐような形でつくろうという運動が起きてきた。だから、ヨーロッパの戦後の復興をみますと、ワルシャワとか、ニュールンベルクとかは少なくとももとの形に戻そうとか、その記憶を残そうという方針でやっておりますね。

だけど反対に、たとえば東ドイツに属したドレスデンは、もとの町並みは全部変えまして、一面に、日本の団地式の建物がダーッと並んでいるんですよね。そして、もとのオペラのあった一部だけが保存される。最近、修復されました。古い宮殿と教会はまだほとんど崩壊したままになっている。

そういうなかで、次第にアンサンブル思想というのが根付いてきて、それを本格的にやったのが、パリのマレ地区、当時の文化大臣だったアンドレ・マルローの指導ですね。それから、共産党が勢力を握っていたイタリアのボローニア。その影響も入ってきました。

そして、日本のそういう町並み保存運動の盛り上がりもあって、一九七五年に文化財保護法の改正のときに、現在、「伝建」と略称されている伝統的建造物群保存地区の制度ができたんです。そして、これからだいたい八〇年代の半ばまでの十年間というのが、全国の町並み保存運動の大変な盛り上がりの時期で、全国で数十の町並み保存のための住民の会ができました。なかには保存に成功した地域もあるし、有名な小樽の運河の保存のように激しく行政側と対立した場合もありました。

景観条例誕生の社会的背景

しかし八〇年代の後半になると、住民運動も手がかりを失って、一時期あまり盛んでない時代があった。そして、いままでの学者のいっていた古建築の保存とか、あるいは住民運動による町並み保存の次に出てきたのは何かというと、もっと広く全国的に、市町村から景観保存、景観条例の動きが出てきたわけです。景観条例の制定が盛んになってくるのは八〇年代の後半からですね。九〇年代に入ると、毎年、全国で幾つぐらい景観条例ができてくるのかわからないぐらい、ものすごい勢いで増えている。この間、『朝日新聞』の社説に紹介されていましたけれども、九五年の「農業センサス」によると、全国の市町村の三二パーセントが町並みなどの地域資源を条例や協定で保全しているようです。

もちろん、景観条例にはいろいろなものがあります。古い町並みや都市景観のほかに非常に多いのは自然景観を大事にしたいということですね。それから、歴史的な建物というのがありますし、城跡等の史跡の保存とか、いろいろあります。だけど、重要なことは一般の市民の方が「景観」という言葉で自分の住む町や村の、自然環境と歴史環境との両方をつかまえたことです。

そして、面白いのは、平良さんもご存じですけれども、景観条例というのは、それに対応する国の法律がないんですよ。普通は、市町村の条例は国の法律に対応しているわけで、たとえば市町村の文化財保護条例は、国の法律である文化財保護法で規定されているから、それをつくるわけです。しかし、たとえばマンションが景観を邪魔していけないといって景観条例で制限すると正式に裁判で争うと、不動産業者のほうが勝つんですよ。

平良　景観保存の、要するに、守る手掛かりが法的にないからでしょう。

大河　そうそう。

平良　マンションのほうは、ほかの法律……。

大河　都市計画法、建築基準法に合っているというわけですね。しかし、そういうことがあるにもかかわらず、ものすごい勢いで景観条例ができて、現在もできつつある。これは学者が言ったのじゃないんですね。全国町並み保存連盟が言ったからでもないし、自然環境保護団体が言ったからでもないわけです。やはり国民が「それじゃ困る」と言い出したわけです。あれほどの高度成長による環境破壊に対して、「自分たちの住んでいる町や村の、昔からの自然の風景であり、川であり、歴史的なものである。それは困る」と言い出したわけ。僕はそう思いますよ。

平良　日本の景観問題で、自治体にそういう景観条例ができるというのは、僕はいいことだと思うんですよ。要するに、国家から地方が自立していくのはとてもいいことだ。

大河　そういう過程で重要なことは、いま平良さんがおっしゃったように、景観保存が、国の法律によるのじゃなしに、自治体というものを中心として踏み出したことです。この意味は非常に大きいんです。しかも、それが毎年、全国的に私たちも数がつかめないほど増えてきた。おそらくそのうちに、ほとんど全部の市町村が景観条例をもつようになるでしょうね。

それで、文化庁の伝建地区制度も、従来は、ある地区を線引きして、文化財保護法と都市計画法と両方の網がかかっていたのですけれども、それだけではだめで、その周りの地区が破壊されていく。だから、周辺にも景観条例で緩やかな網をかけ、また周辺に転々と残っている優れた建築があるわけですから、それを保存していこうということになった。つまり、伝建制度と都市の景観条例とがかなり有機的に結び付くようになった。現在、伝建地区に選定されつつある町並みはほとんどみんなそうやっています。その段階まで現在きているわけです。

都市計画の弱点

大河　そうすると、もう一つさらに先は、都市全体ですね。都市全体のことを考えなきゃいけない。最初の段階は、民家一つ一つ、洋風建築一つ一つだった。それを都市のある地域にまで及ぼしたのが伝建。その次は、全都市について考えなければならない。この場合には都市のレベルで保存を考える。つまり、建物のレベル、地区のレベル、都市のレベルのそれぞれで保存を考えるという段階にきたわけです。だけど、この場合の都市のレベルで保存を考えるということは、都市全体を保存するということでは決してないわけです。都市全体を保存するのじゃなくて、都市のレベルで、この建物は保存するとか、この道路を保存するとか、この風景は保存するとかを考える。しかし、一方では、開発すべきところは開発するとか、変えていくところは変えていくとか。

これからの日本における課題というのは、都市のレベルで保存というものを考える。それを主張するために、一昨年にわたしが編著者になって『都市の歴史とまちづくり』という本を出したわけです。ちょうどその前に都市計画法が改正されて、各市町村の都市計画に前文としてマスタープランを付けることになりました。各市町村で都市計画条例をつくるときには、歴史という考え方を入れてほしいというのがこの本の直接の狙いだったわけです。

平良　本当に大きな課題だと思うんですよ、それは。方向として僕はいいと思うんです。

しかし、都市全体を計画するという思想が日本ではとっても弱いんですよ。そういう歴史を積み重ねてきていない、特に明治以後。それで成り行き上、磯崎新が指摘しているように（第一章）、ああいうふうに部分から攻めていくほかないような状況、あれは状況に強いられて建築家たちが都市づくりに参加していく一つの非常に有力な方法だと思う。それで、そのマスタープランを建設省が地方につくれといっても、なかなか現実問題としてはできない。形だけ何かつくって、それが本当の都市計画になっているかどうかというのは大問題で……。

大河　それは、平良さんがおっしゃったように、明治以降の日本の都市計画の一番大きな弱点だろうと思うんですね。明治前は、奈良・京都の平城・平安京の計画というものは、中国の都城の制にのっとったもの。都市の骨格として東西南北方向の格子状の道路をまず決めて、宇宙の原理を反映した都市づくりをするわけですからね。都市全体の計画は厳然としてあったわけですよ。それから、中世を過ぎるころから、日本で城下町というものができてくると、やはり都市全体についての明確な計画はありました。

平良　中世は中世なりに、城下町なりにある法則でできていますよね。

大河　特に中世末からの城下町のできる時代ですね。江戸をみたって、家康が江戸城へ入ると同時に、部下の武将と大工棟梁を集めて町割りをやって、ここは武家屋敷、ここはお寺というように決めている。それをさらになんべんも修正しながらね。だって、どこの城下町だってちゃんと計画的にできているでしょう。

平良　そうそう。あれは城下町の支配で、ある陣形を整えて――ほかの競争相手、競合するのがいるわけでしょう。だから、ある陣形を整えてつくるんですよね。

大河　軍事目的だけじゃやっぱり弱い。商人を集めなきゃならない。

平良　それは非常に大きいですよね。わたしが陣形というのはそのことも含めてです。

大河　立派な町をつくって、そこに商人を集めなければ繁栄しないわけで、戦国時代から桃山にかけての武将たちは、それによって自分の国を富ませて天下を狙おうとしたわけでしょう。そういう都市を全体的に考えていこうという考えは、明治の初めのある時期には多少あったと思う。たとえば、札幌ですよね。札幌は北海道開拓使が最初に計画したときには、京都に近い左右対称の形で計画しています。多少あとで修正していますけどね。その後、日本の都市計画は、地形とか、都市全体の空間のバランスとか、そういうものを考えずに、交通とか、そういう近代主義的なほうへずうっと傾いていっちゃった。

平良　明治以後のある時期まではよかったのかもしれないけれども、やっぱり国家主義的な、国家に依存するような形だから、地方、地方の都市計画を立案し実行するという主体が形成されない。それが中央集権の弱点だと思うんですよね。それが単なる近代化だけじゃなくて、非常に国家主義的な近代化だった。だから、その辺のところは勉強していないんだけど、たとえば非常に帝国主義的な膨張主義で、満州や大連なんかで都市計画をやったでしょう。大連の都市計画なんて結構見事らしいですね。

大河　あれは帝政ロシアの時代ですよ。

平良　その上にさらに今度は日本帝国主義が入って整えたわけですよね。

大河　いま平良さんがおっしゃったように、明治の最初の段階で確かに中央政府の収奪で地方都市の力というものがなくなった。

平良　そうですね。

大河　それで結局、地方の自由民権の時代もそうだけれども、地方の富――自由民権だって、代表はみんな地方の素封家ですよね。決して貧しい連中じゃなくて。それを結局、地租その他でみんな収奪して、富国強兵。

平良　国家によって収奪された。自由民権が地方で根付く要素はあったと思うんですけれどもね。

大河　そうそう。

平良　残念ながら、それが国家体制のなかに吸収されてしまったという、それが大きな要因だと思うんだな。だから、城下町まではいまからみてもすごく魅力的な都市形成ができているわけですよ、それなりに。

大河　地方に行って町並み保存の話をしていると、古い考え方の人のなかには、「いや、都市を繁栄させようと思ったら、昔のように芸者屋町でもつくったらいい」という人がいる。かつての城下町の明治・大正の発展をみると、古い町を挟んで片方に連隊の兵舎ができて、もう一つの反対側に芸者屋町ができている、そういう形になっているんですね。

平良　発展する力がね……。

大河　ないんですよ。あとは、生糸とか何かで発展する。

平良　産業ですね。

保存と開発

大河　産業で発展する。だけども、話をもとへ戻すと、やはりこれからは各市町村が中心となって、都市全体の観点からまちづくりを進める。この場合に重要なことは、歴史というものを視野に入れた都市計画とか建築のデザインが望ましい。

そうすると、一方、いままで保存を主張していた市民グループやそれと同じ立場に立つ建築家とか都市計画の人は、今度は保存だけいっていてはだめなんです。当然、自分たちの保存計画のなかに発展・開発の部分も含ませなければならない。

平良　そう。だから、それはまた開発に関する大変大きな責任が出てくる。

大河　出てくるわけですね。それが現在のところまだ、双方の共通の討論の場ができていないと思うんです。ようやくいま、できつつあるぐらいで。たとえば阪神大震災後の復興の計画でも、住民や住民の側に立って協力して復興計画を考える人たちは、たとえ建物がなくなっても、住民の大部分がもといた場所に住みたいのは当然のことだと考える。たとえば精神的な意味で、自分の家族がここで死んだから、ここにいたいと。それから、生活の面でも、小さな商売をやっている人、靴の修理をやっているというような人たちは、結局そこでなきゃ商売ができないわけでしょ。だけど、その人たちの考えと、関東大震災とか空襲などと同じで、都市計画のいいチャンスだ、道路も全部付けかえて、全部区画整理をして、高層ビルを建てて、広場をつくって、という行政の考えとが対立している。

平良　だから、生活者の要求の連続性と、片一方の、すごく極端にいえば全体主義的な計画とが、いま分裂している。一番難しい問題ですよね。

大河　そう。だけども、従来の都市計画史や建築史の本を読むと、「関東大震災のあとの道路計画や区画整理は不完全だった。あれをもっと徹底してやるべきだ」という意見のほうが多かったわけね。

ちょうど先週、『丸の内の景観を考える』というシンポジウムがありました。日本ナショナルトラストが主催で、主な課題は丸ビルの改築の問題なんですね。

平良　それはいつあったんですか。

大河　五月二十三日（一九九六年）の木曜日かな。それで田村明さん（法政大学名誉教授）とか、福川裕一さん（千葉大学教授）とか、いろいろな方が出られたけれども、そこで一つ、話題として面白かったのは、田村さんが景観論争といわれた東京海上ビルの問題に触れて話したエピソードなんです。当時の三菱地所社長の渡辺武次郎さんが田村さんに「おまえのところの先生の高山英華とか丹下健三はけしからん。ここであぁいう高いものを建てるのはけしからん。われわれせっかく百尺の基準を守ってやってきた」と言われたと。田村さんは「いまから考えると渡辺さんの意見のほうが正しかったのじゃないか」というような意見をおっしゃっていましたけどね。

私も、あの論争では、やはり建築家側の発言のほうが独り善がりだったと思います。

平良　あのときの？

大河　たしか『朝日新聞』での前川國男さんの文章だったと思いますが、あそこに高層ビルを建てたほうがいいんだ、そして周りを公共用空間にして、そこはカフェがあったり、市民が散歩したりできるようになるということが書かれていた。僕はあのときでも、全く非現実的だと思った。あんな高層ビルのすぐ下で人間が休んだりお茶なんか飲まないですよ、おっかなくて。上から何が降ってくるかわからないのに。

平良　でも、あれは皇居の問題が大きかったんでしょ。

大河　うん。だけど、逆に考えれば、宮城前の地域というのは、それだけ景観によってプラスアルファの価値をもらっているわけですよね。

平良　そうそう。

大河　だから、景観というものは、常にこっちからだけ見たのじゃいけない。向こうからも見なければいけない。前に、兵庫の龍野で町並みの大会があったときに、いい場所に、高層とはいえないけど数階建ての建物が建っている。そこの上にいって、「眺めがいいでしょう」と言われた。僕は困っちゃってね。眺めがいいということは、反対側からみると目立つということでね。

平良　目立ちたいというのがかなり強くあるわけですよ。

大河　それだけじゃなくて、ほかの関係を考えても、僕はやはりあの高層ビルの計画は建築家の独り善がりだと思う。だいたい建築家というのは、自分の作品がきれいにみえさえすればいいというところがある。

平良　しかし高層ビルを要求しているのは施主である会社、企業なのであって、初めに建築家があるのではないこと、これは確認しておく必要がある。それで、その丸ビルのシンポジウムはどうだったんですか。高くしようというんでしょう?

大河　日本ナショナルトラストは丸ビルに事務局があるので、三菱地所に正式に質問書を出したんです。丸ビルを建て替える理由として、耐震上に問題があるから建て替えるということでしたから。

平良　そうそう。

大河　これに対して、「その根拠を発表してくれ」と。ところが「それは発表できません」と回答があった。僕はこれは、あれだけの会社としては、いまの時代に合わない対応だと思うんですがね。二番目は、「では、これからの改築にどういう具体案をもっていらっしゃるのか」と。それも要するに、「まだ決めていないから発表しない」。もう一つの質問は、要するに、現在の建物に、たとえばアーケードとかいいのがありますよね。そういうものについても、それをある程度伝えていく気持ちがあるかというような問題だったと思いますけれどもね。いずれにしても、三菱地所にはそういうことを公表する気持ちはないんです。

それで、あとのパネラーのコメントのなかで、アメリカのバーモント大学のリープスさんという、向こうのナショナルトラストで活動されている先生がちょっと皮肉に、「いやあ、あれは三菱地所にとっては、いい広告のチャンスだった。アドバタイズメントのチャンスだった」とおっしゃった。現在のままで保存できないにしても、市民に納得してもらえるように、生かす道はいくらでもあるわけですよね。古いデザインや材料をうまく利用するとか、いろいろあると思う。だから、「三菱は世界的に自分のところの宣伝のいいチャンスを失した」という意見をおっしゃっていました。

平良　それは事実だね。いいチャンスにしたかったのだろうけども、本当に失してきたわけだ、いままで。

大河　僕があのシンポジウムで感じたのは、建築家とか都市計画家は、景観というと、軒の線がそろうとか、左右対称であるとか、あるいは建築デザインのどこが良いとか悪いとか言うけれども、一般市民が丸ビルを残したいということの意味は、そういう専門的なことじゃなくて、東京駅からでたときに丸ビルが非常にあの広場にあっているということにある。それから、アーケードがいまの新しいビルと違って、道路の続きのようなもので、歩いていても気持ちがいい。

だから、都市計画家とか建築家が考えているよりはもう少し普通の感覚で市民たちは受け取っていると思うんです。あれを残して欲しいということをね。

しかも、あれを保存するということについては、現在の文化財保護法によって国の補助金も出せるわけです。というのは、重要伝統的建造物群保存地区、いわゆる伝建地区に選定する。伝建地区というと高山とか妻籠とか言うけれども、東京駅前の丸の内のあの広場だって、十分に伝建地区に該当するわけです。そうでしょ。

平良　そうですよね。要するに、建築というのはこういう建物じゃなきゃいけないということはないんだ。そういう意味で、景観という概念が出てきたことはとてもいいことで、やはり広場とか、ものが建っていない空き地だよね。たとえば、原っぱで自然が残っているというのも、これも大河さんの言葉でいえば、歴史的な資産なので……。

大河　そうそう。東京駅から見ると左に中央郵便局がある。それで丸ビルがあって、そして戦後の新丸ビルがあって、向こうの角に東京でも優れた戦前の工業倶楽部のビルがある。こっちに旧運輸省、国鉄のビルがあるわけでしょう。だから、これ全体を伝建地区にして、もちろん特に建物として優秀な東京駅とか、中央郵便局とか、工業倶楽部とか、内部まである程度残したいというものは外観と内部の一部を保存すればいいわけだし、外壁保存だけで、なかは新しくして使いたいというものもあってもよい。あれは伝建地区の保存も可能なんです。

平良 だけど、本当はもう少し早くあの地区の在りようをちゃんと指定してね。保存と変えていく可能性と同時に認めて、地区のイメージをはっきりすべきだったと思う。そうしないうちに周辺からみんな恣意的に変えられて景観が損なわれていく。

大河 そうそう。だから、一つは都市全体で考えていくということと、開発とか保存といういままでの分離したような考え方でなしに、開発と保存という両方の観点をもって議論しなきゃいけない。

平良 両方の観点をもってね。それは地区ごとにも必要だし……。

大河 都市全体でも必要だ。

平良 だから、そういうシステムというか、体制がまだできていないんだよね、どうも。

実践の時代

大河 いや、以前みたいに議論だけの時代じゃなしに、現在は明らかに実践・実行の時代に入っていますよ。昔みたいに、おまえは開発派だ、おまえは保存派だという時代じゃない。そうすると、当然、行政も、住民も、学者も、全部入って議論しなきゃならないわけだ。もう一つは――僕はそういうことを自分で専門にやっているからかもしれないけど、そんなに簡単に改善できない。一つ一つ積み上げていかないと。

たとえば、法律改正したからすぐに新しい方向でできるかというと、そうではないわけです。というのは、都市計画には、必ず法律を裏づけにした事業というものがあるでしょう。たとえば都市計画法による道路の大部分は、戦後すぐに、いわゆる都市計画道路として決まっているわけですね。これは現在の保存の一つのネックになっているわけですが、これが最近は現在の時代に合うように変える方法とかメニューはできている。

平良 本当にできてるの？ 市民社会における計画

と立案と実行のルールができていないのが根本問題。

大河　変更はできるんですよ。市町村が主導して、知事が認めれば変更できるんですよ。私が調査した市町村の都市計画道路で、もう変更したところもありますからね。だけど困るのは、都市計画道路ではなくて、区画整理事業です。区画道路と区画整理の事業が――いま事業をやっているものがいつ決まったかというと、だいたい十年とか十数年前です。十数年前に一応決まった事業で、それが徐々に進んできて歴史的な地区にかかってきたときに非常に困るんです。区画整理は必ず減歩をしなくちゃならないでしょう。ほかのところは減歩しているときに、おまえのところだけ減歩しないというわけにはいかないと言われる。だから、新規にやるところはまだ保存ができるけど、すでに事業が十数年前から進んでいるところでそういうのを変えるのは大変だ。

平良　それはわかるけれども、でもあるところでは、やっぱり十数年前に決まったことをこの辺で変えなきゃいけないという、少しね、言葉は悪いけど、前の決定を壊す作業も必要なんだよ。都市にはね。だけど、それが大変なことなんだ。口でいうのは簡単だけど。

大河　いままでは口でいう時代だったけれども、今度は実際に実践をしていくとなると――僕はそれは変えられるとは思うんですよ、みんな。だけど、それはやっぱり一つ一つ変えていく工夫が必要。いま始まったばかりですから、それは大変ですよ。

平良　保存は、紛争の火ダネにもなりうる。

大河　なりうる。それから、一番必要なことは、一つの建物の保存から、地区の保存から、さらにいま言った区画整理もそうで、やっぱりそれをやる人材を育てていくことです。

最近は若い建築家で保存に関心をもって、古い建物の実測とか再生とかをやっていらっしゃる方も東京ではずいぶん増えてきましたね。僕らの身近でも、伝統技法研究会とかいろいろあります。それから、阪神大震災の被災地域でも民家の再生が若い建築家の関心を集めているけれども、全体的にこれから取り組むとなるとむずかしいですね。やはり人材を育てるのと、経験の積み重ねが必要です。

建築家というのはどうしても視野が狭いですね。僕らを含めてそうなのだけれども。僕は修復が専門だから、歴史的な建物を修復して、修復するときれいだなとか、これを市民の方に使ってもらえればいいなと思うでしょう。これは修復の立場ですね。ところが、開発の立場は、自分の設計した建物がきれいにできて、みんながきて、写真がきれいに撮れればいいと思うでしょう。都市計画もそうですね。修復の都市計画は、古い町がこう再現できていればいいと。それで、開発をやっている人たちは、いやあ、こういう新しい町がいいと。だけど、僕は課題はそれだけじゃいけないと思うんです。

この間、朝日の社説に紹介されていましたが、最近、グラウンドワークというグループができました。これは生活の現場で働く、要するに、実際のいろいろなアメニティを保つための仕事をするグループですけど、環境の保護にとどまらず、壊された環境の回復や向上を目指している。

平良　僕もそれは賛成ですね。

大河　これを全く町並み保存や都市計画とは関係のないグループがいま主張している。壊してきた環境を直すという発想はこれまでの建築家にはなかったんですよ。僕は、これは医者の立場だと思った。

平良　僕は、日本はもうヨーロッパを卒業したなんてとんでもなくて、びっくりしたのは、ワルシャワの復興だって、近代化のイデオロギーからいうと、なんでこんなことをするのかと思うぐらいの都市全体を復原する、地区全体を復原するという、あの精神はすごいと思うんだよね。

それで、部分的な保存か、開発かという、対立するだけで考えていてまずいと思うのは、僕らの短い七十年、八十年の一生のなかでも、懐かしい思い出が全部消えるとどうなるか。これは人生ではなくなるんですよね。それは都市でも、国でも、やはりそういう連続的なある懐かしさというのがなければ、近代化の方向からいうとノスタルジアというのを蔑視するような感じが続いているけれども、あれは家族の歴史、子どものときからの写真とか、はっきり記憶に残るもの、あれはわれわれの残り少ない人生を癒してくれる、そういう要素になるんだよ。それが都市生活のなかにもあるので、そういうことに関係あるのじゃないのかな。

必要な情報のネットワーク

大河　私は、この本（『都市の歴史とまちづくり』）の序文に書きましたけど、古い建築とか町を保存するということは、単に歴史の資料を残すとか、歴史の具体的な教科書であるとかということではないと思います。保存の根底にあるのは、まず個人にとっての精神的な価値なんです。自分の存在というものが抽象的なものじゃなくて、そういう場所とか、目でみるものによって初めて裏付けられる。

二番目は、もちろん町とか、村とか、家族というような共同体にとっての精神的な価値。保存の一番根底にある価値が、精神的な価値だということをはっきり認めなければいけない。

平良　そう。個人的なレベルから、村とか、町とか、そういう共同体に及ぶ価値ですね。

大河　大事ですね。都市共同体とか、町や村の共同体というものは、僕らの若い時代には、まずぶち壊すべきものだと言われた。

平良　それはすぐ古い共同体と勘違いされちゃってね。従来の封建的な気風から抜け出さなければいけないのに、なんだ、という感じになっちゃうけれども、でもやっぱり新しい——共同体というのは連続しているわけよ。そのなかにいろいろな矛盾をはらんで、それが変わっていくのだけれども……。意識とは違う次元で、近代の市民社会が実態としては形成されつつあるのであって、それは共同体と言ってよいものなんです。

大河　それは古いも新しいもないと思うけれど。

平良　いや、連続しているわけよ。内部矛盾はあることはあるね。

大河　今後の話をするときには、今度の国会で成立する文化財建造物の登録制度の役割というものが入ってきます。これは文化財の保存のほうから言うと、かなり法律的に整備されたことなんですよね。都市計画のほうも現在、それに対応するようにずいぶん変わってきました。区画整理地域のなかに登録文化財がある場合には、それについて考慮するという方針が出てきていますからね。それは従来と大きな違いです。都市計画の具体的な実施システムである区画整理のなかにそういう「歴史」という項目が入ってきたわけだから、これは非常に大きな進歩です。

だから、これからは開発の側も歴史を考えると同時に、保存の側も開発を考えていかなきゃならない。自分の専門分野だけ考えている時代ではないということは確かなんです。そういうシステムというか、考え方を互いに討論していくと同時に、一つ一つの具体的な方法を考えていかなきゃならない。

そうすると、重要なことの一つは情報の問題でもあるわけだけど、日本は、いろいろな地域でいろいろなことをやっていますが、その情報を集め、整理し、流していくということが意外に弱いんですよね。この間、『造景』の3号をみたら、各地のいろいろな事例を紹介されて、それも写真を撮って、これはきれいだとかいうのではなくて、具体的にその裏づけになる制度とか、補助金とか、会計収支を紹介されていて感心しました。そういう情報を早く全国のそういう事業の担当者が知ることができるネットワークをつくることが必要ですね。

もう一つは、こういう問題というのは、全体の考え方を大きく変えていかなければならないでしょう。パラダイムが変わってくるわけですよ。

平良　そうそう。

近代建築の歴史的な評価

大河　世界的には一九八九年のベルリンの壁の崩壊でバッと変わったわけだけれども、この五、六年の世界の情勢変化が激しいと同時に、保存と開発の関係もどんどん変わっていくわけでしょう。そうすると、各分野でもいろいろなことをやっていかなくちゃならない。建築史の専門家も変わっていかなきゃいけない。たとえば、登録文化財制度ができるし、登録文化財制度を含めて、重文の制度も、建築後五十年のものを対象とすることになりましたから、戦後のものも入ってくるわけです。場合によっては五十年でなくても対象にしようというんです。そうすると、今度は近代建築の評価ということが当然起こってきます。

平良　そう。僕も実際に前川さんの神奈川音楽堂の保存問題でいろいろ経験しているけれども。時代とともに評価は変わるのです。異なる解釈も生まれる。

大河　近代建築の保存の問題というのは、いつの時代でもそうなのだけれども、評価を抜きにしてはやはり保存はできないですよね。たとえば、絵画だってそうですよ。ゴッホの作品というのは、いまは非常に評価が高いが、生前はそうではなかった。もう少し歴史を遡れば、去年から今年にかけてアメリカとオランダでフェルメールの展覧会をやっていますけど、ものすごい人気ですよ。ヨーロッパ中を巻き込んでいる。だけど、フェルメールだって、ゴッホだって、彼らが生きた時代にはほとんど無名だったでしょう。だから、その作品ができた時代に有名だったとか、高い評価だからといって、保存価値は上がらないでしょう。

平良　それが基準じゃないですよ。

大河　そうすると、現在の立場であらためて評価し直さなくちゃならない。戦後の建築だって、有名な建築家が建てたからというので保存の順位が一位になるわけじゃない。

平良　だから、神奈川の前川國男の作品を残す運動を僕たちがしたのは、有名な前川さんがやったからじゃないんですよ。われわれは戦後のモダニズム運動にずっとかかわってきた、初期の五〇年代のあの仕事というのは、前川さんの作品に限らず全身で支持したし、感動を受けたのですよ。そういうわれらの時代の原点なんだ、これは。一般市民とは違うかもしれないけど、これは懐かしさいっぱいなわけですよ。そういう思いは、専門家でなくても、神奈川県のあのホールを使ってきた市民にもあるわけですよ。そういう市民からの保存運動と建築家側からの運動が合流したわけです。そしてまだ使えるじゃないか、使おうじゃないかと、こういう運動なんだよ。それなりの評価があって、そうなるわけだ。そして一番大事なことは、なつかしい風景を構成している、その風景は保存に値するのではと思うわけです。

大河　平良さんのおっしゃるのは、あの建物がモダニズムの何とかとか、とにかくテクニカルアプローチを具現しているとか、前川さんの初期の作品とか、中期の作品であるからいいというのじゃなくて、やはり市民の人に長く音楽会で親しまれて、しかも、愛されてきたということが評価基準の基本でしょう。

平良　基本はそうです。でも、僕らも一種の専門家だから。設計専門家でも建築学者でもないけれども、それにかかわってきた人間としては、価値評価がわれわれなりにあるわけよ。それを携えて市民にも訴えるわけよ。それに反応する市民もいるわけです。そういう評価は一市民として、堂々というべきだ。だから、大河さんは大河さんで建築史家の立場でちゃんと評価はどんどんいっていいわけだ、していいわけだ。

大河　だけど、最終的な決定は市民として、市としてこれを保存するか、壊すか、そのときにはやはり市民の声が……。

平良　そうそう、横浜市民ですよ。しかし、市民は音楽愛好家であり、音楽家であり、等々と本来的に個人なんで評価はそこから始まるわけです。

大河　横浜市民でしょ。僕はやっぱりそう思うんだ。

平良　だから、地方自治というのがちゃんと確立する。都市が自立すれば、それにのっとってやっていけばいいわけだ。

大河　だから、建築の専門家の判断よりも、やはり市民の判断が最終ですよ。

平良　それはわかるんだよ。それはわかるんだけど、それを口実に専門家が堂々と意見をいわないというのでは困る。建築の専門家も市民の一人なんですから。そして最終結果に至るプロセスが最も重要なんです。

大河　それから、たとえば、当時の雑誌で近代建築の優れた作品といっても、愛されていない建築はたくさんあるわけだ。特に六〇年代を中心としたね。これは日本だけでなく、ヨーロッパへ行ったってそうです。シュツットガルト大学の学生寮なんか、当時の有名な、日本でもよく名前の知られた建築家グループが建てたけど、学生にいわせると「まるでこれは留置場だ」。僕が泊まってみてもそうだった。壁はコンクリートの打放しで、金網が廊下に張ってあって、ペンキが塗ってあって、自殺の名所だそうです。

日本の大学の校舎でもいま保存が問題になっているけど、いくつかの大学では、一般の大学の先生は建物ができたときから、「おれはどうしてこんな監獄みたいなところに入るんだ」と。僕はそういうのはやはり保存価値は劣ると思うんです。大学の学生にも先生にも愛されていない建物がどうして保存価値があるかと。

都市環境的な評価の必要性

平良　大河さんはマイナス価値の方ばかりあげたがる傾向があるようだが、戦後のモダニズムの中にも保存価値のあるものも、決して少なくないのです。それは専門家がちゃんと評価していく必要がある。

大河　だけどそれは、最終的に判断するのは専門家じゃなくて、共同体なり、大学なりだ。

平良　それはそうだよ。だから、それに反対しているのじゃないんだよ。でも、専門家は専門家の責任で、自分の価値評価に基づいて発言すべきなんです。それに臆病な専門家がなんとなくいっぱいいるのを僕は心配しているんだ。

大河　だけど、僕からいえば、これは重要な点だけれども、専門家の価値判断というものが、単に建築のデザインとして、新奇であるとか、構造的な計画が優れているとかというのじゃないんだと思うんです。

平良　そりゃそうだよ。僕もそう思うよ。市民社会の文化としての建築の価値が問われているわけです。そして、最終的な審判は民主的な討論の結果に待つのです。市民なんだよ。

大河　建築の景観のなかでの役割というものを当時のデザイナーの多くは無視したわけでしょう。しかし、評価というもののなかには当然、単体だけの評価ではなくて、景観のなかでの役割も入ってきますよね。

平良　そうそう。だから、それはいままでの歴史のなかで、そういう欠陥があったわけね。

大河　建築評論のなかの欠陥でもあったわけだ。

平良　もちろんそう。だけれども、じゃそういうものに基づいて、周囲の環境との調和も考えずに、モダニズムだといってつくった建物は、それは価値がないから壊すというのじゃなくて、これはこれからの環境形成について役に立たないのかどうかということまで含めて、都市環境的な視野で再評価しなきゃいけない、再検討しながら進めていくということなんだ。建築の歴史理論にも大いに関連してくる。

大河　だから僕は、それはこれからの保存のための評価の問題であると同時に、近代建築の個々の作品の評価のモノサシも改める必要があると思う。

平良　もちろん。近代建築の反省は進んでいますから、建築思想、建築理論が変わってきますよ、当然ね。そういうこと。

大河　そうすると、平良さん、保存の問題は、単なる古いものの保存とか価値評価ではなくて、要するに、近代建築、現代建築の価値評価の問題までいくわけだ。

平良　いくわけ、当然ね。

大河　従来は、そういう評価の理論というものが日本では活発でなかったね、一般の市民も含んで。

平良　それは国際的にみてもそうですよ。これからでしょうね。建築思想も、建築理論も変わっていく。それはやはり都市共同体というか、都市市民社会の形成のなかでやはり価値基準も変わっていくだろうし、新しい建築のクリエーションの問題も保存と同時に考えなきゃいけない、何かそんな……。建築史家としての大河さんの発言内容は重いのです。

大河　だいたい結論が出ましたね。

第九章
歴史的環境への視点

対談者／伊藤鄭爾（『造景5』一九九六年十月）

近代のアポリア

平良　書斎の古雑誌類を整理していましたら、一九六六年の『思想の科学』誌（七月号）が出てきました。ちょうど三十年前のものです。「建設者の思想」という特集号でした。どんな内容だったか記憶は薄れていましたが、手にとって頁をめくると、伊藤鄭爾さんの「日本における建設思想の伝統」というエッセーが載っていました。当時の情況も少しよみがえってきて、改めて読み直しました。そして、三十年前に、こんなに明快に日本の建築史を要約して、しかもその伝統が今日の問題に投げかけている、きわめて複雑にして困難な性格を指摘していることに驚きました。現在の伊藤さんはどんなお考えをお持ちか、今日はそれが伺いたいのですが、そのエッセーを伊藤さんは次のような文章で締めくくっています。

「二十世紀のわが国は、十九世紀までの歴史的遺産の保存を願っており、新しい物的環境との調和を望んでいる。しかしそれと同時に将来の世紀は、保存し再現するにたる二十世紀の建築の創造を期待していることもまた確かである。この期待は、わが国が歴史的に初めて経験する保存と開発の問題が解決されることなしには、達成されないだろう」と。

伊藤　保存と開発の問題は世界的な問題だけれど、

伊藤鄭爾（いとう・ていじ）氏／1922年、岐阜県に生まれる。東京大学工学部建築学科卒業、同大学助手、同大学生産技術研究所特別研究員、ワシントン大学客員教授、工学院大学学長、文化財建造物保存技術協会理事長などを経て、現在、建築史家、建築評論家

日本においてどうしてそれが深刻な対立になってしまったか、という歴史的な事情を簡単に申し上げます。

明治までの日本の建築は町並みの景観を含めて、それは都市、農村の景観も含めてですが、建築そのものはバリエーションとしての変化にすぎなかった。本質的には同質の建物をつくってきたわけですね。中世文化の否定とか異質文化との抵抗とか、新様式の創造という概念なしに、統一的都市景観を保持し続けてきた理由でもあるのです。ところが、明治になって日本人はギャップを感じたわけ。

なぜそうなったかというと、二つ理由があって、一つは、異質な文化形式、つまり西欧の文化形式の導入が必要となったということがあります。二番目には、社会機能の分化にともなって新しい形の施設をつくることが要請された。新しい形の施設というのは、駅とか、工場、官庁、ホール、ホテル、百貨店とか、近代社会が必要とする施設ですね。そういうものは日本人はそれまでつくってこなかったわけです。

日本人がつくってきたのは何だったかというと、それまでは宗教建築と住宅だけなんですよ。たとえば、幕府の建物といった場合と将軍の邸宅といった場合、それは同じ建物なんです。ということは、住宅のなかで政治をやって、今でいえば議会も持っているという形式です。それから一般庶民でいえば、住んでいる家が商売をするところであり、物をつくるところであるわけですね。だから、本質的に住宅なんです。宗教建築というのは何かというと、大部分は仏教建築のことですが、小規模だけど神社関係があって、その両方を含めた宗教建築。この二種類しかなかった。

ですから、新しい近代社会を創造するためには新しい形の施設をつくる必要があったけれど、日本人はそういう経験を持たなかったし、それをつくる条件もなかったから、西欧から導入せざるを得なかったということですね。

その二つのことがなぜ必要になったかというと、幕末から明治維新にかけての日本は、中国が欧米の列強によって侵略されつつあるのを知っていたわけです。特にアヘン戦争は非常に大きなショックで、日本人に大きな影響を与えていたわけですね。幕府も、明治維新の政府も、諸大名のなかでも特に雄藩といわれた藩は明治維新の過渡期において敵対関係があったけれど、富国強兵策が必要だという点では変わりはなかったと思うのです。そのときに何が必要だったか。西欧文明を取り入れて、直接的にはこのとき産業革命もしなければいけないし、社会も機能も分化させないといけないという国の決意と国民の合意があったのだと思うのです。

そのときに、日本人にとっては前例がないので社会のなかから自然に生まれるということは起こらないで、政府主導型にならざるを得ないわけです。政府が一番たくさん情報を持っているからね。だから、政府主導型の西欧化、近代化を始めるわけです。

明治以前の、バリエーションをつくっている時代は前時代の建物のバリエーションなんです。新しい創造はないわけ。新しい創造といっているのは何だったかというと、中国建築の新しい様式を取り入れるということでしかなかったわけですね。最初は、飛鳥・奈良時代に変化が起きて、その次は鎌倉時代、江戸時代の初めにもちょっと起きてとか、どっちみちそれもバリエーションです。新しい様式は、創造したんじゃなくて模倣したわけです。

その模倣という点では、明治のときも同じだったわけ。西欧建築の様式の模倣、日本で入手困難か不可能な材料も仕様も向こうのものを使うわけです。何を模倣するか、建物の意匠、プランニングの形式、ものの考え方まで、その模倣という点では明治のときも変わらなかったのですね。

ただ、西欧を良しとする価値観が興るとともに、その反動としてのナショナリズムも起きていた。伊東忠太さんなんてそうだ。西欧建築の構造に、日本の伝統的な様式の唐破風とか屋根をくっつけるわけですね。

それから、建築というのは本質的に注文生産です。そのときに「建築家は生まれが良くないとだめだ」というのがあったわけです。前川國男さんもそう言っていたからね、ぼくに。前川さんは学生のときに、「生まれがよくないなら建築の設計をするな」といわれたとおっしゃっていました。前川さん自身は内務省土木技師として信濃川改修工事に携わっていた人が父親だし、母方の伯父に佐藤尚武（外交官）がおり、生まれは良かったんだ。簡単にいえば身分の問題ですね。だから、封建時代の尾を引いているともいえる。そして情報社会ともなれば、黒川紀章さんが典型的な生き方になる。つまりマスメディアの世界で名が知られ、それを一般人はもちろん政界、財界にも持ち込む。そうするとクライアントが頭を下げて仕事を持ってくるの。あれは戦後出てきた新しいタイプです。

平良　明治から始まった近代化が背負い込んだ問題、およびそれが建築家のあり方に大きな影を落としてきたということ、お説のとおりですが、現実の町や村でどういう現象が起こったのか、つまり現場の情況について……。

都市の現場

伊藤　現実の問題として、古い町並みはきれいだったとか、きれいに残っているところがある。しかし、現代の都市は乱雑ですね。日本人は美しさとか醜さについて鈍感になっているようにぼくには見える。

なぜそうなったか、明治より前というのは、自分の家一軒をちゃんとつくることで町並みがきれいに出来上がるという条件があったわけです。時代が五十年ずれていても百年ずれていても、同じような形態の建物をつくっているわけです。身分が高い人ならば棟の高さは高くてもいいという程度のことはあったけれど、でもそう変わるわけじゃない。二階建てぐらいがせいぜいで、あとは一階半ぐらいの、京都の町家みたいな、それくらいの変化しかない。だから、美しいものをつくろうと思わなくても、自分の家だけを立派につくりさえすれば町並みは自然と美しくなる。

ところが、明治維新以後はそうはいかなくなる環境が生まれた。伝統的な建物の間に異質の建物をボコッ、ボコッとつくっていく。初めのうちは数が少ないからまだよかったけれど、数が多くなるとどういうことが起きたか。今までは木造の建物だけだったのに、鉄と煉瓦、鉄筋コンクリート、プラスチック、ガラス、鉄骨造とか、高さも様々なものが可能になるでしょ。そうすると、とても乱雑になる。そのときに日本人は、周りのことを考えて町全体を美しくしようとする意識を持たなかったし訓練もしてこなかった。だから、明治維新より前は美とか醜さについて鈍感であってもよかったけれども、明治以後はそれでは美しい町はできませんよということになりました。

ところが、ヨーロッパの都市の例を見ていると、ゴシックからルネッサンス様式の建物に移るときに、向こうの建築家はひどく配慮しているわけよね。いろいろ苦労しているわけだ、調和させようとして。日本は苦労しない。しなくていいと思っている。そんな経験がないから。

最近聞いた話だけど、フランスの田舎町にある日本人が住んだところ、近所で家を建て替える人がいて、そのとき伝統的に町の申し合わせがあって、屋根の高さは前と同じくらい、材料は少なくとも見掛けだけは前と同じにしなさいと。

もう一つは、これは日本にはないことだけれども、建物と建物の間の隙間はつくらない。実際には隙間がちょっとないと建たないわけだけれど、隙間をつくらないということなんだそうですよ。そうすると、まったく新しい建物なんだけれど、前と同じような雰囲気が残っているんだそうです。中身は変わっているんですよ。そういうことをやる慣習が今も残っている。

日本でそれをやると、私権の侵害といわれるよ。重要伝統的建造物群保存地区でデザインについてお役所の人がいろいろ指導すると、私権の侵害だという人が必ずいますよ。結構多いんだよね。だから、日本人はひどく利己的になっちゃって、町全体を考えるのは、口ではそういうけど実際上はなかなかむずかしい状況がまだありますね。

平良　伊藤さんは先のエッセーのなかでたいへん重要な指摘をしています。日本の古代以来の建築思潮史のなかには「否定」の観念がなかった。だから、外来の思潮をそのまま受け入れ、受け入れた当時のままずうっと続く併存状態があると。

伊藤　そのことを一番最初に考えたのは、大学で建築史の講義を聞いたときだった。「和様」という古代の建築様式です。ぼくらのころは「天竺様」と「唐様」と言っていた。太田博太郎先生（東大名誉教授）は「大仏様」と「禅宗様」というけど、それは鎌倉時代の終わりごろに日本で新しくつくられた様式だというんだけれど、よくよく聞いてみると、和様はずっと江戸時代まで残っているわけだ。天竺様はあまり流行らなかったから、一応桃山時代。あれは大建築にしか向かない構造だからね。唐様というのは、禅宗様ともいうけど、禅宗様はずっと江戸時代。結局、三者併存なんだな。どれも滅びていないんだ、残ってるんですよね。だから、一度取り入れたものは後生大事にため込んでいる（笑）、ぼくはそういうふうにしみじみ思うんだよ。

密教というのがあるじゃない。今、密教が残っているのは世界中でチベットと日本だけだ。空海は千年ちょっと前かな、中国へ行って、いろいろな仏教があるけど密教がいいと思って日本に持ち込んできたでしょう。それが日本ではずっと残った。中国では、今はもうないんだよね。でも、そういうことはちっとも教えてくれない。建築史でも教えないけど、宗教史でも教えないよ。密教が残っているのは日本とチベットだけだというのは、ぼくは英語の本で知ったの。英語の本にはさり気なく、ほんの一行足らずでスッと書いてあるんだよ。密教が残っているのは日本とチベットだけだと。それも内容は変わっているけど、残っている。

平良　建築の歴史のなかで「和様」というのはいきなり出てくる感じはあった。ぼくは、不思議な感じがあって理解し難かった覚えがあります。

伊藤　「和様」というのは、「日本様」と同じ意味でしょ。ところが、あれは朝鮮半島からか中国からか知らないけど、導入した様式の変形でしょう。そのものかもしれないし、変形かもしれないけど。だから、ぼくはこう思っているんですよ。江戸時代に三つの様式がなんとなくそろったわけだけれど、江戸時代の人間の世界観でいうと、世界というのは、日本と中国と天竺だと思ったわけよ。それにただ当てはめただけなんだよ。

平良　なるほど。

国家の要請

伊藤　建築史はそこをはっきりいってこなかったね。だから、もともとはそういう言葉はなかったんでしょ。ぼくは書いているんだな。「明治維新というのは、日本全体が社会も技術も造形も質的に変換することが要請された。それはどういうことかというと、国際情勢の問題であって、植民地化の危険があった」と。

平良　それが一番大きいんでしょうね。

伊藤　うん、一番大きい。それで何を考えたかというと、与党と野党の区別はあっても、富国強兵ということに関しては一致しているわけで、そこで西欧化の様式と近代技術を確立するということが一緒にあったわけですね。で、独自の創造のイデオロギーはなかったというか、必要もなかった。モデルがあったから、そのモデルを模倣すればよかった。それで、日本の場合は西欧化と近代化というのは同時にくるんですよ。

平良　ダブっていますね、いつも。それが問題をややこしくしてきた。

伊藤　同時にくるから、ぼくらは西欧化といったって、近代化といったって同じことだと思っているけれど、インドは違うんですよ。インドは西欧化が先に来たんです。というのは、イギリスがインドを植民地にしたときに西欧文明が入ってくる。西欧化が先に来て、近代化はそれこそ二十世紀の後半、独立運動が起きてから始まる。そのギャップがインドにはある。

日本はそれが同時に来たから、西欧化と近代化は同じということで通用するんですけどね。

そういうなかで、日本人は新技術や新様式、あるいは新しい開発の様式は採り入れたけれど、歴史的建造物の保存の意識というのはそれほど育たなかった。そのように模倣をやってきたから著作権意識が弱いんだな（笑）。現代の建築家だって、よそで設計したものを模倣するでしょ。

平良　それは有名な人でもやっていますよ（笑）。それと、明治以降は社会の要請というより、あれは国家の要請が強かった。東京大学をつくったのも国家でしょ。造家学科をつくったのは、まずそうですし。

伊藤　造家学科をつくったのは国家の要請だもの。最初の卒業生は四名かな。辰野金吾さん、曾禰達蔵さん……。そのときの卒業生には、一級卒業生、二級卒業生、修了生の区別があったの。いまは一括して名簿でも卒業生にしてありますけど、修了生は卒業生じゃないんです。

そして、そういう等級を加えるとどういうことが起きるかというと、お役所に入ったときの給料が違うんですよ。それで、一期生のうち一人だけが修了生だったの。残りの人は一級卒業生だった。二級卒業生はいなかった。造家学科以外もそうなっていたんですよ。そのことに一番強く反対したのが土木かな。猛烈な反対が学生の間から起きて、ではそれを廃止するというので、全部、卒業生ということになった。ある時期からそうなったの。

平良　卒業生、修了生は名簿で区別していない。

伊藤　それで、その修了生だった人は日本郵船に入ってインテリアをやっていて、建物としては小樽の日本郵船の旧ビル。あれは今でも残っていて、小樽の市の文化財になっているのじゃないですか。それを設計した佐立さんという人です。あの人の建物はあれぐらいしかないんじゃないかな。結構出来る人なんだよね。でも、その当時は修了生だったんだ。

平良　佐立七次郎さんですね。『近代建築ガイドブック』の北海道・東北編によると、佐立さんは工部省、海軍省、藤田組、逓信省を経た後、明治二十四年に独立して日本郵船の建築顧問になったということです。作品として日本郵船小樽支店（現・小樽市立博物館）がある。

伊藤　腕はあったんですよ。たまたま先生に等級をつけられた。そして等級をつけられると給料とその後の進路に響いてくるんですね。

一級卒業生の辰野さんは、コンドルが教えていると給料が高いから、帝国大学でコンドルさんの代わりにやってくれということになり、長州派閥のもう一人は、その当時は明治天皇が大切なシンボルだから、宮内省の建築家に片山東熊さん。彼の作品として何が残っているかというと、赤坂の今は迎賓館といっているけれども、あれは大正天皇の皇太子時代の御所としてつくったわけでしょ。あれだって真似だよね。それから財閥と結びつく人が出て、それが曾禰さん。

平良　どんな経緯でイギリスからコンドルを連れてきたのでしょう。

伊藤　一番最初は、二十代のコンドルさんを連れてきた。あれは、伊藤博文を使とする欧米視察団が世話になったイギリスの学者がいるんです。化学か何かの有名な先生で、その人を主にして人選を始めた。だから、大部分はイギリスなんです、ずっと。医学と美術は例外だったようですけれどね。

ただ、例外があった。それは北海道開拓使なんですよ。北海道開拓使はアメリカです。『東京市史稿』を読んでみると、あれは造園編に出ているんですよ。造園というのは、今は公園をつくるのが造園だと思うけれど、そのときの「園」は農園の「園」なんですよ。『東京市史稿』というのは膨大で、重ねると本が一間半から二間ぐらいの高さになる。それをぼくは見た。

当時の日本には農業試験場が東京に二つあって、今の青山学院大学のところと新宿御苑にあって、新宿御苑は農業試験場時代の温室だけ残っている。ガラスの温室があそこにあっておかしいと思ったけれど、あれは農業試験場だったから。青山学院大学のところにあったのは農業試験場の開拓使の管理事務所だったらしいですね。そのときに、教育のカリキュラムなんかは全部アメリカ風にやった。担当者も工部大学校とは全然関係のない人がやっていた。

それで「アーキテクチャー」の訳語は、工部大学校のほうは「造家」と訳したわけよ。ところが、こちらの開拓使のほうは「建築」と訳した。あとで伊東忠太が「造家」を「建築」に変えたなんていっているけど、そのずっと前、開拓使が明治五年に「建築」と訳している。あれ、伊東忠太は「おれがそう言った」と言っているけど、本当は知っていて言っているのかもしれないね。

集落の景観が崩れた

平良　伊藤さんが環境問題について自覚を深めたのは、ずいぶん早い。六〇年代には早くも筆をとっておられる。先のエッセーはそれを示しています。

伊藤　ほんと、ぼくはこんな早い時期に書いているとは自分でも思わなかった。それをよく読んでみたら、ぼくは昭和三十七年にアメリカに行った。ケネディが暗殺された年ですよ。そのときは一ドル＝三六〇円で、海外へ行くときは、いくら海外で定住するといっても、千ドルしか持っていかれなかった。家族も入れて三人で千ドル。ひと月たつと給料をくれるんですが、そのとき給料が千ドルだった。

当時のアメリカは「黄金の六〇年代」っていうんですよね。それで、ベトナム戦争を始めちゃって、「あれはちょっと理不尽じゃないか」とアメリカ人も結構言っているときにぼくはいたわけ。大学の先生のなかで、せっせと大統領あてに「ベトナム戦争は早くやめろ」と手紙を書いていた人をぼくは知っているんだ。ぼくは偉いと思ったね。毎晩、一生懸命何か書いているんだよ。あるとき「私が毎晩こんなに一生懸命書いているのは、何をやっているのかわかりますか」というから、「いや、わからない」と答えたら、「大統領にベトナム戦争をやめろという手紙を書いているんだ」と。推敲しているんだよね。大統領に手紙を書いてそれに影響力があると信じているというのは偉いなあと思った。日本だったら、総理大臣に手紙を書いても影響力があるなんて思わないでしょ。自分の腹いせぐらいにしか思わないでしょ（笑）。

平良　アメリカには何年滞在していたのですか。一年半ぐらい？

伊藤　女房と子どもは早く帰ってきたけど、ぼくはもっと長くいた。

日本に戻ってきて、あちこち回ったの。そうしたら、日本は変わっているわけよ。ぼくは昭和三十年代の初めに二川幸夫さん（写真家）と一緒に日本の民家巡りをしました。それから七、八年経って、それはあまり壊れているのはなかったんですよ。もちろん壊れたのも、なくなっているのもありましたけど。そういうことよりも、壊れていたのは景観なんです。町や農村の景観は大部分崩れちゃっていた。今、指定されて結構残っているといわれている所だって、ぼくから見ると結構変わっている。今井の町なんていうのは、よく残っていると皆思っているけれど、ぼくに言わせればひどく変わっちゃったと思うわけよ。でも、日本のなかではよく残っているほうでしょうね。そのとき、しみじみ保存と開発の問題はなんとかしなきゃいけないんじゃないかなと思ったの。だって、美しさという点では、なくなっちゃっているんだよね。

農村の破壊は、一番最初は、農家の台所改善で行われるんだよね。婦人の解放があって、それと関連して婦人が働く台所の改善というのがあって、その改善をやるときに指導をした人たちはあまり美的なセンスを持っていなかったんだな（笑）。今の建築家ならもっとうまくやるよね。そのころは壊す、とにかく壊すということだったね。

ぼくは一度こういう経験があった。昭和三十年代の初めに信州へ行ったの。中央線の小淵沢から降りて、ずっと谷を下りる。すると、下蔦木、上蔦木という昔の蔦木宿の町並みがあった。それは国史の専門家に教えてもらって、「あそこは町並みがきれいに残っていますよ」というので、行ったんですよ。そうしたら、実際に残っていた。太陽が真上にあるときで、石置き屋根の集落の屋根が光っていたの。「やあ、きれいだねえ」と思った。もう一度あそこを見たいと思って、アメリカから帰って行ったの。そうしたら、コロッとなくなっているのですよ、その美しい集落が。ないのですよ。あれはショックだったね。あんな辺鄙な所だから残っていると思っていたんだ。

平良　しつこく繰り返しますが、新旧の様式の異質性の問題と保存開発のルールの確立という問題に関連して、ぼくも一九六五年には『ＳＤ』誌を創刊していましたから結構問題意識は持っていたような記憶があります。伊藤さんのように深刻に受け取っていたかどうか怪しいのですけれど……。もう一度ご意見を伺いたい。

伊藤　保存と開発といった場合には二つの要因がある。社会が変わり、産業構造が変わって、新しい建築構造をつくり出さないと困るようになるわけです。たとえば振動が激しい機械を導入するということは新しい構造が必要になるということであり、建物の規模も大きくなる。手工業の時代にはなかったことが起きたわけ。明治以前は、自分一人の勝手で建物を建てても、それは環境と調和したんです。封建時代は特にそうで、隣とあまり変わったものはつくれなかった。たとえば格子なんていうものは、その町に合わせた格子でないといけない。地域共同体はそうして成り立っていたわけだ。

平良　ヨーロッパでは、都市は都市壁で囲まれて境界がはっきりしていた。その都市壁の内側では商工業市民がそれぞれ土地を分有していたけれど、それは都市共同体のものでもあり勝手に処分できるものではなかった。そういう中世以来の伝統のせいか、日本とは事情がだいぶ違う。

伊藤　荻生徂徠にいわせると「日本の都市は広がり次第」と書いてある。「広がり次第」だから、道は農道を市街の道路にしてしまう。それがいいという人があり、東京のあのゴチャゴチャをいいという。それは嘘だ。やせ我慢で、よくないよ。東京の町は知らないところは行かれない。英語でいう、レジビリティ、わかりやすさがない。欧米では都市の条件としてよくレジビリティをあげる。東京はわかりにくい。日本でわかりやすいのは京都だと思う。

平良　東京も、江戸以来の下町はわかりやすい。

伊藤　下町はほんの一部だけで、全体としてわかりやすさがない。「江戸の図」という地図があるでしょ。あの図のスケールはメチャメチャでしょ。ただ一つ合っているのは、隣との関係だけなんです。一つの屋敷の表口はどちらというのはわかる。そして、右側には誰の家があって、左側には誰の家があり、前には何があって、後ろには何がある、そういう関係だけは正しい。だからトポロジーなんだけれども、スケール感がない。駄目なんです。トポロジーは数学の世界だけにして欲しいね（笑）。

平良　洛中洛外図など都市を描いた屏風絵は、不思議な空間認識を示していて面白いじゃないですか。空間と時間の同時性と、そのなかでの変化の物語性、都市の風景が見えてくる。

伊藤　あれは空間を描くと同時に、一年間の年中行事をだいたい入れている。だから屏風絵の古い伝統を受け継いでいる部分もある。

編集部　最近、屏風絵の研究はかなり正確にやられるようになってきましたよね。

伊藤　正確じゃなくて、解釈の問題だとぼくは思うね。ぼくは「洛中洛外図屏風絵」で一番不思議に思っているのは、初期の「洛中洛外図屏風絵」には当時たくさんあったと思われる土倉業者（高利貸し）の蔵が一軒も描かれていない。一番の金持ちですよ、京都で。一番金持ちなのは土倉業者ですから。それが一軒も描かれていない。意識的に外してある。だからぼくは非常に政治的な絵だと思うんです。京都の未来を考えたときに、土倉業者は要らないと考えたのじゃないか（笑）。でもね、慶長ごろになると、蔵が突然現われ、たくさん描いてある。三階蔵が多いのが特徴的です。西鶴の小説を読むと、三階蔵は当時の新興の大金持ちのシンボルの一つです。

残る建築の条件

平良　開発と保存の問題に関連しますが、二十世紀のモダニズムの建築を視野に入れて、その残る条件とは何でしょうか。

伊藤　戦後五十年、ないしは一九二〇年以後としてもいいんですけれど、「三百年後の建築の歴史に残るような建物として何をつくったか、挙げろ」といわれたときに、「ありますか？」ということなんです。

ぼくは文化財保護審議会に関係していてわかるのは、建造物がなぜ残るかというと、傷んだときに、あるいは機能として本来の役目を失ったときに、元の姿に戻そうとする努力があるんですね。それがないと残らないんです。たとえば、醍醐寺の五重塔というのは九〇〇何年にできた。それ以来、そのままの姿で建っているわけじゃなくて、何度も壊れかかって修理して、壊れかかって修理して、それを繰り返して残っているんです。だから、この五十年ないし八十年（一九二〇年以後）の間に建築家が建てた建物で壊れかかったときに、設備に寿命がくる、外壁の寿命がくる、機能的に寿命がくるとか、いろいろ問題が起きたときに、「修理してでも残そうと思う建物はありますか？」というのがぼくの疑問なの。ぼくは思い浮かばないんだよね。

でも、たった一つ思い浮かぶものがある。丹下健三さんのやった国立の代々木体育館。あれは今、東京都が管理しているでしょ。ぼくは東京都の財務局と付き合っていたから知っているんだけど、「あれは面倒な建物ですよ。毎年毎年、修理費をかけなければならない」というんだ。それはどういうことかというと、これは丹下さんの責任というよりは学問のレベルの問題だと思うけれど、棟に鋼鉄のロープを使っているでしょう。あれはぼくも学生時代、講義で聞いたんだけど、クリープはある程度で止まることになっているんだよね。伸びは止まることになっているんだけど、あれ、止まらないんだって。構造屋さんだって止まると思っていたのじゃないかね。だから、引っ張っている元の所がひどく見苦しくなっている。あれ、何千万だか知らないけどお金がずいぶんかかるのに、いやだいやだと思いながら金を出して修理しているじゃない。ああいうのは残るんだよ（笑）。「これは金がかかってしようがないから、もう取り壊しましょう」とはいわせないわけ。それはやはり丹下さんのデザインの迫力と魅力ですよ。

もう一つは、建物としてはつまらなくても、ある社会的事件が関わっているときは残るんですよ。原爆ドームみたいなものがいい例。原爆ドームというのは、人類初の原子爆弾の物的・人的被害の象徴でしょう。だから、あれは無理してでも残そうとする。鉄ですから錆がどんどん進んでいって倒れそうでしょう。見てごらんなさい、支えがいっぱい入っているよ。あれを世界遺産にするとき、ぼくは答申に賛成にしました。だれも反対する人はいなかったけど、あれは最後は消えてなくなる建物ですよ。どうしたらいいでしょうね。

平良　代々木体育館が残ること、丹下さんの作品の中でも最高の魅力を持ち、昭和史のモダニズムの精華です。異存ありません。原爆ドーム、これは人類の悲願である核廃絶まではどうしても残って欲しい。

伊藤さんの歴史的尺度からのモダニズムに対する厳しい判定はわかりますが、坂倉準三さんの鎌倉の近代美術館や前川さんの神奈川県立音楽堂の保存を主張してきたぼくとしては、少なくとも今後数十年くらいは残って欲しい作品はいくつもあります。モダニズム運動の同時代性への思い入れがあるからです。

ところで歴史上、東大寺のような残り方の先例がありますね。

東大寺という現象

伊藤　あれは信仰だ。それがあって残った。東大寺は、また焼ければまたつくるだろうね。

編集部　〈重源〉がまた出てくる?

伊藤　〈重源〉じゃなくて、今度は国が関与するだろうね。信仰で金を集めるのはもうできないから。あそこは、今行っているのは観光客だから。観光客からは金は集まらないよ、観光客は金を落とさない。

編集部　信仰ではないと……。

伊藤　今度は信仰じゃない。だから、あとは国に「お願いしますよ」と。「お願いします」といっても、今は憲法の建前から宗教建築に国費を使うことはできないから、募金するとき法的に便宜を図るとか、文化財として補助金を出すとかということでしょうね。そういうことじゃないかな。

平良　しかし、文化財の助成金では大したことないじゃない。

伊藤　でも半分ぐらい出るとか。大きいですよ。今、朱雀門をつくっていますけど、木造でつくっているのは三〇億か何かですよ。東大寺をつくったら何百億でしょうね。重源がつくったのは千億ぐらいかかったんでしょう。だって、重源がつくったのはもっとでかいんだもの。横に二間ずつ伸びていて、四間大きい。それで総二階みたいになっていたのだから、ボリュームからいったら全然でかい。高さは同じですけどね。

編集部　新潮社から出された歴史小説『重源』にはものすごいエネルギーがかかっていますね。何年ぐらい、かけられたんですか。

伊藤　書くのに三、四年ぐらい。

平良　調べるのはもっと時間がかかっているでしょう。

伊藤　調べるのは昔から資料を集めていたから、どうということはないんです。ただ、事実だけ書いていると書けないんですよね。フィクションを入れないとつながっていかない。ぼくは、重源をいかがわしい人間だと思って書いているからね。だからぼくは書きながら、東大寺は怒るかな、怒るかな、と思って書いていましたよ。

平良　でも、反応なし？

伊藤　東大寺は怒らなかったですよ。だいたい、重源がやるといったって初めのころは源平の戦争中ですからね。政府だってゴタゴタしていて、源氏についたり、平家についたり、木曾義仲がどうとか、そういうときに重源を造東大寺大勧進に補任したわけですから。誰もそんなものはできると思ってやっているわけじゃないからね。だって、そんな戦争中に金は集まらないもの。

編集部　長い時間をかけて、だんだん東大寺再建の機運を盛り上げた？

伊藤　いや、そうじゃなくて、一つは、スタンドプレーをしないと金は集まらないんだ。だから、一輪車を作ったり、阿弥号を売ったり、策略を弄する。それでやるわけよ。それも戦争中ですよ。既成宗教からいうと、重源という奴はひどいことをやっている、ひどいことをやっていると書かれている。そうしているうちに戦争が終わるわけよ。平家が滅びたわけだ。
再建には莫大な金が必要だから権力の支えがないとできないわけです。そうすると新しい権力者は誰かといったら、頼朝ですから、今度は頼朝を揺すりにかかるわけだ。そのときに一番便利な人間は後白河法皇なんだ。後白河法皇というのはいいかげんなところがあって、あの人は強いほうに付く。昨日の敵は今日の友、今日の友は明日の敵と。そういうふうに権力に向かってズルズル動く人は頭に担ぐにはとても都合いいんですよ。でも、うまくやらないと頼朝から金は出てこない。うまくやるというのはどういうことかというと、「あんた、平家を滅ぼしたんだろう。平家の怨霊がこの世にいっぱい漂っているよ」と。世の中を見ると、新平家だって結構たくさんいるのだから、「平家が焼いた東大寺を再興したら、人心収攬できるじゃないか」と、戦争の末期にもう働きかけているんだね。それで、平家が滅びた年に、頼朝から書状がくる。「今までは戦争で忙しかったから、東大寺のことは気にかけていたけれども、できなかった。でも、これで片がつきそうだから勧進に励む」とかいって、米、金と絹を贈るんだ。その後、頼朝は最後までたかられて、最後は馬から落ちて、即死じゃないんですが、死んじゃう。二代目は、自分の母親に殺されちゃう。三代目は東大寺の記録を見ると結構応援してくれたと書いてあるけれど、でももう末期だよね。そうすると、幕府は内紛を起こしているから頼りにならない。重源が出家して育ててくれたのは醍醐寺でしょ。この寺の大檀那は村上源氏。同じ源氏でも頼朝は清和源氏。そこで清和源氏がごたごたしている間に、重源は礼をすます。南大門の仁王像のなかに村上源氏の名前があった。それも当時は既に亡くなっている人。だから、あの人は村上源氏から結構金をもらっていたのじゃないかね。宋へ行く金も村上源氏からもらっていたんだと思う。
それは頼朝がいたときは具合が悪いわけよ。清和源氏と村上源氏というのは、名前は源氏だけど仲は良くない。村上源氏は……

平良 格は上だった。政治的な意味では。

伊藤 村上源氏のほうが格が上、政治に携わっていた。清和源氏のほうは警護の武士ぐらいの身分のとき。鎌倉の政権が満足なときには書けないけど、ちょうど内紛を起こしているから書いちゃうわけでしょう。仁王像の体に封じ込めたから、わからないよね。

もう一つは、頼朝の権力を利用して、知行国というのをもらうんですよ。知行国というのは、ある国の知行が全部お寺に納められるということで、お寺は普通もらえないことになっているんだけれど、頼朝が政府の左大弁―官房長官ぐらいの感じかね―宛てに手紙を送っている。それが残っていて、それも文化財に指定したんだけれども、こう書いてあるんだ。「これからは法皇が何をいおうと、私は自分のしたいように政治を執るから、あなた方は―三十六人の議奉公卿《ぎそうくぎょう》といって、相談して、法皇に意見を具申する人たちがいるわけね―おれが反対しそうなことは法皇にいうな」という手紙を送っている。政治権力を奪うわけです。

それまで頼朝は軍事大権を貰っていたから、軍事行動だけは太政大臣の許可なくしてやれたのですが、ところが「これから政治全般をとりしきり、法皇の宣旨があっても、自分の気に入らなければ従わない」というったときに、重源は「知行国をくれ」と頼朝を通して圧力をかけるわけ。それで、周防の国をもらった。周防の国が欲しかったのは、材木が欲しかったからです。もう一つ、備前の国をもらった。それは瓦を焼くため。だから、二つもらった。寺院知行国の最初で最後でしょうね。それぞれ各県に費用を分担させて建てる造国制とは違うんだよね。知行国というのは、その国を直接には東大寺に与えたわけですが、実際の管理は重源がやっているわけよね。

重源は知行国司になったのだけれども、代わりの人しか行けない。それで、春阿弥陀仏《しゅんあみだぶつ》を目代《もくだい》に派遣している。実際には自分が管理しているんですね。それは一種の制度としての、資金源だった。

編集部　遊芸者と技術者に「何々阿弥」という阿弥号を与えてやるというのは、重源が最初ですか。

伊藤　いやいや前から。前からあるけど、あんな公的に誰にでも売って歩いたのはあの人だね（笑）。一番のメリットは、重源のいうことはとてもわかりやすくて、死んで「おまえは極楽へ行くか、地獄へ行くか」という閻魔様の前へいくと名前を必ず聞かれるというんだ。そのときに、「私は春阿弥陀仏という」と答えると、「なんだ、そうか、おまえは春阿弥陀仏号を持っているのか。それじゃあ……」というので（笑）、極楽へ必ず行ける。保証書みたいなものだ。

編集部　ローマ法皇が出した免罪符と同じようなこと？

伊藤　ちょっと似ているけどね。だから、あの延暦寺の慈円という座主……、右大臣九条兼実の弟だけれど、日記にさんざん重源の悪口を書いているわけよ。けしからんと。でも、重源が強いのは、最後は私物は残さないという身だからね。重源は子どもがいない。出家したというのは家を捨てたということなんです。だから親類縁者は何も関係なし、親も兄弟も関係なしという建前でしょ。最後は全部仏に返す、あるいは寄進した人に別の形だけど返すという建前でやっているから、それは強いよ。信用がある。

事実、私物は何も残っていない。「糂汰瓶《じんだがめ》だに残さず」と言ったんだから。糂汰瓶というのは、糠味噌漬けの壷のことですけどね。「私は糠味噌を漬ける壷さえ持っていないんですよ」といったのだから。極楽へ行くためには、昔はお寺を寄付するとか、そこまでできなかったらほんのわずかのお米を寄進するとか、それぐらいでもよかったんだけど、それは造寺造仏と同様の「作善《ざぜん》」です。

重源の場合は、あんなにたくさん作善する必要はないのにやっているのは、もう作善じゃないと思うね。事業をやっている。ぼくは「ビジネスマン重源」をテーマにして書いたのです。

平良　大プロデューサーですね。現代でもそういうプロデューサーには何かいかがわしさは付き物です。

伊藤　ある程度いかがわしくないとできないよね。でも、「糂汰瓶だに持たず」といえたところは、やはりほかの人間と違う。法然は、ただ南無阿弥陀仏といえば極楽へ行けるといったわけよ。金なんか関係ないんだ、金が関係あるとしたら、貴族だけしか極楽へ行けないじゃないか、と。重源は、法然を尊敬はしているけど、金を集めているわけだから、それを咎められたらつらいよね。「でも、私は糂汰瓶だに持っていませんよ」と。「金は集めているけれど」という意味でしょ、それは。「金を集めているけど、私は私物化していません」と。私物というのは、己用と書いてコヨウと読みます。

でも、そういう人間というのは、最後はひどい目に遭うんだよね。元気に動いている間は強いんだ。ところが、倒れて動けなくなると、それにつけ込んでうまくやろうという人間が現れてきちゃうんだ。

重源は六角七重塔をつくろうとしていましたが、そのなかに納める仏像をつくる、仏像始めの儀式を御衣木加持《みそぎかじ》というんですけれど、その日取りは誰が決めるかというと政府が決める。政府は陰陽師《おんみょうじ》に依頼して、「いつです」と決めるんだけれど、実際はそんなのは形ばかりで、陰陽師に適当に好きな頃をいって決めさせるわけでしょ。御衣木加持は三月十五日にやるといったのだったかな、それで一週間ぐらい前、八日に突然加持を行なうという通知を出すのです。重源が倒れちゃっているときですよ。重源は出てこれないというのを見越して通知を出しているわけ。それで、「御衣木加持をやろうと思ったけれど、重源は出てこれなかった」ということで重源を切り捨てちゃうわけです。

それから何をやったかというと、その一日前の日付で、重源が招いた宋人の陳和卿《ちんのわけい》の追放。彼は造仏・造営にあたって、いろいろ貢献したから荘園をたくさんもらっていたのです。それから京都の宅地その他ももらっていた。いろいろもらっていたのを全部取り上げようとするわけ。陳和卿もしたたかで、一つの荘園だけは一生懸命抱え込んだんですよ。荘園というのは現地で支配していないと取り上げられちゃうので、だいたい代官を派遣して支配している。陳和卿は宋の人間だから、重源が取り計らって、それぞれ重源が取りしきっていたの。その重源が倒れたから現地支配は無力。ところが、たった一つだけ、陳和卿が自分で任命した代官を派遣していた。そこの材木で船をつくって、国へ帰りたかったのじゃないかな。あの人は今の浙江省だから。結局帰れなかった。帰れなくて、江戸時代まで子孫が続くんですよ。代々「陳和卿」といわれていた。「ちんのわけい」というのが正式の呼び方ですけど、普通の人は省略して、「ちんなけい」とか「ちんわけい」といっていたらしいですけどね。東大寺の文書では「ちんのわけい」と書いてある。それは普通の言い方ですよ。「みなもとのよりとも」とか、「くじょうのかねざね」とかいうのと同じ言い方。

「現代の重源」よ、出でよ

編集部　現代のまちづくりや都市づくりも、陳和卿と重源のようなコンビがいればいいということでしょうか?

伊藤　そうじゃなくて、重源は東大寺大仏殿再建に専念したわけでしょう。行政機関だったら、一種の気ちがいみたいにそれに専念する人が一人おればできますよ、という意味じゃないですか。技術者を使えばいいのだから。重源の場合はたまたま外国人(陳和卿)を必要としたけれど、今の日本では必ずしもそれを必要としないから、国内にいる人材をピックアップする力さえ持っていればいい。外国人であってもかまわないけれど、ピックアップする力を持っていればいい。今の言葉でいうと気ちがいだ。「おれはこれがやりたくてしようがないから、一生懸命やるよ。これに一生をかけた」という。それを重源は六十歳で始めたの。そういうことができるかということだ。六十歳というのは当時でいえばもう死んでいる年齢ですよ。

平良　地方、地方に重源よ現れよ、ということですね。

伊藤　だから、行政機関はそういう人間を死ぬまで抱えなさい、と。身分はとにかく、実質的に権限を与えて、生活を保証してやりなさいということじゃないですか。ぼくはそう思う。

先月かな、文化庁の視察旅行で青森にいったんだよ。青森市をグルグル回って、郊外に三内丸山があるでしょ。一番生き生きしていたよ、そこが。人間の目が輝いているんだよ。これは西の福岡市と双璧だね。ぼくの感じだ。

それと同じで、重源で学ぶべきことは、行政当局はそういう気ちがいを必ず抱えているべきだ。そして、その人については、市長が変わろうが、市会議員の勢力分布がどう変わろうが、全面的にバックアップして死ぬまでやらせなさい。それで本人は最後は野垂れ死にでも喜んでいるよと(笑)。重源だって野垂れ死にだ、重源が評価されたのは八百年もたってからだ、とか何とかいって。

平良　重源に学べ、という結論ですね。小説『重源』をものにした建築史家・伊藤さんの提言として重く受けとめたいと思います。地方分権の流れは留めることはできないでしょうし、そのなかから現代の重源が現れることを期待したいですね。まちづくりにとって一番欠かせないことは、地域にこだわって、まちづくりを一貫して都市の経営として取り組む人が絶対欠かせないと思います。

伊藤さんはまた、三内丸山のことにも触れられました。そこで私も思うのですが、あのような遺跡の発掘と保存は現代都市の活性化にとっても大きな役割があるように思います。あれは日本列島で発生した〈原・都市〉としての縄文文明への夢をかきたてるもので、その縄文集落の全体像を復元する試みはとても魅力です。それを現代の都市空間形成のなかに積極的に組み込む構想があってもよいのではないかと思います。そこでも重源の出現を期待したいと思います。

第十章

「平等」を買って「自由」を売った戦後日本

対談者／川添　登（『造景9』一九九七年六月）

日本ではなぜ、民間学が必要とされたか

平良　今日は川添さんに生活学について大いにお話ししていただいて、その立場から現代の都市や都市づくりへの提言をお聞きしたいと思います。

最近、川添さんは南方熊楠賞を受賞されましたが、この賞はいつ頃から始まったのですか？

川添　私は第七回目ですから七年前からですね。自然科学と人文科学の研究者が隔年交替で受賞しているのですが、人文系では鶴見和子さんや谷川健一さんらが受賞しています。自然科学系では大体が、生態系かカビの研究です。南方は粘菌の研究をやっていましたからね。

実を言うとぼくもこの賞についてはあまりよく知らなかったので、突如電話がかかってきてびっくりしました。なぜぼくが、と思ったのですが、結局、民間学ということだと思うのですよね。南方熊楠という学者は在野で民間学を通した人ですね。そういう意味で、川添は在野でよく頑張ってきたということで、賞を下さったのだと思います。

川添登（かわぞえ・のぼる）氏／1926年東京生まれ。早稲田大学建築学科卒。雑誌『新建築』編集長を経て、1957年独立、建築評論家となる。1960年メタボリズム・グループを結成。70年シー・ディー・アイを設立。1972年日本生活学会を設立。

平良　川添さんはこれまでさまざまな活動をされてきたわけですが、その中で特に何が今回の受賞の対象となったのでしょうか。

川添　いろいろありますが、やはり生活学だと思います。生活学会を設立して、理事長、会長を永年やってきましたから。その他、民間学としては未来学会の常任理事や展示学会の会長をやっていました。去年、栄久庵憲司さんと道具学会をつくったのですが、これはジャーナリズムでかなり話題になり、設立総会には二十数名の記者が取材に来ました。その内の約八割は女性でしたから、いかに今の女性が日本の道具に対して頭にきているかということですね。

昔、栄久庵さんの事務所（GKインダストリアルデザイン研究所）の一室に居候していたことがあるのですが、せっかくいるのだからということで、GKのメンバーと道具論研究会を一週間に一度やっていたんです。その頃から道具学会をつくろうという話をしていました。人間を人間にしたのは道具と言語ですが、ところが言語学はあるのに道具学は無い。建築学では竪穴住居から超高層まで研究しているし、衣服学もあるのに、道具学が無いというのは現在の学問が穴だらけで人間の生活に密着したものではない、ということです。これは日本だけのことではなくて、西欧にも道具学はない。だいたい西欧には道具という概念自体がないのですよ。道具とツールというのはちょっと違う。だから、日本で道具学会ができたということは、世界でも最初ということになるわけです。

平良　ツールというのは道具そのものというよりも、手立てとか方法ですね。

川添　そうですね。つまり、道具は生産手段としてしか考えられてこなかったんです。あるいは高級生活財としての「工芸」か、です。例えば建築も、近代建築が成立するまでは権力者のための建築だけが「建築」であって、民家は建築の概念の中に入っていなかったでしょう？　そういう考え方から言うと、装飾のついた高価な道具だけが「工芸」であって、一般の道具は工芸学の対象にはならなかった。

ぼくは生活学について『生活学の誕生』という本を書きましたが、その最後に道具学を提案しているんです。要するに、今まで生活学などというものはなかったから、そのための基礎学もない。その基礎学から構築していかざるを得ないのですから、大変なんです。その一番大きいテーマの一つに道具学があったわけです。

しかし、「民間学」なんて言っているのは、日本だけですよ。ヨーロッパでは民間学も官学も無い。市民社会が発達しているところでは、学問が官学と民間学の二つに分かれているなんて馬鹿な話はありません。どうして日本に民間学ができたかというと、江戸時代はほとんどが私塾を主とした民間学で、官学というのは昌平嚢しかない。それが明治になって、ヨーロッパの学問の枠組みだけが取り入れられたわけです。しかし、それでは日本の実状はとらえられない。その隙間から奔流のように湧き出たのが、柳田國男の民俗学に代表される民間学なのです。その最初の人物といえるのが南方熊楠で、ほとんど独学です。ということは、江戸時代以来、日本の民間の学問水準はかなり高かった、ということでしょうね。

学問には合理論的と経験論的の二つがありますが、官学というのは合理論的です。

七〇年代になり、文明は成長の限界を迎えたなどと言われて、その頃から文化人類学が注目されるようになった。文化人類学というのはフィールド調査をやって、その上に経験論的な体系を組み立てる学問です。ところが日本の学界の体質はいささかも変わっていないものだから、「合理論的経験論」と言ったらいいような奇怪なものが蔓延して、文化というのはそれぞれ特殊なものであり、それぞれに価値があって、普遍的な価値なんてものはない、すべて多様化だということになった。要するに何でも良いじゃないかということですね。

それはポストモダン・デザイン以後の建築でもそうです。ぼくは、この間名古屋に行ってつるし上げられたんです。三十年前、川添登は建築評論をやっていたけれども、今は何をやっているのか、と。そこにいた人たちの多くは、ぼくの本を読んで建築家やデザイナーになったんだから、その責任をちゃんと取れって(笑)。今や建築評論もデザイン評論も無い。だから、もう一度きちんと建築評論をやれ、とつるし上げられて、そうかなあと思って帰ってきた。だけど現在は、ぼくらの頃から見ると建築評論は遥かに花盛りで、たくさん書かれている。しかし、みんなが勝手なことを書いているから、それは無いのと同じなんです。評論をするためには、良いものを見つけて誉めないといけないわけですが、今、それができないんですよ。仮にやったところで、「それも一つの意見」ということになる。

民主主義社会の基礎は多数決で決めるということですから、合意形成が無かったら民主主義は成り立ちません。ところが今は、合意形成をやろうという意志がまったく無いんだ。みんなの意見をまとめようなんていう考え方は間違いであって、勝手なことを言うのが民主主義だと思っているんだから、救いがたい。これでは評論なんて成り立ちませんよ。それではだめだ、と言うから、ぼくの言うことは、すべて説教になってしまう。

何が基礎なのかをもう一度はっきりさせなければならないんです。例えば現在、人権、平和、環境は、一応合意事項ということになっているわけでしょう？　それを基礎にして積み上げていかないといけない。環境と言っても地球環境を考えるというのは大変なことですが、省資源、省エネは今すぐ誰にでもできる。そのためには徹底した機能主義、合理主義でないとだめです。ところが機能的合理主義のデザインは、反自然的であって、今の環境問題と合わないということになっているんですよ。変な有機的デザインの方がいいと思っていて、ひどいのになると「自然の中には直線はない」とか言っているけれど、馬鹿じゃないかと思う。そういうデザインがポストモダンで堂々と通っているから腹が立つ。だから、生活の基礎から学問を築きあげていくしかしようがない。

日本で民間学ができた一つは出版界やジャーナリズムがそれを支援したからですが、今では学界そのものがジャーナリスティックになっていて、ジャーナリズムも頼りにできなくなっていますから、民間学の方が逆に生活学会とか道具学会というようにアカデミックな形式の組織づくりが必要になっているんです。もう、孤軍奮闘でクタクタです。こういうことを言うと、ぼくの愚痴になるんですね。だから名古屋でも、「今日の川添登は迫力がない」とか言われてつるし上げられた

（笑）。

ぼくたちは京都でＣＤＩというシンクタンクをつくって、自治体や企業の委託研究をやっていますが、例えば市民の動向を知らないで何の市民行政かと思うわけです。基礎的な調査をきちんとやる必要があるし、そのためには時間がかかります、と言うと、だいたいどこの自治体の担当者も「そんなことはどうでもいい」とまでは言わないけれども、要するに彼らはキャッチフレーズが欲しいんです。気分を知りたいだけなんですね。

平良　それは広告代理店の手法だ。

川添　そうです。広告代理店というのも、ぼくは日本社会の倫理性が失われた証拠だと思う。どうして日本は広告代理店があんなにのさばっているのか。欧米にも広告代理店はあるけれども、一業種一社です。これは商業倫理ですよ。だからぼくは電通の連中にけしからんと言ったんです。そうすると電通の人は、「その通りです」と、いばって言うんだ（笑）。「われわれの競争相手は博報堂ではありません。隣の部局なんです」って。

平良　なるほど。敵は中にいる、と言うわけだ。

川添　電通の中でもそれぞれの部局でバラバラなんですから。もう、めちゃくちゃで、救いがたい。何か、おかしいと思うでしょう？　それも、問題はかなり根深い。そういう意味ではぼくはかなり絶望的になっているけれど、絶望しては生きていけないから、それを笑い話にしているわけです。

疎外され続けてきた都市民

平良　建築評論では合意形成はもともとなかったんだろうか。

川添　戦時中から引き継いだ国民建築様式の「国民」というのは一番広い層を対象にしていましたから、それは合意形成ですね。ぼくやあなたが『新建築』時代にやった伝統論争も、日本の建築家なら誰もが関心を持っている伝統をベースにして、現代の日本建築はどうあるべきかという合意形成を目指したものだったでしょ。ぼくは「マルクスと建築」という論文を書きましたが、マルクス主義を信じていたということもありますけれど、同時に当時は、マルクス主義は多くの知識人の共通の論理になっていたから、ということがありますね。ぼくらが考えていた建築雑誌というのは、共通の広場をつくろうということでした。今は広場はあるんだけど、そこでがやがや騒ぐだけで、なんのための広場かを誰もわかっていない（笑）。

要するに、ぼくらの時代まで、つまり高度成長前までは「新中間層」というのがあったわけです。都市の新中間層で、当時の言葉を借りればプチブル・インテリゲンチャですね。その新中間層は生活様式もだいたい同じだし、その中に学者も建築家も芸術家も小説家もみんないたから、そこでサロンが成り立った。それが高度成長で突如「新中間大衆層」に広がって、共通の基盤が無くなったんですね。五五年体制に入って、特に六〇年代の高度成長期に入って、一番疎外されたのは都市民ですよ。

高度成長期は、各地方と中央官僚が結びついて、それぞれの私権、既得権の維持拡大をやった。それが政治の地盤となったわけですが、ぼくが腹が立ってしようがないのは「日本型経営」です。

資本主義の起源を考えてみると、オランダで世界最初の株式会社である東インド株式会社が成立して、そこで初めて市民社会ができる。遠隔地での貿易は危険が大きいからみんなで危険負担をし、利益は分配する。そこで市民社会が成立した。オランダの家の中には聖母子像の代わりに家族の肖像が飾られ、それが西欧諸国に普及して、十九世紀に家族の写真に替えられる。ここに家庭というものが出てきたわけです。

つまり、企業利益からも政治権力からも離れた中間的なものが出てきて、そこで初めて人権というような普遍的な人間の価値が出現した。今、こういうことを言うと、それはヨーロッパ至上主義の進歩史観ということになっていますけれど（笑）。資本制と民主制がなぜ一致するのかといえば、今言ったようなことがあるからです。

日本型経営の所有と経営の分離というのは、利益を大衆を含んだ株主に配らないで社内に留保し自分たちだけで分けるということをやっている。農村でも同じようなことをやっている。戦後、村有林を林業組合のものにした。つまり公共の財産を自分たちの勝手にして、後から入ってきた住民を疎外するわけです。

都市に入ってくるのはだいたい次三男で、地方から追い出された人たちですから、都市民というのは大多数が既得権を持っていない。そういう人たちに対して思想の自由とか職業の自由とか移住の自由を保障するのが市民社会であり、都市なんですね。

そうしたら住宅の基本は賃貸に決まっている。それは国際的な常識であるだけではなくて、日本だって江戸時代から大正期にかけてはほとんどが借家で、大家さんがいて面倒を見てくれたわけです。京都以西の町家は京間寸法でつくられていたから、引っ越しの際には襖、障子、畳をはずして新しい家へ持って行った。要するに傷みやすい建具や畳は店子所有で、それが次の家のどの部屋にもぴったりあった。町家というのは都市住宅だから、引っ越しを前提にしてつくられていたということです。夏目漱石だって一生借家だった。

ところが、今はアパートに住むのは何か非人間的みたいなことを言いますね。イリイチ（社会学者）なんかは、女性は大地とくっついていないといけないなんて、滅茶苦茶だよね。

平良　いつ頃から日本はがらりと変わったのだろう。

川添　持家政策をおし進めたのは昭和前期からですね。戦後は住宅金融公庫法ですね。住宅金融公庫がなぜできたかというと、例えば同じ敗戦国でもイタリアは戦後復興を公共アパートの建設から始めましたが、日本は、住宅は自立建設です。そうすると各自が銀行から預金を下ろすということになる。ただでさえ預金量が少なくて困っていた銀行を救済しようとしたのが住宅金融公庫法です。日本は、本来なら公共アパートを建てるべき予算をそういうことに使ったわけです。

東京には大きな屋敷の跡地が残っていて、アパートを建設するための土地はあったのに、小住宅用に大きな敷地をこまかく切って売った。土地を私有化、細分化して、その結果、都市計画が大変やりにくくなったわけです。

さらに、生活者金融の比率が企業金融に比べて急速に増大して、消費者金融の目玉として住宅ローンが登場した。そうすると、住宅都市整備公団（現都市再生機構）ですらもが、建設戸数の半分を分譲にした。分譲マンションがいかに具合の悪いものであるか、周知のことになりましたが、同潤会アパートなどの先例から専門家なら誰もが知っていることだった。だから、日本は住宅政策ではなくて、すべて金融政策なんです。バブルだって、完全につくり出されたものですよ。

日本は、バブルが何故起こったのかという説明を一般人にも理解し納得できるかたちで学者も政治家も誰もやらないですね。学問の退廃きわまりない。

平良　バブルの原因についてはどういうふうに考えていますか？

川添　いろいろありますが、一番は、一九八四年に東京都が、東京は世界金融の中心となるから、そのためにはオフィスビルが現状とほぼ同量必要だと言い、それに追い打ちをかけるようにして、建設省（現国土交通省）大都市整備局は一・五倍必要だと言った。土地政策無しにそういう発表をすればどういうことになるのか、田中角栄の列島改造の経験からわかっていた。それは素人でも知っていることで、それを玄人が知らないでやっているはずがないんです。確信犯ですよ。

佃島とか本郷に行くと戦災に焼け残った棟割り長屋の路地の両側に植木鉢がずらっと並んでいるのが見られるでしょう。明治・大正期の東京はみんなそうだったと思っているらしいけれども、それは間違いです。引っ越しのたびにあんなもの運べますか。それに当時は子沢山だったから、子供がそこらじゅうを走り回って、植木鉢をひっくり返したとか怪我したとか、あんなものが置いてあったら近所のいさかいの素になるだけですよ。

関東大震災で住宅が不足し、本来なら借家がどんどん建つような政策をしなければいけないところを、日本は逆なんです。社会主義団体が家賃不払い運動を起こし、それに乗って政府が家賃統制令を出したものだから、借家が成立しなくなった。その結果、同潤会アパートから棟割り長屋に至るまで持ち家化されたわけです。だからあの植木鉢は自分はここから動かないぞ、という意志表明なんです。立ち退く気持ちなんかさらさらない。

そういうところを再開発しようと思ったら、地上げ屋が来て、札束でほっぺたを叩いて追い出さなければならない。つまり、再開発をやるたびに土地がどんどん値上がりするようなメカニズムをつくったわけです。

その結果、企業や銀行の含み資産も自動的に増大し、円が値上がりして地球をめぐり、バブルですね。それで大儲けをしようとしたわけですよ。

「市民の共有財産」という発想の欠如

平良 その元凶は誰ですか。

川添 もう、いっぱいいますよ。みんなグルになっている。いま言ったことからいえば元凶は東京都と建設省ですが、当然その背後には大蔵省（現財務省）がいるでしょうし、建設会社、不動産会社、銀行、役人、全部グルですよ。都市の住民はなけ無しのお金で家を建てて、遺産相続でさらに細分化され、あるいは物納される。まるで収奪です。

考えてみると、日本人というのは資産を運用する能力には本質的に欠けている、という気がします。

旧国鉄の膨大な赤字は将来の国民が背負わなくなっていますが、似たようなことを高速道路がやっている。もともと高速道路は通行料で建設費を払いきったら、無料にする約束だった。言い換えれば、そこで市民の共有財産になるはずでした。ところが逆に、通行料を値上げして、路線をどんどん延長した。道路の幅を広げずに、ただただ延長するだけだから、至るところで渋滞して高速道路が低速道路になることなどおかまいないしで、ただただ延ばす。要するに、自分たちの仕事を続け拡大したいだけで、日本型経営の所有と経営の分離と同じなんですが、市民の共有財産を増やし、その運用によって市民生活を豊かにしようという発想そのものがないんです。ただただ仕事を増やせば、それで豊かになれると思っている。こういうのを、貧乏人のゼニ失いと言って、日本人は国も自治体も企業も資産の運用の仕方を知らない。

もともと、国政も、市政も、国民、市民の共有財産を預かって、それを運用するものですが、その発想自体がほとんどない。西欧流にいうと、オイコスの思想に欠けているんです。オイコスというのは、ギリシャ語の家という意味で、エコロジーやエコノミーのエコの語源になっているもので、経済用語としては「家産」と訳されている。

地球環境と言われるけれど、少なくとも地球上の環境は、海洋と南極大陸を除いて、国か法人か個人かを問わず、誰かの所有になっていますね。ですから、エコロジーの問題は、結局のところ、資産運用、オイコスに帰着してくるわけですが、日本には、その思想が根本的に欠如しているのではないか。それでは、自然愛好国民を自称しながら、環境破壊を平気でするのも当然ですよ。ぼくは律令制国家から研究していますが、調べていくとそれは神代の昔まで遡る（笑）。

ヨーロッパでは、資本制の前は家産制と言うのです。マックス・ウェーバーによると、ローマ帝国やエジプトでは、皇帝の家産として国家が運営された。皇帝一人なら家父長的家産制、官僚貴族が王や皇帝と独立に家産を所有するようになったのを身分制的家産制。貴族が官僚的性格を喪失して独立すると封建制になるわけです。それは日本の場合と符合するんですよ。律令制は家父長的家産制、荘園制が身分的家産制、それが封建制に変化していく。だけど、ヨーロッパと日本は根本的に違うところがあるのです。それは、家産制というのはあらゆる経済活動をやっても良いんですが、すべて財産運用によるもので、利潤で儲けること、つまり、高利貸しは、やってはいけない。ユダヤ人が嫌われたというのはそれなんですね。

ところが日本の場合、律令制では租庸調と言いますが、その基本である田租は、上田が収穫の三パーセント、中田が二パーセント、下田が一パーセント。これでは国家財政の基礎になりません。そのほとんどが地方行政に使われた。国家財政には何を当てていたかというと出挙《すいこ》です。これは、国家が籾を貸し付けて春と秋に元本とともに五割を付けて返させた。だから年十割の高利貸しです。これが国家財政の基礎になった。ですから日本はもともと高利貸し国家なんです。言ってみれば国家資本制です。

ぼくが旧制中学生時代から不思議でしようがなかったのは、荘園貴族たちは平安京に居座っていて、領土は出先機関にまかせっぱなしでいられたのはなぜか、ということなんです。税だとその年の収穫によって変わるから、領土経営が気になるはずだけど、出挙は収穫と関係ない。だから、平安京でのんびりしていられたわけですね。

領国経営をやっていた開拓農民の指導者が武士です

から、武士は違うと思ったのですが、これもそうではないんですね。もともと家政を行っていたのは家長ですから、家政学は男の学問で、前近代のヨーロッパには、「家父の書」と呼ばれる、領主のための家政書がたくさん出されていますが、その大半は領国経営に関するもので、農業とか牧畜などの技術書にもなっています。日本で、それに当たるのは、中世武士の家法書、家訓書ですが、書かれているほとんどは人事に関することで、領国経営については何も書かれていません。恐らく、実際の経営は家来や農民たちがやっていて、それを上手く使う者が指導者だったんでしょうね。これも現在と変わりませんね。

こんなことを言う歴史家はいませんよ。古代日本は国家資本主義だった、なんて言った人はいない。

道具学もそうだけれど、何かをちょっと研究しようとすると基礎からやっていかないとだめなんです。ぼくは『「木の文明」の成立』を書くのに二十年かかった。なぜ日本は明治に至るまで木造建築しか無かったのかというのは、日本建築の基本問題ですよ。ところが歴史家は誰も、どうしてそうなったのか考えない。本当に今の日本の学問は隙間だらけです。

平良　そういう話を聞くと、ますます絶望感にとらわれそうになるけれど、絶望しては困るわけで、これからどうしたらいいのか。

川添　結局、今の国際紛争はすべて文化問題なんです。アメリカの人種問題も実は民族問題で、文化の価値観が違っているからぶつかるわけです。それぞれの価値が違うということを知ることは民族理解にとっては必要だけれど、これからは文化を基調に置いて考えてはだめです。司馬遼太郎さんが亡くなる前に盛んに言っていたのも、文明の問題ですね。文明というのは普遍的な問題なのです。現在の日本にはそれがない、と司馬さんは言っていた。

しかし現在の日本社会は文明はどんどん栄えたけれど、文化が無くなったと一般には思われていますね。ぼくは本当の意味での昭和の民間学者は司馬遼太郎と山本七平だと思っているのですが、山本七平が亡くなる前に書いているのは、デモクラシーというのは民主制という「制度」で「イデオロギー」ではないのに、民主主義と訳すことによって、日本からイデオロギーが無くなってしまった。だから宗教も無くなった、と言っています。その空白からオウム真理教なんかが出てきたわけです。

しかし、それも一つの文化的な状況なんですよ。なんだっていいじゃないか、というのも一つの思想のあり方ですね。そして、そのようにしたのは制度なんです。日米貿易摩擦で「日本はフェアでない」と言われると、それが日本の文化だなんて言うでしょう。これは逆であって、日本が国際社会で生きていこうと思うなら、国際的に通用する制度に変えていかなければダメで、その中で日本はどうすればいいかを考えることによって、本当の意味での日本のアイデンティティが確立してくるわけですね。ところが現在の日本は、なかなか、それをやろうとしない。

例えば日本型経営も、文化によって制度をつくっているわけですね。だから現在の日本の絶望的な情況は、日本文化がおかしくしたと言わざるを得ない。今のままだと日本は滅びる。山本七平はクリスチャンだったから絶望はしていなかったかもしれないけれど、司馬遼太郎なんか完全に絶望していましたよ。

民家復元は伝統の破壊

平良　ところで、最近、三内丸山遺跡に行って来られたそうですが、復元の方法はどうでしたか。

川添　嘘八百、と言っては悪いけれど……。伊藤鄭爾《ていじ》さんも言っていましたが、建築や遺跡の復元というのは半分以上が設計者の創作なんです。三内丸山は、復元だから創作であっても仕方がない。問題は、保存と称して復元をやっていることで、民家の復元なんていうのはとんでもないんだよね。太田博太郎さん（東大名誉教授）にもそう言ったんだけれど、太田さんの論理は二百年前の民家ということで指定されたのだから二百年前に復元する、と言うんだ。ところが民家には図面も何も残っていない。そうすると、復元設計をする人の創作になるわけです。ヨーロッパでは、ラスキン、モリスの時代から現状保存が原則で、復元というのは最悪の破壊だ、とラスキンは言っています。特に民家は三百年の間にさまざまに改造されているわけです。そこに民家の歴史、建物と生活の歴史が全部刻み込まれているんです。それを元に戻すというのは、歴史を破壊することなんだ。例えば百年前とか二百年前に復元したら、近所の小学生がそこに住んでいたおばあちゃんに「ここでどんな生活していたの」と聞いても、おばあちゃんは答えようがない（笑）。それは伝統を断絶させているんですよ。

もっとひどいのは江戸東京博物館みたいなもの。あそこに展示されているのは模型です。本来博物館というのは、モノを収集してきて実物を展示するものです。ところが収集費を自分たちの研究費や設計料にして、自分の作品を公共の場に展示している。学者も一種の利権屋になっているんですよ。学問の倫理が地に落ちた、というのはそういうことです。ぼくはどこへ行ってもこういうことを言うものだから、嫌われて嫌われて（笑）。

模型展示を流行させたのは、ぼくの責任でもあるのです。ぼくは大阪の民族学博物館の「展示に関する主たる助言者」なんです。そこに民家の十分の一の模型をつくって展示したいということだったのですが、ご存じの通り建築家は十分の一の図面なんて書かないわけです。二十分の一の図面で充分であって、十分の一になると原寸図と変わらない。模型も、二十分の一まででだったら模型独自の表現の仕方があるけれど、十分の一になった途端に本物そっくりにやらないとだめになるんです。例えばチョウナで柱をはつるのも本物そっくりにやらないと、いかにも模型模型して見られたものではない。しかも、建築ではなくて民族学の模型ですから、前庭にムシロがしいてあって豆が干してあるとか、農具が置かれてあるとか、そういう細かいところまでやらないと様にならないんです。

飛騨白川の合掌造りはすべて民宿に変わっていて、いくらなんでも民宿でははしたないから、せめて高度成長前の状態までさかのぼってつくれないかと思ったのですが、宮本常一さんのお弟子さんたちに聞くと、そんなこと絶対無理ですと言われた。建築の歴史はわかるし、家具調度の歴史もわかるけれど、それがある一時期どういう組み合わせで存在したかを知っている人は誰もいないんです。

そうしたら館長の梅棹忠夫さんが、「民宿で何が悪いんだ。二十年も経ったらそれも立派な歴史になる」と言った。ぼくは、あの人偉いと思いました。農具の置かれ方とか、庭の植生など、日毎に変わっていきますね。それで何年何月何日の状態と決めて、その通りつくった。そうしたら評判が良くて、模型だって十分に観賞にたえる展示物になるということがわかったんですね。その結果、今はどこもかしこも模型になってしまった。

社会的寿命のある「施設」と普遍的な「建築」の違い

平良　川添さんは実際のまちづくりにかかわったことはありますか。

川添　まちづくりそのものではありませんが、ぼくがプロデュースして菊竹清訓さんと一緒にやった「コミュニティ・バンク」ですね。ＣＤＩができたのはそのためなんです。その背景には、大阪万博で東京の建築家、デザイナーと関西の文化人が出会ったわけですが、その人間関係を残したいという意志がみんなにあったということもありました。

京都信用金庫はそれまで中小企業金融を行っていたのですが、当時、電力の需要は消費者需要が企業需要を突破し、金融の方も消費者金融の比率がどんどん大きくなっていた。それで、理事長になった榊田喜四夫さんがアメリカの銀行を視察し、これからの銀行は地域貢献をしないとダメだというようなことを聞いて帰ってきた。そして、コミュニティ・バンクにしようということで、加藤秀俊さんに職員教育をして欲しいと頼んだのです。加藤さんが、それは口で教えられるようなものではない。建物から書類のファイリングシステム、ユニフォームまできちんとデザインしないとダメだ、と言ったところ、榊田さんはぜひそれをやりたいということになって、加藤さんとぼくと、菊竹さん、栄久庵さんたちでＣＤＩをつくったわけです。

銀行というのは三時になるとシャッターを下ろしますから、そこで町の賑わいが途切れて、銀行が二、三軒もあったら商店街が寂れてしまう。それではいけないというのでショーウインドウをつくったりするけれど、ポスターの他に飾るものは何もない。そこで、シャッターをカウンターの前で下ろして、バンキングロビーを市民に開放したらいいじゃないか、子供の多い地域だったらそこを子供図書室にすればいいじゃないか、そういうことから始まったわけです。修学院支店をつくったときは、近所に小学校の教師を退職した先生がいて児童図書を何千冊も持っていて、それを公共的に利用してもらえないか、と言ってきた。そこで信用金庫の職員食堂を三時以降は図書室にして、その先生や近所のお母さんがボランティアで週に一回貸し出しをやってくれたんです。そうしたら三つの小学校区から子供たちが通ってきて、評判になりました。駐車場も、土曜、日曜は使われませんから子供たちの遊び場になるようにするとか、お地蔵さんをおいてそこで地蔵盆をやるとか、そういう仕組みをどんどんつくって、コミュニティ・バンクを五十軒ばかりつくったんです。うまくやると常時施設の二〇パーセント、三時以降は五〇パーセント程度、地域住民に開放できる。そうすると、当然、普通の銀行とは違う建築になりますよね。それを良く見ると、例えばバンキングロビーを遊戯室にして幼稚園にも使えるんですね。家具を取り替えれば地域図書館になる。

これは以前からのぼくの主張なのですが、ぼくは「幼稚園建築なんか無い」と思うのです。「幼稚園」というものはあるし、「建築」もある。しかし「幼稚園建築」というのは現象形態であって、実体ではないんです。ヨーロッパの場合、本当にいい幼稚園というのは大型の住宅様式なんです。要するに、人々が共同で生活している場所は、すべてホームであり、ハウスだということです。それと同じように、「銀行建築」なんて無くて、コミュニティ・レベルの建築がある。建築とはそういう普遍的なものです。これもぼくは吉武泰水さんに嫌みを言うのですが、日本の現代建築がおかしくなった原因は、病院建築とか、何々建築とかいった変な規準をつくったことにあると思います。病院というのは本質的にはホテルと変わらないのです。

平良　それが機能主義批判者を生み出したというところがありますね。

川添　そうです。建築ではなくて施設になってしまうわけです。日本は建築ではなく施設ばかりできている。だから、建物の物理的寿命がくる前に、社会的機能がダメになる。ヨーロッパの建築が何百年も持つというのは、建物が石でできていて丈夫なだけでは無いのです。中の空間が違う。

平良　いろいろに使えるということですね。変に限定したら使いにくくなるに決まっている。

川添　そう。本来、空間とはそういうものです。

「都市」は人間性を守るための重要な装置

平良　現在の都市の情況をなんとかするためにはどういう手立てがありますか。ぼくは、大都市はもうだめで、地方の小さな町に期待をするしかないような気がしているんですよ。

川添　ぼくは、持ち家であって初めて地域社会ができるというような観念をぶち壊さなければ、ダメだと思います。これは大都市も、小都市もありませんが、特に大都市ではそうですね。江戸の下町では引っ越しソバでも配れば、さっと町の中にとけ込めた。ちゃんと地域社会があって、人情豊かだったんですね。ところがどういうわけか、田舎は人情豊かだが都市の人間は薄情だと言う。つい最近まで東京の下町には、人情豊かな生活があったことを知っていながら、そういうことを平気で言いますね。

地域社会の親しさでは断然下町ですが、山の手はどうだったかというと、自由に引っ越しができるから好き者同士が集まるんですよ。例えば小説家だったら阿佐ヶ谷、高円寺。一番すごかったのは池袋モンパルナスで、昭和十年代、交流していた画家、小説家、詩人が千人いました。要するに類が友を呼んで、そういうかたちで地域社会ができていたわけです。そこに本当の都市の自由な世界がある。イヤになったらさっさと出ていく。ところが、なぜか、農村共同体がコミュニティだと思っているんですね。

農民はムラ、漁民はウラ、商工民はマチというように、同じ村の中でも職業によって別の集落をつくっていた。例えば戦前までは佐渡の小木町の小高い丘の上に集落があってそれが全員「金子さん」だったんです。鋳物をつくっていて、全員鋳物師です。これは工村ですね。そういう工村はいっぱいあった。ザルならザルをつくる集落、それからワッパとか下駄の台とか寄木細工をつくる集落。ところが日本の社会学の本には、外国の書物ではたえずお目にかかる「工村」という言葉は出てこない。なぜ工村と言わないかというと、そういうところでは、たいがい自分たちが食べるために畑をつくっているんです。だから社会学者は半工半農だと言うのです。漁民も半漁半農。ところがお百姓さんが機織りをやると、半農半工ではなくて、これは農家の副業だという。だから、江戸時代の石高制の精神がいまだに日本の社会学者を支配していて、農村社会の仕組みがはっきり見えてこないんです。

例えば、よく日本型共生と言いますが、共生とは実は棲み分けのことで、日本型共生の典型は瀬戸内海の漁民なんです。魚は、海面近く、あるいは沖、浜など、種類によって棲み分けていて、それによって漁法が違う。その漁法ごとに一つのムラができているわけです。例えば島に一本釣りをやっている漁民がいても、延縄《はえなわ》漁民はいないとなると、延縄漁をやる漁民は本村から出て枝村をつくる。瀬戸内海の漁民が日本海まで出て枝村をつくることもあるのです。そうすると同じ浜に住んでいても、まったく別の共同体であって、むしろ本村の方につながっているわけです。同じ地域に住んでいても、漁民は網元、農民は庄屋につながっている。

また、いわゆる賤業を営んでいたのが、非差別部落です。つまり、職業によって区別し、差別していたんです。宮本常一さんが言っているのは、その村の中に違う職業の人が入り込むと村は解体を始める。同職からなる共同体がまとまりがいいのは当たり前なんです。しかし、それは内輪だけのことで、隣の集落とはけっして仲はよくなかった。地域社会じゃなくて、職業集団です。だから、村有林を林業組合のものにして、新住民を仲間外れにする、というようなことが平気でできる。イエもそうですよ。血縁集団ではなくすべて職業集団ですから、養子縁組みも平気です。

職業共同体とは、言い換えれば利益共同体で、つまるところは利権共同体ですから、そういう共同体の基礎の上に、都市計画はあり得ない。だからまず、地域社会を成立させるためにはどうしたらいいか、ということです。

これは宮本常一さんがよく言っていたことですが、明治以降も、戦後も、より大きく変わったのは都市ではなく農村です。これは当然のことで、農村は生産基地ですから。ヨーロッパの都市構造の基本は、あまり変わっていないんです。生産と権力から相対的に離れて存在するのが市民社会であり、それはつまり生活が変わりにくいということで、生活学の基本原理はそこにあるわけです。

例えば動物は草原へ行くと足が速くなるとか、お猿は木に登るようになるというように環境に合わせて自分自身を変えていく。人類というのは道具をつくることによって、どんな環境でも耐えるようになったわけです。ということは全人類に共通する人間性を保持するために道具がある。もう一つ、今西錦司さんは、人類の誕生を家族の成立に求めていますが、人間は家族と社会との重層構造を取ることによって、社会がどんなに発達しても蜜蜂や蟻の社会のようになることを防いだ。これも人間性を保持するために家庭ができた。梅棹忠夫さんは、文明を装置と制度としていますが、道具は装置、家族は制度の基礎ですね。そして、都市という制度・装置ができて、自由とか人権といった人間性についての普遍的な価値観が生まれました。だから「文明」の一番の基本というのは人間性をいかに保持するか、生活学の対象もそこにあるわけです。

まちづくりは、まず、市民社会づくりから

川添　これは中尾佐助さんが言っていることですが、例えば料理だけでなく食器、給仕人の服装、インテリアデザイン、そのすべてを食事文化として考えると、そのセットが全部そろったレストランがあるのは日本料理、中国料理、西洋料理だけです。インドのような大文明国では、もちろん王宮料理にはあるかもしれないけれど、レストランはない。イスラムにもない。これは市民社会の成立と関係しているのではないか、ということです。

ヨーロッパにはもちろん市民社会があります。中国というのは、政治とは関係なく、市民生活のものすごいネットワークがある。そのネットワークがあるから、教会や国家の後押し無しに世界中に飛び出していって、中華街をつくる。これができるのは、中国人がいかに高い自治能力を持っていたかということです。そういうヨーロッパや中国に匹敵するものを日本は持っていたのです。江戸時代の支配階級である武士が保有した徴税権と裁判・警察を除いて、あとは全部市民自治で

した。名主から始まり大家さんに至るまでの自治組織があって、そういう中でまちづくりが行われていたわけです。

ぼくは『東京の原風景』（ちくま学芸文庫）で書いたけれど、菊人形の発祥地は巣鴨ですが、当時は、白い菊ばかり集めて壮大な富士山にするとか黄色い菊ばかりで虎をつくるとか、形づくりでしたが、見世物を出してお金を取っていいのは河原者とか香具師の特権で、一般人はできないから、全部ただで見せていたんですね。植木屋さんの心意気なんだ。今で言えばボランティアの文化運動ですよ。明治になって、お金を取ってもいいということになって団子坂の菊人形ができたわけですが、そういうボランティア精神は明治にも生きていた。隅田川の桜が幕末に全滅したのですが、それを元幕臣で新聞人の成島柳北と財界人の大倉喜八郎、それに元高葛飾郡長の伊志田友方が発起人になって東京市民に呼びかけて、市民が拠金して復活させたのです。荒川は、ソメイヨシノだけではつまらないと言ってありとあらゆる桜を植えて、約八十種類の桜の一大植物園ができた。神田川は、飯田橋から早稲田まで桜を植えて、川幅が狭いものだから桜のトンネルの下を川が流れていた。これは、全部住民運動でやったことです。

それが崩されていくのが明治四十年以後で、全部官僚支配になって住民は手出しできなくなった。だから、まちをつくるのには、まず、市民社会をつくらなければできっこないんです。桜なんて、住民が自分たちで植えられるようにしなければだめなんです。

日本は古代から普請と作事がすべて別なんです。先にも触れた『「木の文明」の成立』で明らかにしましたが、土木と建築とは指揮系統も技術系統もすべて別で、それが現在にまで続いています。つまり文明の構造そのものが違うのです。ヨーロッパの場合は、都市法規と建築法規に連続性がある。しかも、オランダみたいに市民社会が発達したところでは「コモンロー（普通法）」が発達しているから、建築基準法に従って家を建てるだけでも統一のとれた街並みができる。建築基準法違反をしたら、公共性に欠ける行為だということが誰にもはっきりわかる、そういう法体系の社会になっているわけです。現在、日本でもまちづくりをやるときに建築協定をつくるところがありますね。市民社会というのは、そういうかたちでルールをつくっていかないとだめなんですよ。

平良さんの質問に対して、ぼくは大風呂敷を拡げてごまかしているみたいだけれども、それは事実ごまかしているんであって、日本はまだ、どうしろこうしろというところまでいっていないんですよ。それに、奇妙と思われるかもしれませんが、ぼくは、日本には絶望していても、東京にはあまり絶望していないんです。むしろ、なかなかいい都市ではないか、とさえ思っています。だから、大都市はもうだめ、という意見には同調できないから、答えようもなかったんです。

ぼくは、約二十年間、京都と徹底的に付き合ってきましたが、こんなに腹が立つ都市はありません。それぞれの利益共同体が頑固に自己主張をして、これほど合意形成のむずかしい都市はない。それに比べれば、東京はいい都市ですよ。

平良　戦後、労働運動をはじめいろんな社会運動がありましたが、みんな最後は政府に何かを要求するだけなんだよね。それでは市民社会はできない。

川添　要するに、戦後、日本の市民は平等を買って自由を売ったんですよ。先ほどのコミュニティ・バンクをつくったときも、これは国とか市がやるべき仕事であって、民間がやると国や自治体はやらなくてもいいということになるから、かえってマイナスだ、という反対意見もありました。

平良　いまだにそういう考え方が続いているんだね。要求するだけで、自分たちではやらない。

川添　自分たちでやるというクセを付けないとだめですね。

阪神・淡路大震災とか、日本海の重油流出事件で、若い人がボランティアをやっていますね。ぼくは、これはまだ救いがあるな、と思っていたのですが、「川添さん、あのボランティアの実態をわかっていますか」と言われちゃった。ボランティアに行くとそこを仕切っているボスがいて、ヒロイズムに浸っている。そうすると、他のみんなが考えていることは、今度何かあったらオレが一番先に行く。

平良　仕切るぞ、と（笑）。

川添　西部劇を見ていると、例えば荒野でたまたま二人の放浪者が出会って一緒に旅することにする。そのうちインディアンに取り囲まれて、その時に出てくる会話は「ここではおまえがボスだ」だから、たった二人でも自治的な政府ができるんです。日本はその訓練ができていない。だからボス支配になるんです。例えば戦時中、捕虜収容所でも欧米の場合はすぐ選挙をやって委員会ができる。日本の場合は、ならず者が支配していた。

平良　日本は合意形成のシステムができていない。

川添　ぼくらは例えば小学校でクラス会を自治会と呼んである程度、自治の訓練をされましたね。戦後は民主主義ですから、そういう教育はぼくらより若い人たちの方がうんと受けていると信じていたんだ。だから、ぼくらは一番古くさい人間になるんじゃないかと思っていたんだけれど、そうではなくて、ぼくなんかが今、一番新しい（笑）。

日本人はすぐ「和の精神」と言うけれど、それはダメだと言ったのが山本七平です。あれは要するに内輪だけの「和」なんです。もう一つ、「和の精神」がダメなのは、少数異見を認めない。全体一致でないとダメだということになる。多数決の原理というのは、少数異見もあるぞということです。日本はどうしてこんなにおかしくなったんだろうと調べていくと、神代の昔からなんだ（笑）。

平良　絶望的じゃないですか。

川添　だけど、トランプでも花札でも、ダメなカードばかり集めると、途端に逆転勝利になったりするでしょう（笑）。だから、マイナスをずーっと並べたら、それは一種独特の体系になって、ヨーロッパとか中国の大文明と匹敵するような文明システムが日本にもあった、そういうストーリーをつくりたいと思って一生懸命考えているんだけど、どうもうまくいかない（笑）。

しかし、先ほどいったように、ぼくは、東京という都市には絶望していないんです。日本の歴史を調べれば調べるほど絶望的になっていきますが、逆に、江戸・東京の歴史を調べれば調べるほど元気が出てくる。それが現在にも受け継がれていて、例えば、私の家の近所の巣鴨とげぬき地蔵も、近頃は「おばあちゃんの原宿」がだんだん板に付いてきている。

最近、地方へ行って、驚くというより呆れるのは、

「都市の論理から、地方の論理へ」というようなスローガンをよく見かけることなんです。

「地方」の対語は「中央」であって、都市ではありませんね。だのに「中央の論理から」と言わないのは、中央政府から予算を引き出すための「地方の論理」だからなんですよ。だから、この「都市」は「中央」の代替語であって、その実体は東京ということになります。そして、地方都市は意識の外に置かれている。つまり、この「地方」は「農村」ということですね。

つまり、このスローガンは農本主義による一点集中の官僚支配の再確認なんです。問題は、そういっている本人たちは、そのことにほとんど気づいていないことで、これは気分というか、社会通念の上に乗って言っているからなんです。この社会通念は、大正期にすでに出来上がっています。だから日本人の心の中に深くしみこんでいて、ぼくが絶望的になる元凶と言っているものなんです。

その対極にあるのが東京で、中央政府抜きの東京ですから、市民都市・東京ということになりますね。東京都民たるもの、これは大いに誇ってもいいと思いますよ。しかし、社会通念では、東京こそ否定すべきものである。だから一番ダメなカードなんです。無視され続けてきた地方都市も、ダメなカード。そのようなカードを集めていったら、逆転勝利の可能性もあるかもしれませんよ。

市民サービスは市民の手で

平良　川添さんは、もともと発想自体が民俗学的でしたね。

川添　皆さん、そうおっしゃいますが、必ずしもそうではありません。今和次郎さんは民俗学と言われるのを一番嫌っていたんですよ。晩年には柳田さんの説をずいぶん取り入れていますが、民俗学者と見られるのを嫌がっていた。それから、私と親しかった宮本常一は、民俗学に疑いを持った民俗学者なんです。必要なのは民俗誌ではなくて、生活誌だと言っていた。ぼくも、柳田國男の著書から実に多くのことを学びましたが、民俗学そのものには、あまりシンパシーを持っていないんです。柳田は、民俗学の対象を、生活外形、言語芸術、生活意識の三つに分け、生活意識を最重要課題としましたが、ぼくは生活外形からアプローチしますから、立場がまるで反対なんです。

昔、例えば農村全体のことを考えたのは地主なんです。そういうことを考える時間と教養を持ったのは要するにエリートです。ところが現在は国民全体が余暇も十分持っているし、考えるだけの能力も持つようになった。そうすると、全員が地主にならなくてはいけないんです。余暇が増大していくと、最初の頃はただ娯楽だけれど、精神労働が増えるに従って文化的な教養が必要になる。そうなると倫理性が高まって社会貢献をするということになってくる。今和次郎はそう信じていたんです。ところがみんな第一段階でいいやということになって、第二段階がなかなかこない。次の段階に行くためには、誰かが口を酸っぱくしてそれを言わなくてはいけない。

資本主義諸国の中で最も官僚制であるのはフランスですよね。ところが、パリで博物館全国友の会の人に聞いたのですが、彼らが今一番一生懸命にやっているのは、どこの都市でも外国人などの移住者が大勢入って来ているから、町の歴史とか文化についてその人たちに知ってもらうために講演会や展覧会をやることだと言っていました。その場合の費用、宣伝、企画は友の会が受け持っている。学芸員は専門家としてやって貰わなくてはいけない仕事があるから、サゼスチョンは受けるけれども市民サービスにあたることは全部友の会が主体になってやっている。そうすると一方的な奉仕のように思うけれど、そうじゃないんです。自分たちが主体になって、国や市の公共施設を自分たちの運動の装置として使っている、ということなんです。先のオイコスの思想でいえば、モノや情報を集積して、市民の財産を増やし、それを評価し宣伝して価値を高めるのが博物館の役割であって、それを市民生活にどう役立たせるかは、市民の仕事なんです。

東京ではボランティア活動が盛んだし、日本のお役人は末端になればなるほど大変熱心です。ところが自治体が熱心にサポートすればするほど、縦割り行政ごとに分断されて、ボランティア活動も大きな組織にならないんです。ぼくは豊島区に住んでいるのですが、散歩道のマップが豊島区だけでも、まちづくり公社と郷土資料館がつくっているものが二つあるんです。一つに絞ればいいのに、と思いませんか。

豊島区はダメなカードの最たるもので、戦前のスプロール地域で、当時は郊外というよりも場末ですね。東京区部に三つある霊園のうちの二つ、染井霊園と雑司ヶ谷霊園を入れても豊島区の緑地率は区部で最底なのです。そこで区は、遺産相続で物納された土地などを買い、地域によってコミュニティ広場とか、辻広場とか言って、住民がアイディアを出して小公園をつくっているのです。それはたいへんいいことですが、タナボタ住民参加でしょう。そうすると、ぼくはボタ餅が欲しい、ぼくはチョコレートと、みんなそれぞれ勝手なことを言うわけです。それをみんなつくっちゃうものだから、裏の民家をかくすために大きい看板のような太陽の絵をたて、井戸があったり、ごちゃごちゃした小公園ができちゃった。ぼくはこんなのはダメだと言ったんです。だけど、その辻広場が評判になって、他の区からも見学に来る。そういうのを誉める人もいるわけです。住民参加でやったから、その人たちが掃除をし管理するようになったのは、いいんです。ところが建築家までが、これも一つのデザインで、なかなか良い、という。それはそうでしょうよ、建築のポストモダンはラスベガスがいい、と言って始まったんだから（笑）。

それから、学校の塀と道路の間を細長い公園にしようと言って、川を流して石垣を築いた。本当は塀をはずして植栽し、子供たちが体操をしているところをおじいさんがベンチに座って眺めるようにするとか、開放的にしなくちゃいけないのに、城壁を築いて掘割をつくっているんです。タナボタ住民参加でやるとそういうことになってしまう。ぼくは、公園というのは住民だけのものではない。そこを通りかかった人も含めて、みんなのものだ。それを考えてやれ、と言ったんです。だけど、良いことをやっていると思って嬉々としてやっていて、誉められたいわけ。それをぼくは、いちいちケチをつけるものだから、嫌われて嫌われて（笑）。

平良　どうしたら良いんでしょう。

川添　それは嫌われても言うよりしかたがない。でも、豊島区の場合は、ずいぶん良くなっていますよ。

第十一章

共有空間の「種」

対談者／鈴木博之（『造景14』一九九八年四月）

「戦前文化」が支えた小川治兵衛の庭

平良　今日は、鈴木さんが現在一番関心を持っている問題からうかがっていきたいと思います。

鈴木　今興味があることの一つは場所性の問題でして、リージョナリズムというよりもう少し個別の場所と近代化の過程に関心を持っています。近代化は、良い意味でのインターナショナルな考え方とその成果としての解決策を生んだわけですが、一方で「プレイスレスネス」、場所の喪失という問題が起きてきました。近代化の過程において文化的な累積はどう生かされているのだろうか。

具体的な話をしますと、日本の建築に近代をもたらしたジョサイア・コンドルにとって日本とはどういう問題だったのだろうかという興味が一つ。もう一つは、ぼくが個人的に好きな小川治兵衛という庭師がいるのですが、彼は琵琶湖疎水という日本の近代化のプロセスである産業のためのインフラストラクチャーを、庭づくりという文化のための道具に転用した。そのことに興味があります。さらに言えば、小川治兵衛がつくったような日本庭園が、日本の近代化を進めた人たちの実は本音だったのではないかと思うのです。

平良　建築家も含めて、それが本音だったということですか？

鈴木博之（すずき・ひろゆき）氏／1945年５月、東京生まれ。1968年東京大学工学部建築学科卒業。1974～75年ロンドン大学コートゥールド美術史研究所留学（英国政府給費留学生）。1990年から東京大学教授。

鈴木　いや、政治家あるいは資本家ですね。富国強兵、殖産興業をめざして、彼らのオフィスや生産施設はインターナショナルになっていきましたが、結局彼らが最終的にアイデンティティを見出したのは和風の庭だったのではないか。

小川治兵衛が最初に腕を発揮する機会を与えたのは山県有朋であり、京都につくった「無隣庵」が疎水の水を使った彼の造園の始まりです。その後、次々と庭園をつくっていくわけですが、東京都内につくった大きなものとして、今は国際文化会館になっている鳥居坂の岩崎小弥太邸の庭、もう一つは桜新町に消化薬で財をなした長尾欣哉という人の庭があります。山県有朋は功罪相半ばしますが、日本の近代をスタートさせた人です。そしてそれが終わるのが第二次世界大戦の敗戦であり、近衛文麿は軽井沢にいたところをGHQに呼び出されて、巣鴨刑務所へ入れられるのを拒否して自殺してしまうわけです。東京へ戻った彼は、自分の家ではなく、長尾欣哉邸へ行っているんです。そして夜になって家に帰り自殺するのですが、彼の末期の目に映った最後の庭というのは小川治兵衛の庭ということになる。ですから山県有朋に始まり近衛文麿で終わる「戦前」の証人として、小川治兵衛の庭があったわけです。そして戦後財閥解体が始まりますが、岩崎小弥太は解体に最後まで反対しました。彼は戦争で焼けた鳥居坂の屋敷の土蔵に寝泊まりしながらGHQとやり取りしていたのですが、そこの庭もやはり小川治兵衛の庭であった。

平良　それは敗戦で途切れるわけですね。そういう支配階級の文化は消滅する。

鈴木　そして、それに代わるものをついに持ち得ていないのが「今」ではないか、と思うのです。吉田茂や岸信介が少し真似したけれども、戦前のように自分が一番くつろぐことができる本音をそうした私的な大庭園に見出していた層というのはいなくなったし、そんな大邸宅を構える人も実際上いない。

論理的に考えるならば、そのあとそれに代わるものとしてパブリックな表現が共有されてしかるべきなんだろうけれども、それはついに生み出されていないのではないか。

さらに言うならば、戦後の日本は文化の表現を持っていないのではないか、というところにまで行ってしまうパースペクティヴを持っていると思うのです。これは、取りようによっては反動の権化みたいな発言に聞こえるかもしれませんが（笑）。

平良　戦後、文化が育たなかったという一番の原因は何でしょう。その根っこにあるものは？

鈴木　恐らく、戦前まではプライベートな世界の中に文化の表現があったと思うのです。今、われわれはパブリックな表現というものを追求すべきなんだろうけれども、パブリックという概念自体を持ち得ていない。

平良　それはパブリックな空間と言い換えても良いと思うのですが、それを追求するという課題が今日あるという点に関してはぼくも同感です。

鈴木さんは戦前には私的な形を取りながら文化というものがあったとおっしゃるわけですが、しかし戦前には国家主義的なものもありました。それは文化とは言わないということですか？

鈴木　ぼくは戦前においても、結局パブリックなものはなかったのではないかと思うのです。それは文明の表現としてはあったのかもしれませんが、文化ではなかった。

明治以降の日本の近代化は、西欧と肩を並べることができるような都市や建築をつくり、列強と対等になろうとしてがんばってきたけれども、たとえばパリの広場のようなものをぼくらは持ち得たかというと、建て前としては広場をつくったり銅像を建てたりということはあったけれども、結局本音はプライベートなところでしか文化を表現してこなかった。そのプライベートな世界が無くなったとき、本気でパブリックな文化を育て得たかというと、それもできなかったように思います。

平良　国定教科書がつくられたりしましたが、それは文化とは言わないまでも、国家的なイデオロギーの表明ですね。

鈴木　それはあくまでも建て前であった。それは文化ではなく、単なるイデオロギーのシステムでしかなかった。

平良　そうは言い切れないと思う。たとえば東京大学において建築学が研究され、建築史の伝統も形成されてきたわけですが、それも私的につくられてきた文化だということですか？

鈴木　システムとしての学問ですね。

平良　それは文化ではない？

鈴木　専門技術ですね。

平良　そうか。それはぼくと規定が違う。ぼくはそれは文化だと思うんですね。ただ、国家的なイデオロギーに強く影響されていて、そのためにパブリックなものが育たなかった。たとえば近代建築運動はさまざまな挫折をしますが、国家的なイデオロギーに対する対抗文化的な意味は持っていたと思うのです。それが戦後にいたるまで強力だったとは言えないかもしれないけれど、弱いながらも抵抗してきた。そして敗戦でもって一応区切りがつけられる。そういう解釈はできると思う。

鈴木　ただ国家的なイデオロギーの表明というのも、戦前の建物を調査すると、ほとんど金属回収にあっているんですね。都市の中の銅像の多くは金属回収され鋳潰されてしまうわけです。ですから、イデオロギーとしての強さも持っていない。すべてご都合主義なんです。

平良　そう言えないこともないけれども、国家が極端なイデオロギーに占拠されて戦争という暴走を始めた。戦争のために金属回収されたわけですね。

鈴木　ですからそれは、文化とはまったく縁もゆかりもない、政策の話なんです。

平良　それが敗戦で終わって、しかし、戦後のものは文化とは言えないと極論できるものでもないでしょう？

鈴木　ただ、今度は資本主義的な論理が前面に出てきたわけです。経済の論理、あるいは経済のイデオロギーは確かにあったけれども、結局、それにしかすぎなかった。

平良　そんな風に言い切って良いのかな？

鈴木　ぼくはそう思います。

平良　建築家たちがつくってきた作品が全部それに尽きるということではないでしょう？

鈴木　建築家やデザイナーは最大限の努力をし、あるいは最大限の夢を持ってつくろうとしているけれども、それはやはり経済という大きな枠の中の仕事でしかあり得ない、ということだと思うのです。
平良　それをさっきの庭の話と結びつけると……。
鈴木　日本の近代化の過程で、経済あるいは資本の論理、政治的イデオロギーを外に向けてつくり出していった人々が、一方で私的な内側でやったことが小川治兵衛の庭であるわけです。つまり、戦前において文化はプライベートな世界でしかなかったし、それも戦後は無くなってしまった。
　経済の果実といいますか、そういうものは何らかの形で文化表現になってしかるべきですが、ストックとしての都市をつくらなければいけないとか公共空間を豊かにしないといけないとか言われてきたけれども、結局そういうところには行かずに、戦後は表も裏も経済の論理で完結してしまった。そういう感じがします。

「文化」は個人からスタートする

平良　それは、鈴木さんは建築とか都市とか、フィジカルなものを研究対象にしてるせいなのかな。ぼくは、明治の文化と大正の文化、そして昭和と文化が変質していった。その中で、非常に弱かったけれど市民社会の動きがあったと思います。
鈴木　たとえば文学的な表現でいうと、平良さんはどういうものがそうだとお考えですか?
平良　ぼくは戦争中、たまたま家に有島武郎の全集がそろっていたものだから、読みふけった記憶があるんですよ。あれはブルジョア文学ですが、でも軍国主義とは違うものだし、明治の国家イデオロギーにも染まっていない。有島はクロポトキンに共鳴していたしね。有島に限らず、昭和になってそうした文学が弱くなっていったプロセスを見ると、日本の社会の中で胎動してきた市民社会という幻想、フィクションかもしれないけれど、それが結局軍国主義に勝つことができずに、抑圧された。そして戦争に突入して終わったということだと思う。
鈴木　たとえば谷崎潤一郎が描いた世界は、ある意味で小川治兵衛の庭に似ています。つまり、ブルジョアの私的世界ですね。『細雪』の中に平安神宮の枝垂れ桜を見るのを楽しみにしているという場面がありますが、谷崎はそれを一つの核にして抱え込むかたちでしか生き延びられずに小説を書き、戦後発表する。それは一つの文化の表現です。ぼくは、もう一つは永井荷風しかないいんじゃないかと思うのです。荷風はブルジョア的な枠組みの中で生きた人ですが、周囲を拒絶するという形で自分の場所を確保したわけです。すなわち、そういう私的全体性と言いますか、それをいかに守るかという形で戦前の日本は文化が存在していた。ぼくは市民社会について、よくわからないせいもあると思いますが……。

平良　戦後の動きは確かに経済社会に圧倒されてしまったということは言えるけれど、でもそのなかにもいろんな運動があったし、そんなに強力にはならなかったけれども、いくら弱くても文化があったと思います。建築家もその一環だったんですよ。

鈴木　築地小劇場が成立した現実的な条件を見ると、築地に籾山《もみやま》半三郎という大地主がいて、土地を貸してくれたんです。ところがあとで土地を返せということになって、築地小劇場はその問題をずーっと抱えていくのですが、地主のようなある種のプライベートな存在がいて築地小劇場は出現できた。あるいは、バウハウスで学んだ山脇巌の夫人・道子さんの回想記を読むと、山脇善五郎という下町の大地主がいて、お茶をやるような人だったらしいのですが、その人が娘婿夫婦である山脇巌たちを外国へ行かせてくれて、それが新しい文化を担いで帰って来るというような背景がある。それがぼくは面白いなあと思うんです。プロレタリア運動のようなものが一方である中で、リベラルな動きのバックグラウンドは別の世界にあった。つまり、文化の土壌というのはあくまでもプライベートなものなのではないか。文化というのは、国家的連帯でもなければ階級的連帯でもなくて、私的全体性の上に花開いていくという部分があるのかなあ、ということです。

これはニヒリスティックな見方ですけれど……。

平良　それは「プライベート」という言葉の定義の仕方にもよりますが、文化というのは確かに「個人」を媒介にして成り立っていますね。しかしまた集団を媒介にしても形成されるわけで、時代や社会がつくるともいえる。

鈴木　そうすると、明治国家のイデオロギーも、その中で出てくるプロレタリアート的なイデオロギーも、結局はあまりたいしたものではなかったのではないか。ウィリアム・モリスの研究家で、亡くなった小野二郎さんが面白いことを言っているのですが、世の中でイデオロギーと言われるものは趣味であって、趣味と言われるものが実はイデオロギーである、と。たとえば国際政治学者が浪花節が好きだと言ったら、浪花節がイデオロギーであり、政治学というのは彼にとって趣味だ。つまり、いわゆる文化表現と言われるものはほとんど趣味だ、要するに格好なんだということを言っているのですが、ぼくはそれをときどき思い出します。

平良　好みはイデオロギーではないけれど、そういうものを媒介にして社会的な情勢をつくりあげてしまうのがイデオロギーですね。ですから戦後のイデオロギーを資本主義経済だけにしてしまうと、これは見通しが悪くなる。それだけではないという視点が必要ですが、鈴木さんはそれがプライベートなところにあると言うわけですね。「プライベート」と言うと、個人的とか、あるいは個人を中心にした趣味の共同体……。

鈴木　そう言うとなんか手垢の付いた感じになってしまって、どっちに転んでも反動の権化になってしまう。僕は、それとは違うつもりなんですけれど（笑）。

平良　何か上手い表現はありませんか。

鈴木　私的全体性におけるつながりというようなものを形成していくと、それがどこかで公共性という概念とつながるのではないか、という感じがするんです。

平良　文化というのは私的な領域から始まるけれども、それが資本とか国家に対して対抗軸をつくりながら、公共空間をつくる。パブリックアートもそういう条件の中で生まれてくるのかもしれませんね。国土計画や都市計画というようなパブリックな計画も含めて、もともとは個人からスタートする、ということは良くわかります。

「共有される空間」を生み出す「種」とは

鈴木　ただ、パブリックな空間というのは圧倒的にヨーロッパの伝統なのではないかと思うのです。単純化して言うとパブリック空間の形成の仕方には二つあって、一つはヨーロッパの系統で、ロンドンなんていうのは地主が自分で何々スクエアというのをつくっちゃうわけです。イタリアの広場や都市空間というのも領主がつくった。フランスの場合は王制があって、革命を経ることによって公共概念の読み換えが行われ、強固なパブリック概念が形成された。

それに比べるとアメリカというのは公共的空間は圧倒的に弱い国なのではないかと思います。人によってはヨーロッパ的な概念での公共空間はアメリカにはない、アメリカというのは基本的に個々バラバラなものがあるだけだという言い方をする人もいます。たとえば、アメリカの西海岸は都市というよりは自動車のネットワークが網の目のように広がっている。東海岸の都市においても、本当の意味での都市空間というのは意外に少ないのではないでしょうか。ワシントンのモールは公共空間かもしれませんが、あとはアメリカにあるのは道路だけという感じがする。だから逆に、高層ビルの足元のデザインをいろいろやるわけですが、果たしてそれが本当に都市空間なのかどうか、よくわからない。

そして、日本の戦後の公共空間のつくり方は圧倒的にアメリカ型だったということが、実は問題なんじゃないかという気がするのです。

この先、イデオロギーとしても、技術的な面でも、われわれはアメリカ型のやり方では本当の意味での公共空間をつくれるとは思えない、という感じがします。

平良　戦後、多くの建築家たちが受けたアメリカン・ショックは大きいんですよ。日比谷の図書館へアメリカの雑誌を見に行っていた建築家がたくさんいます。戦後の日本は、アメリカの『フォーラム』や『ハウス・ビューティフル』に載っていた大きなスケールの住宅のコアシステムを、たかだか二十坪足らずの小住宅に強引に当てはめていた。日本の建築家たちはアメリカのやり方を必死になって吸収したんです。これも象徴的なことですが、日本の建築家はみんな、そういう傷を負っているような気がします。

鈴木　今、ふと思い出しましたが、村野藤吾さんが設計した「そごう」ビルが有楽町にできたとき、公共性がないという批判があって大騒動になったわけですが、あれもアメリカ的なビルの足元という概念が先行していて、それに対してあのビルは、というような見方があったのではないか。

たとえば、アメリカの都市には「ボストン・コモン」というような原っぱはあるけれど、本当の意味での「スクエア」はない。アメリカ的な広場は、町の中に原っぱに近いような荒野の断片みたいなものを持ってくるわけです。ですから、アメリカに公共空間がないとは言わないけれども、それとヨーロッパ的な公共空間というのはまったく違うものではないか。丹下先生の新東京都庁舎は足元に広場をつくっていますが、あれも都市的な広場というよりは、ビルの足回り、アメリカ的なものではないかという気がしますし、それすらない建物もたくさんあるわけです。

平良　フランスはどうですか。

鈴木　フランスの都市の中心部に公共的な空間が割に多いのはフランス革命の結果です。修道院や貴族の土地を没収したものが、今、公共の財産になっているわけです。

日本にとって、これからどういう公共概念があり得るのか、それはアメリカ型でも、イタリアでもフランス型でもないのではないか。その辺をゆっくり考えていかないと、広場の格好や、そこに置く彫刻とかいうことだけで解決のつくものではないような気がするのです。公園についても、日本で本当に良い公園というのは江戸時代の遺産です。岡山の後楽園にしても、熊本の水前寺公園にしても、東京の六義園にしてもそうですね。だいたい城跡が良い城祉公園になっている。その町で一番良い公園はだいたいお城の跡だったりするんですね。

最近いろいろな町で、昔の屋敷の庭を復元・整備して、そこに数寄屋風にしたり現代風にした建物をそれらしくつくって、公園にしていますね。何か「種」がある公園というのは良い公園になっている例が多い。「種」無しで、初めから全部造園して、それが根付くには何かが足りない。

逆に言うと、今挙げたような日本で成功している公園というのは、プライベートな世界に参入できた喜びを共有している、というようなことなのかもしれませんね。

平良　近代以前の遺産を媒体にしてデザイン上はいろいろできると思うけれど、それがパブリックな意味を持ってつくられるかどうかが問題ですね。

町並み保存も近代以前の「種」を媒介にしている。その「種」というのはある人格と結びついてできたものですね。そういうものがいろんなつながりを持つことによって、パブリックなものになる可能性がある。

鈴木　昭和初期の建物が今まさに存亡の危機に面していますが、保存のために何億も使うのは無駄遣いだと思う人がいるかもしれないけれど、公園とか道路にはそれとはケタ違いの額の事業費が投入されているわけです。地方のお金持ちの屋敷を核にした公園をつくるとか、銀行の支店が街角に建っていたらそれを核にして町並み整備をするとか、道路整備や都市整備の視点で考えればいいんです。それを上手くつなげていけば、その「種」がまた「葉」を繁らせていくということになるのではないでしょうか。

平良　保存のためだけではなくて、保存したものが「核」になって新しい意味が発生してくるというふうにとらえれば良いわけですね。

鈴木　今まで個人が支えてきたものが公共に渡されて、それをみんなが共有する。それを「パブリック」と言って良いのかどうかわかりませんが、新しい「共有される空間」が生まれてくる可能性がそこにあると思う。

平良　戦後のモダニズム建築もそういう場面で新しい展開、意味を含んでくるのではないでしょうか。

鈴木　ぼくは、戦後のモダニズムは下手をすると袋小路の試みで終わってしまう危険性があるんじゃないかと思う。別の発想が出てきて初めて、有効な部分が見えてくるのかもしれませんが、明治以降の公共的なデザインは本当に日本に根付いたのだろうか、それが「核」として使えるものだろうか、というような疑問を感じたりもしますね。

平良　今は近代以前のものを町並みづくりの媒介にしているけれども、戦後のモダニズム建築もそういう場面で使えると良いですね。近代以前のものと共存、併存できるようにしないといけない。

鈴木　たとえば、今保存問題が起きている神奈川県立近代美術館は鶴岡八幡宮の境内にあるわけです。鶴岡八幡宮の側からすれば近代美術館をどけた方が境内としてきちっと整備できるけれども、神奈川県立近代美術館はそれはそれで重要な建築です。それらをコンプレックスとして、どうしたら全体として良いものにしていくことができるか、という一つの試金石ですね。今のところ、基本的に残す方向で検討していこうということのようですが、正直に言えば、あそこにあんな近代建築を建てちゃったのはちょっと軽率だったなという気もしますよね（笑）。

しかし、それを前提にして次を考えていかなければいけないと思うのです。あれは軽率だったから、と言って壊してしまうのでは、また全部ご破算、ゼロからの出発になってしまう。できるだけそういうものを大事にしていかないと、本当の意味でつながっていかないわけです。この建物のここが気にくわないというところは、みんなあるわけですから、欠点を全部挙げて建て直すのでは蓄積が無くなってしまう。

平良　磯崎新さんの旧「大分県立大分図書館」が保存・再生されて、大分市の「アートプラザ」として使われることになりましたが、鈴木さんが書かれた新聞記事が一つのきっかけになったようですね。

鈴木　地元で保存運動を熱心にやっているグループがあって、それぞれ手分けをしてできることをやろうという感じでした。それぞれの地域で一つ一つの建物にコミットして保存を熱心にやっていらっしゃる方がいるわけです。そういう人たちがいなければ出来ません。端から見ると無責任だと言われるかもしれないけれど、ぼくらにできることはこれは大事だとか、こうではないかという意見を示すことであって、そこである方向が見えてくれれば、またそれぞれの段階で熱心な地元の方々がそれを進めて行くということだろうと思う。

これは「種」になるから大事だと言うだけで無責任じゃないかということは本人が一番感じているわけですけれど、しかし、「言う」ということはやはり大変なことなんですね。ときどき、「お前はこう言ったけれども、壊されちゃったじゃないか」というようなことを言う人もいるけれども、勝ちそうだから言うとか、負けそうだから言ってもしようがないというわけにはいかないのです。やはり、本来はこうであるべきではないか、と言うべきことは言う必要がある。それが何かを変えるきっかけになるかもしれないし、きっかけになったからといってそれが自分のおかげだということはない。それぞれの局面において、それぞれの立場にいる人ができることをやる、そういうことだと思うんです。

「公共性」を支える土壌

平良　最初の話に戻りますが、明治時代の政治家であれ、経済人であれ、みんな似たような庭をつくったのはなぜでしょう?

鈴木　そこに何か、日本人の原風景があるのではないでしょうか。やはり和様折衷なんだと思うんです。大名庭園とは明らかに違っていて、芝生があって、園遊会ができる。そして滝をつくるための水がなければいけない。そういう意味では大名の回遊式に近いけれども、プラス芝庭。

平良　それと農村的な景観を取り入れますね。

鈴木　それは二つ理由があると思うんです。一つは、山県有朋がその典型的ですが、那須に農場を持っていて、小田原にも別荘をつくるわけですけれども、彼はやはり地主様になりたかった。益田孝なんかにもそういうところがあったかもしれないけれども、彼の湘南の別荘はイギリス的なカントリー・ジェントルマンのスタイルですね。ライフスタイルにおいても和様折衷した思想というのがあって、世が世ならば大名だという意識と、文明開化の時代におけるカントリー・ジェントルマンのライフスタイル、その二つの理想があったのではないか。

誰かが面白いことを言っていましたが、日本では横丁の隠居のところに長屋の店子が意見を聞きに行く。それは一つの日本の賢人の理想であったわけですが、横丁の隠居というのを英語に訳すとカントリー・ジェントルマンだと言うんです。日本人は横丁に相談に行くけれども、イギリス人はカントリーに行く。

平良　地主は搾り取るだけの存在ではなく、文化をリードする役割を果たしていた。今でもその雰囲気を残している地域では地主の子孫たちが公共的な仕事に就いていて、そういう意識を持ち続けているということがありますね。それを公共の意識と言うかどうかは問題があるけれども、戦前は地主階級の価値意識がそれに類するもののベースになっていた。だから、パブリックと言うより、明治に誕生した新しい支配層が共有した文化と言えるのでしょう。

鈴木さんは、明治以降、日本には文化が育たなかったとおっしゃるわけですが、その場合の「文化」というのは何をさして言っているのですか。

鈴木　本当の意味で共有するものは何だろう、ということです。

平良　コモンセンスみたいなものですか?

鈴木　もうちょっと具体的なアクティビティなんだと思うのです。それは時代とともにあって、だんだん変わって行くんだろうなという気がする。たとえば、ぼくらが子供のころは、夕方ラジオで浪花節を聞くのが本当に好きというオジサンがいっぱいいましたが、それももう死に絶えましたね。歌舞伎だって、今、歌舞伎が好きだというのはだいたいスノビズムですね。

平良　今日の文化状況は複雑になっている。

鈴木　たとえばウォークマンというのはすごく個人的な世界ですね。カラオケというのも仲間と一緒に歌っているけれども、パブリックな文化ではない。今、パブリックな文化というのがあるんだろうか。庭というのはプライベートな文化そのものですが、それもなくなり、非常に断片化した文化しかないような気がします。

平良　建築文化も共有されていない、ということ?

鈴木　「オタク」の世界ですね（笑）。

たとえば、歌舞伎であの役者が良かったという会話が成り立つのは、そこに一つの文化があるからです。しかし、公共的な空間について普通の人がそういう会話をする土壌はまったくありませんね。あそこに新しい店ができたねとか、どこが今賑わっているという会話はあるけれど、都市の公共性というような問題や、あるいは空間には表現があるというような話にはなかなかいかない。最近では京都駅ビル騒ぎは興味深かったし、ああいう論争がもっといいかたちで展開していくと面白いと思うんです。

京都駅ビルについて言うと、原広司さんの建築の世界の中では大成功しているんだけれど、パブリックであるべきものが不発だったのではないかという批判があって、それは京都の町を変える、あるいは都市に対して開くというプログラムにはなっていなかったから可哀想なんじゃないかという気はします。

平良　槇文彦さんの代官山ヒルサイドにはパブリックな空間の芽生えがありますね。小さい地区の中でつくりあげた大変興味ある仕事で、建築家と地主の共同作業ですね。地主がしっかりしていればああいうことができる。あちこちにああいうものができると良いと思うんだけれど。

鈴木　工場跡地くらいの面積があれば本来はできるはずなんですが、地主が存在しないとただの敷地でしかないから、良いものができないんですね。たとえばその敷地を区とか市が持っている場合も、それは地主ではなくて単なる所有主体にしか過ぎない。

平良　鈴木さんは「プライベート」という言い方をしたけれど、個人と個人、そういう人格の関係、つながりがパブリックをつくり出すんですね。

鈴木　そういう可能性はありますね。よく、都市は誰も所有していない、みんな都市に属しているんだ、それがパブリックという概念につながっているという言い方をしますが、実はそうではないのではないか。ロンドンも、地主が大勢いたからあのロンドンという町ができたわけだし、やはり具体的に誰が所有しているのかをもっと大事にしないといけないという気がしますね。

ストック型の都市とは？

平良　イギリスは今、ある意味で元気が良いようですね。

鈴木　一つには、イギリスは富くじ制度を導入して、宝くじの売上の半分を公共建築につぎ込むことにしたのです。つまり、資金の五〇パーセントを自前で集めれば、あとの五〇パーセントは補助がつくということです。新しいスタジアムをつくったり、テート・ギャラリーの改装やビクトリア・アンド・アルバート美術館の増築もその制度を導入することでやっている。富くじのお金だから社会文化の向上のために使おうと、公共建築投資に振り向ける。自分たち側の資金が上手く集まらないとできないし、かなり退廃的なやり方だなという気もしますが（笑）。

平良　それは英国らしいやり方ですね。地域計画や国土計画関連の本を見ると、今、イギリスは地方に人口が集まっていて分散化を始めているとか……。

鈴木　イギリスにとって今一番重要なのは、都市の人口密度をいかに上げるか、ということだそうです。十年くらい前にニュータウン政策をやめたのも、ニュータウンをつくるとますます都市から人口が減っていってしまうということがあったらしい。ですから、イギリスはまたもとの都市に戻そうということが重要な政策のようですね。

ただ、ロンドンの場合にはサッチャーがＧＬＣという都庁に当たる組織を解体したために、区に相当するところが計画を担当しているわけですが、総合計画がやりにくいというか、不在なんだという話を聞きました。地区計画はあるけれど、地域計画としての全体のバランスなり政策がなかなかつくれない。

平良　イギリスでは早くから土地を含めてナショナルトラスト制度が盛んで、それがアメリカのＮＰＯにも刺激を与えていますね。

鈴木　トラスト制度というのは、基本的には所有者が住み続けて、所有権と利用権を微妙に委託するわけですね。ある種の利用権は持ち続けることで、個人としての連続性というか「種」が残る、顔が残るというようなことなのかなあと思います。

平良　そうかもしれませんね。そこには人格が関係している。そうじゃないと歴史的な連続性がなくなる。

鈴木　個人でなくても、工場が敷地を売り払ってしまって全面再開発をするのと、恵比寿ガーデンプレイスのようにそこを持っていた企業が居続けるという意味の差は割と大きい。これも、保守反動的な考えに響きますね（笑）。所有権と利用権をある意味で分離して、所有し続けるけれども利用権はほかへ渡してしまうとか、あるいはその逆であるとか、そういう考え方を上手く取り入れていくと、何かができるかもしれません。

平良　その土地に培ってきたつながりや関係を断絶させないということですね。

鈴木　物理的に目に見えるものとしての「種」があれば、それは大事にするべきだし、目に見えないものとしての所有権とか利用権についても何らかの連続性あるいは継承性を大事にするという発想ですね。それは一見、社会を固定化させたり保守的に見えるかもしれないし、個人的あるいは私的な性格を強調する発言に聞こえるかもしれませんが、そういう中からひょっとした共有されるべき公的な何かが生まれてくるのかもしれません。一挙に公共空間、公共施設と言ったときに、逆に誰のものでもないものになってしまうということが多すぎると思うのです。

昨年（一九九七）十二月に行われた地球温暖化防止京都会議で、日本建築学会は新しく建設するときにCO_2の排出量を三〇パーセント削減し、建物の寿命を三倍にすればある程度の数値目標に達することができるという報告をしました。今年はその裏付けをするためのデータを揃えたり、そのための具体的なステップを提言していくことになっているのですが、それにしても建設というのはものすごいエネルギーを消費するわけです。エコロジカルに考えた建築とか、トータルライフサイクルの中で考えた省エネルギー建築とか言いますけれども、結局一番良いのは建てないことだ、ということになる（笑）。ですからストックを出来るだけ使い続けることが重要ですが、これは言うは易く、なかなか難しいことです。

平良　新しい建築をまったく建てないというわけにはいかないけれど、既存のストックを大事にしていかないとだめですね。しかし、それだけではあまり楽しい感じにならないね。元気が出ません。

鈴木　新しい建物や新しい空間が出来るということは心ときめくことですけれども、本来はおじいさんの代からの建物が使われ続けていたり、昔からの通りがみすぼらしくもなく、いきいきしているとか、昔からの街角が変わらずにあってなおかつ輝いている、という必要がありますね。新しい建築はもう建てるなというと、なんだかしょぼしょぼした話になってしまうけれど、その辺のことをもう少し考えていってもいいですね。

平良　そうですね。町というのは少しぐしゃぐしゃしていた方が面白い。ヨーロッパの町を歩いていて面白いのは、古いものと新しいものが重層しているからですね。

戦後、ヨーロッパは建物がまったく建たないという時期がありました。日本はバタバタと壊してはつくるから、世界がうらやましがっている、といわれたことがある。

鈴木　それで経済は回っていると言えるのかもしれないけれど、いつまでたっても普請中、という感じもしますね。

これからの日本の都市はストック型にしていかなければいけない、とよく言われるわけですが、そう言っている人たちの意見を聞いてみると、今ある建物をストック型に建て替えなければいけない、そうすれば建設投資が喚起できるという、結局何を言っているのかわからないレポートだったりすることがあります（笑）。「ストック型」というのは、今ある建物は多少よれよれかもしれないけれど、それが存在していることを前提にして考えられるところまで考えてみる、という発想ではないでしょうか。あらゆるものが新しい公共性を生み出す「種」になり得る、ということだと思います。

平良　鈴木さんの言う「種」は近代以前的なもの、近代的なもの、さらには未来的な試みも含めて考えないと、どうしても保守的になりやすい面があるわけで、心しなければなりません。歴史は運動と過程なのですから。

第十二章

都市経営の戦略

対談者／陣内秀信（『造景19』一九九九年二月）

陣内秀信（じんない・ひでのぶ）氏／1947年福岡県生まれ。1973〜75年イタリア政府給費留学生としてヴェネツィア建築大学に留学。東京大学大学院工学系研究科修了。工学博士。東京大学工学部助手を経て、現在、法政大学工学部建築学科教授をつとめる。

「人が住む街」を目指した イタリアの都市再生

平良　『造景』別冊第1号として、陣内さんに監修をお願いした『イタリアの都市再生』がこのほど出版されました（責任編集／パオラ・ファリーニ+植田暁）。それを読んでいたら、イタリアでも歴史的中心地区は一時衰退して、ほとんど消えかかっていたところもあったそうですね。

陣内さんは巻頭論文で、日本とイタリアはよく似ていると書いていますが、それはどういうことですか？

陣内　たとえば、一九五〇年代、六〇年代、ミラノは華やかな近代デザインのメッカで、日本の建築家も勉強や仕事をしにミラノに行っていました。当時のイタリアは、ミラノのような都市では近代化がある成果を生みましたが、中心部が近代化したためにそこに住んでいた人たちが郊外に引っ越ししてしまうというように、ネガティヴに働いたところもありました。中心市街地は業務空間化する一方で、自然をどんどん食いつぶして郊外にパブリックハウジングをつくっていったわけです。その仕組みはそれはそれでうまくできていて、イタリアでは農地並み価格で取得した田園にニュータウンをつくるというシステムが評価された時期もありました。城壁の内側の歴史的街区はかなりの広がりがあって、その大半はかつて住宅地だったわけですが、老朽化して見向きもされなくなり、資力のない人たちが残ってしまいました。街の中には職人をはじめ、ものを生産している人たちがたくさんいて、それがイタリアのものづくりのスピリットを支えていたし、コミュニティの重要なベースでもあったのですが、零細化して日が当たらなくなり、歴史街区の周辺部の魅力がダウンしていいました。同時に、一九六〇年代ごろから車社会になって、たとえばローマの真ん中にあるナボナ広場も、ナポリで一番立派な、十九世紀のネオクラシックの素晴らしい広場も、みんな駐車場になっていました。それはつい最近までそうだったのです。

平良　ぼくは『ＳＤ』を始める前の年、一九六四年の夏にイタリアを北から南までまわったことがありますが、古い都市の魅力に圧倒されました。六〇年代、日本でも「都市、都市」といっていましたが、それは具体性はあまりなくて、空想的な、幻想的なイメージを描いていたのです。

『イタリアの都市再生』を読むと、先進国は世界同時に、強弱はあっても近代化という同じパターンをとっ

ローマのナボナ広場

ていたわけですね。

陣内　イタリアの大きい転換点は一九七〇年前後でした。そのころ、ヨーロッパの先進国は経済的に落ち込み始め、近代化の行き詰まりを感じていたのです。若者がそれを一番最初に感じ、たとえば六八年にパリで五月革命が起こるわけですが、しだいにそれは社会全体の問題としてとらえられ、成長型の開発思考から大きく転換していきました。日本でも公害の問題や、環境破壊が認識され始めたのはこの頃ですが、都市のトータルな開発モデルや都市のあり方の問題までは行きませんでした。

平良　イタリアでは？

陣内　たとえばインダストリアル・デザインの世界では、五〇年代、六〇年代にオリベッティをはじめミラノを中心に意欲的なデザインが出てきて、世界にアピールしました。ところが、ものづくりの背景である社会が矛盾だらけになってきて、六八年の文化的な状況の中でデザイナーたちは議論を繰り返して反デザインというところまで行ったわけです。そしてデザインのあり方を根本的に変えていって、八〇年代に入るころからまたぐーっと盛り上がってきて、歴史的な感性や自然を大切にした、夢のある、イタリアらしいクリエイティヴなデザインが出てきました。

平良　日本ではそのころ、都市問題はそれほど議論されていなかったように思います。

陣内　確かに、どちらに向いて議論をしたらいいのか見えない状況ではあったけれど、近代化一本槍の都市計画、都市づくりはおかしいということでデザインサーベイをやったり、あるいは日本のアーバンデザインのモチーフを探そうとした伊藤鄭爾さん（第九章）たちの「都市のデザイン」などがありました。

平良　あれは六〇年代から始まっていましたね。

陣内　そうですね。ただ、文化や社会の状況にヴィヴィッドに対応した具体的な都市計画やものづくりには行かず、むしろ批判というか、宇井純さん（沖縄大学教授）たちがやっていた公害問題などのほうへ行った。七三年にオイルショックが起こり、このまま成長が続くとはいえないという反省の時期に入って、都市計画の人たちはものを言えなくなったわけです。

平良　「開発」に対して批判が起こり、何もするなということになってしまった。

陣内　市民の発言力が強くなって、環境派が力を持ち、建築家は都市に対して発言しなくなりました。その最大の理由の一つは、既存の都市に対して、どう理解し、どう計画したらよいかという考え方、方法論がなかったからです。大谷幸夫先生（第十五章）はそうした問題に早くから注目されて、たとえば既存の都市の中で町家が持っている器としての価値を、個体が集合し環境としてもうまくできていると評価されていましたが、一般には既存の都市空間が持つ価値を判断する目を持っていませんでした。

「開発」がネガティヴなものとして受け取られ、どうしたらいいかというプログラムの提案ができない状況のなかで、問題点をちょっとずらしたかたちで町並み保存、伝統的建造物保存、景観の問題が出てきました。たとえば芦原義信先生（東大名誉教授）は『街並みの美学』（岩波書店）という著書の中で、都市にも近代主義ではない街並みが重要だと指摘されました。それは美意識として重要な認識を提示されたと思いますが、しかし、都市全体の開発の仕方や計画のあり方を論じる視点はいまだにないわけです。

平良　ぼくが初めてヨーロッパに行ったときに感じたのは、ヨーロッパは石の文化だということです。石の文化というのはやはり堅いですね。それに対して日本は木の文化で、日本の都市は何度も焼けて灰塵に帰しては復興してきた。そのせいで、ヨーロッパの都市のような核というか、骨組みがないように見えるわけです。日本とイタリアは大きくは同じ問題を抱えているのだろうけれど、日本は都市計画もアーバンデザインも、なかなか手がかりがつかみにくいという点では、だいぶ違いがありますね。

陣内　日本の都市というのは特別意識しない空気のような存在で、ないと困るけれど、といって姿が見えているわけではない。はっきりと認識していないから、クリティカルなことも出てこない。たとえば、経済や政治、文学を勉強するために留学した人たちが、イタリアに来て初めて都市というものを感じた、というわけです。建築を勉強しているぼくたちでも、都市とはこういうものかと実感するような、身震いするくらいカッコいい空間があったり、実体があるんです。

平良　物質的な形として明瞭にあるわけですね。

陣内　これはゴシック、これはルネッサンスというように、人間がそこに培ってきた歴史の発展過程、建築的な流れ、文化の流れが目の前に見えていますから、現代にのみ目を向けて考えるのはむしろナンセンスであるという感覚が染みついて、都市についての発想もタイムスパンが長くなりますね。しかし、そうはいってもイタリアも、歴史を重視しないで近代建築、近代都市の可能性にずいぶんシフトしていた時期があったのです。

ぼくは、一九七六年の終わりごろイタリアから東京に戻ってきたのですが、見えない東京をなんとか見えるようにしたいということで、「東京のまち研究会」を始めました。複雑な要素が多くて、見えない東京を調査して、それがわかるように描き出すという仕事をやってみて、それなりに面白いと思いました。

「盛り場」は外国語に翻訳不可能

平良　陣内さんは子供の時から東京ですか?

陣内　生まれは北九州市で、二歳から東京です。そして一九五〇年代の終わりごろ、つまり高度成長に入ったころから親父の転勤で仙台、福岡と回って東京に戻ってきたら、風景が一変していました。ぼくが住んでいたころの阿佐ヶ谷辺りにはまだ武蔵野の風景が残っていましたが、それが完全に失われたことに子供なりにショックを受けて、最初からやや近代化批判というスタンスになってしまったかもしれません。

平良　ぼくも東京は六歳からですが、まだ田圃が広がっているところに住宅地がポンポンとあって、東京といっても田舎育ちでした。ぼくの東京というイメージは、親父に連れられて浅草に映画を見に行って、こういうのが街なんだと。やはりヨーロッパの都市のようなストラクチャーというのはあまり感じられない。

陣内　雰囲気なんですね。

平良　そう。社会学者も文化人類学者も、日本の盛り場というのは魅力があるといっていますね。それもわかるような気もするんだけれども、そこに群がってくる人たちが感じているのは雰囲気だろうと思うんです。

陣内　最近、岩波の企画で日本の近代の特質は何かという『近代日本文化論』と題したシリーズがあり、その中でぼくは都市文化について東京を中心に取り上げて、まさに平良さんがおっしゃったようなことを書きました。結局、われわれが都市と感じているのは、盛り場のような、遊びの空間ですね。そういう場に出会いがあったり、文化発信したり、ある種の公共性やさまざまな機能があって、それをたぶん日本人は都市と感じている。だけど、そこには人が住んでないところがヨーロッパの都市と異なります。

平良　ディズニーランドとはちょっと違うかもしれないけれども、日常生活とは異なる遊びの空間ですね。

陣内　それも、人が集まる象徴的な中心があるわけではなく、いろんなものが多様に組み合わされてうごめいている「流れ」です。しかも商業空間だから時代と共にめまぐるしく変わる。ヨーロッパの都市は、歴史性をとどめているところに象徴性があり、人々はそこに引きつけられアイデンティティを感じている。中心にモニュメンタリティ、永遠性を求めるわけです。イメージが動かないから安定していて、都市の骨格ができる。それに対して、日本の盛り場は盛り場ゆえにめまぐるしく変わることが特徴で、持続性がない。

平良　イタリアの都市に盛り場はないのですか？

陣内　実は「盛り場」という言葉は翻訳不可能なんです。英語にも、フランス語にも、イタリア語にもないし、中国語にもならないそうです。中国には似た空間があることはあるんですけれど。

平良　パリの下町は盛り場とはいわないわけですね。

陣内　歓楽街はありますが、しかしそれは外国人や観光客向けであって、住民が日常的に行く場ではありません。

先日、熊本で日本ファッション協会主催のシンポジウムがあったのですが、熊本はお城にわりと近いところに盛り場があって、人口一人当たりの飲み屋の数が日本で一番多いと地元の人が自慢していましたけれど、日本はどんな街に行っても盛り場がありますね。住宅地区、コミュニティは別の所に広がっていって、都心はビジネス空間と盛り場だけになってしまう。

平良　どうも日本というのは特殊ですね。

陣内　日本の都市史をやっている仲間と話をすると、

充実感を感じながら活き活きと都市に住むというようような文化は江戸時代にもなかったのではないかというんですね。そう考えてしまうと絶望的だから、ぼくは、江戸時代にはあったのではないか、といっているのですが。

平良　あったとすればどういうところですか?

陣内　江戸時代の庶民は長屋住まいでしたが、周りにオープンスペースや水辺など開放感のあるところが結構あった。何よりも縁日や催し物が多く、ハレの時間と空間があちこちにあって、都市に住むという面白さが充満していたのではないか。コンパクトにできていた昔の日本の都市はそういう感覚をみんな持っていたし、それが日本の都市像だと思うのです。「場」というか「界隈」、そういう活気があって、住む面白さがあったと思うのです。

平良　イタリアの都市との違いはどういうところですか?

陣内　ぼくは九一年にヴェネツィアにもう一度戻って、そのときはサン・マルコ広場の裏側に一年間住みました。いわゆる観光ゾーンですが、あんな街のど真ん中でも生活感が結構あるんですね。パン屋、食料品屋、洗濯屋、新聞屋……。

平良　その人たちはそこに住んでいるのですか?

陣内　商売をやっている人たちはたいてい通ってきていますが、近くに住んでいる人もいます。店舗の上はみんな住宅ですから、洗濯物が干してあったり、朝なんか下着姿のおばちゃんがいたりする。そういう生活感があるんです。そしてイベントが多い。季節ごとのお祭りや宗教と結びついた伝統的なイベントもあるけれど、展覧会とか、誰かが本を出すとそのお披露目のシンポジウムとか……。都市に住んでいる晴れがましさ、面白さ、人と人を結びつける仕掛けや場所がたくさんあります。都市の主役を担っている人たちの中には、職人もいるし、学校の先生、ゴンドラこぎ、建築家、弁護士、医者もいる。大組織の一員としてではなく、個人としてネットワークがつながっているんですね。場があり、催し物があり、そして適切な規模でそれが動いている。意外と誤解されているのは、イタリア人は古い物ばかり守る社会ではないかと。ところがまったく逆で、新しもの好きで、新しいものをどんどん取り込んでいく。器は古いのですが、中でやっているとはかなり新しいんです。

もう一つ日本と違うのは、日本の都市はもともと見えなかったし、第三次産業化や情報化、金融化がますます進んでいるけれど、たとえばミラノにはものづくりのスピリットがまだ残っているんですね。ファッションでミラノ・コレクションが台頭してきたのは、それを支える職人が周りにたくさんいるからです。布をつくり、染色し、裁縫する縫子がいるというように、生産地がそろっているのでコレクションとしては強いわけです。そういう触ったり感じることができるリアルな歴史がある。そこでは歴史というのは何かをつくり、考えるための素材なんですね。彼らは実に歴史を「使って」いる。たぶん、ルネッサンス時代にも古代をうまく活用したし、十八世紀にも活用した。そして今はもっと自由な立場で、すべての歴史を自分たちのプログラムに組み込むことができるような、柔らかい歴史認識があると思うのです。そういう中で物をつくりますから、ファンタジーが生まれるわけです。日本はヴァーチャルなほうにどんどん行ってしまって、発想もコンピュータに振り回されていますね。

人の生き方、企業の生き方、そして「都市の生き方」がある

平良　歴史を活用するといっても、実体が出てこないんだね。日本には物質文化を変に軽んずる思想が、どうもえんえんとあるような気がします。精神文化も確かにつくり上げたものではあるけれど、物質文化も人がそれと格闘してつくり上げた、つかむことができる存在です。今度、職人大学ができるそうですが、日本にイタリアみたいなものづくりが復活するかどうか。

陣内　海外から来た人は日本の職人技術の高さが今も維持されていることに驚きます。確かに伝統工芸的に頑張っているという世界はまだあるけれど、しかし、しだいに社会的な需要は変わっていきます。たとえば料亭文化がなくなると、有田焼なども従来通りの生産を続けているだけではだめになる。技術と文化の担い手として、経済基盤や需要をつくっていかなければならないし、あるいは発想を変えて現代的な製品をつく

る技術を身につけないといけない。ところが日本はこれまでは企業国家でしたから、みんな下請け化してしまいました。消費者と生産者がじれったい関係になってしまって、ものづくりがある文化を生み出すということがなかったけれど、ヨーロッパ、とくにイタリアはそれがハッキリあるんです。ものをつくる仕組みが単純で、小さい母体でものをつくっている会社が多いから、新しいチャレンジができる。とくに今、北イタリアにそういう機運があり、日本の企業人たちもみんな注目しています。

平良　どんな分野でもそうですか？

陣内　世界に一番アピールしているのはファッションとか家具で、ベネトンはそうやって出てきた代表的な企業ですが、たとえば楽器の部品など地味な分野でも世界のシェアの半分を占めているとか、そういうところが多いようです。

平良　建築関連では？

陣内　中部イタリアにファエンツァという小さい街があります。床とか腰壁に使う伝統的なタイルや、有田焼のような焼物で定評のある有名な街ですが、それが企業家スピリットを発揮して工業製品化していきました。古い街の中には従来通りの小規模な工房があって、そこは伝統的な製品をちょっとモダンにしたようなものをつくっている。そして郊外には工場があって、そこは日本の建材メーカーが買い付けに行くような地場産業が起きているというように、伝統が現代に生きていて、ものすごくお金持ちの街になっています。

平良　日本だと東京中心で日本列島を征服しちゃう。

陣内　彼らは適正規模というものがあると考えているし、それに発祥の地から出ていかないんです。ベネトンは今、世界的に展開していますが、自分たちの発祥地であるトレヴィーゾという小さな街のさらに郊外に、悠々と環境に適応した、なかなか良いデザインの工場をつくって文化的なイメージを高めています。

平良　都市国家から連綿と続いている、自分たちの街という感覚があるんですね。

陣内　もう一つは、日本は戦後、全国の都市が東京をまねするという一律化、均一化が広がりましたが、イタリアはそれがないんですね。個人の生き方も、企業の生き方、都市の生き方もみんな同じだと思うのですが、日本は横並びになりたがる。隣の市と同じようなホールや美術館をつくるから個性が出ないし、ソフトも伴わない。大学教育も偏差値教育的な色合いが強いから個性化が難しい。企業もそうです。ところがイタリアの都市、たとえばヴェネツィア近郊のヴェネト地方には四つの中規模な街があって、パドヴァ、ヴィツェンツァ、ヴェローナ、トレヴィーゾ、みんな歴史的な個性も違うし、都市の形態も、産業も違う。経済的にもパワーがあるし、雇用の機会があって、建築家にしても弁護士にしてもそこで仕事が成り立って、わざわざミラノやローマに行く必要がないという自立した地域ができている。違いがあるからこそ、良いんですね。

平良　個人を越えた共同体という意識が強いのですか？

陣内　もちろん、イタリアもそう良いことばかりではなくて、ヨーロッパの社会は厳しいですから、足の引っ張り合いとか裏切りもあるし、自分を守り、主張しなければいけない。その中でもまれて公共性とか社会性をみんなが考えている。そうしないと社会の中で自分のポジションがなくなりますから、そういうかたちで公共性、文化への投資も行われているのだと思うのです。結局、個人を守ろうとするから、同族会社が多いわけですが、それは良い面と悪い面、表裏あって、今はそれがポジティヴに働いている。頑張って新しい企業をつくっていくというスピリットがある。もう一ついいのは、そういう人たちが責任感を持っていることですね。ただ経済活動をすれば良いというのではなくて、地域や都市としてのプライドとアイデンティティを強く感じている。それは、中世・ルネッサンスからずっと続いてきた都市の伝統だと思うのですが、都市貴族というのか、都市に責任を持って頑張って街をつくっていくという精神が培われています。

平良　日本にはそれがないんだよね。

陣内　江戸時代の各藩の都市にはあったと思うんです。

平良　だけど、明治の革命がダメにした。地域が持っていた生きる基盤から、伝統と持続する個性を引き離しちゃった。

行政は地域主義のサポートを

陣内　熊本のシンポジウムでは、今までの大企業中心主義ではなく、ものづくりの精神、企業家スピリットやクリエイティヴな感覚の若者を育てて、まちづくりにつないでいこうというムーブメントが感じられました。熊本出身で現在パリで活躍している田山淳朗というデザイナーが参加していたのですが、彼は高校を卒業するとすぐ東京でデザインの勉強をして、パリに渡った。熊本にときどき帰ってくるけれど、あまりにもミニ東京みたいになっている、と言っていました。でも彼はその東京を求めて出ていったわけで、その辺のジレンマは日本人が持つ近代化に対する矛盾ですね。

平良　ぼくらはみんなそうなんです。地域主義を主張するけれども、身体は東京から離れなくて、東京で雑誌をつくっている。

陣内　その先に行くためにはどうすればいいかという発想が必要だと思うのですが、彼は「熊本都市国家宣言」というすごく面白いことをいっていました。

平良　ぼくは沖縄出身ですが、沖縄はほかと違う政治状況を背負っているから、独立しようという意識が出ても当然だと思うのです。実際には独立の可能性は少ないけれど、その意欲を何とか適当なまとまりにつなげられないか。新しい都市の都市文化を各地につくる。本当の地域主義を定着させるという意味ではそういうことも必要だと思います。

陣内　熊本の会議には全国から参加者がありまして、桐生や足利の人も来ていました。ぼくは両方とも行ったことがあるので、彼らの悩みや考えていることがよくわかるのですが、地元の経済界の人たちは都市を越えてつながっているのだそうです。両市とも同じ問題を抱えているし、かつて藩の体制では文化エリアも、行政的な単位も一緒だったのに、近代になって間に線が引かれてしまった。今、行政はみんな中央を向いていますから、隣同士で連帯しようとは思わないで、中央を焦点にして放射状につながっているけれど、それは矛盾だというわけです。民間の経済人たちが文化的なイニシアティブをとって連帯していく、行政はむしろそれをサポートするというように発想を変えないと、地域主義は生まれないと思います。そうすれば小さい地域でもポテンシャルを持つことができる。日本でおかしいと思うのは、百万都市にして、そこになんでもそろえてしまおうというケチな根性です。十万都市でも隣の地域と役割分担すれば、十分やれるはずです。

平良　十万都市が横につながっていけば、いろんな交流ができる。中心に向かうのではなくて横につながる。それができれば小さい都市が生きるんです。

陣内　イタリアの場合は、ルネッサンス時代に国土全体でブロックの自立性が出来上がりました。ヴェネツィアを中心としたヴェネト地方、ミラノを中心としたミラノ公国、ナポリ中心のナポリ王国、フィレンツェのトスカーナ公国、そういうところが今はもっと小さな範囲でリアルなネットワークづくりをやっています。

日本にもかつてあったと思うのですが、今はそういう連携プレーがなかなかないですね。

平良　「県」という単位がじゃましているのではないですか？

陣内　中央省庁から補助金を取ってくる能力のある行政マンのいるところだけが発展するというのでは、県という意識から抜けられないですものね。

平良　イタリアにはそういう中央指向はないのですか？

陣内　いや、あります。ただ、中央の国家が頼りないですから（笑）。イタリアが国家として統一されたのは明治維新とほぼ一緒ですが、伝統的に地方が強いのです。たとえば、戦前は都市のマスタープランの承認も中央に持っていかなければならなかった。今は、最終的なオーソライズは国がしますが、福祉、教育、建設事業にしても基本的に州を中心に動いています。しかし、それは戦後、一九六〇年代の終わりごろからそういう方向に大きく踏み出したのであって、かつてはやはり中央集権だったんです。たとえば、本当に不思議なんですけれど、大学の教授、助教授、講師など教員採用審査は今でも国レベルでやっています。

平良　ローマで決まるわけですか？

陣内　そうです。イタリアでも改革しようという動きがありますが、中央集権的な遺物がまだ残っています。

平良　『イタリアの都市再生』の責任編集者である

パオラ・ファァリーニ女史はローマ大学の教授ですが、だからこういう本が可能だったのですか？

陣内　いえ、それはありません。彼女はたまたまローマ大学だっただけで、建築学部としては、ヴェネツィア建築大学は昔からブルーノ・ゼヴィや、ベネーヴォロ、アルド・ロッシが教えたり、常に新しい動きをしていて定評がありますし、ミラノ、ナポリ、フィレンツェ、それぞれ力を持っています。

日本の都市の良い点、損な点

平良　ところで、ヴェネツィアというのは不思議な街ですね。日本にもしヴェネツィアがあったら、とっくに運河どころか、もっと沖のほうまで埋め立てている……。

陣内　あるいは地下鉄を掘って、水の循環がおかしくなるとか。向こうの人は辛抱強いですね。よくいわれるように、ものを考えるスパンが長くて、「あわてず騒がず」です。冬場の十一月、十二月は満ち潮で水浸しになるというのを毎年繰り返しているけれど、あわてず騒がず……。アドリア海とラグーンの間に四百メートルほどの海峡が三ヵ所あるのですが、そこに水門をつくるという実験をして技術的にはＯＫが出ているんです。ところがそれはエコロジカルなシステムを崩すということと、お金がかかりすぎるということで、みんな、簡単にそれには乗らないんですね。日本だったらすぐやっていると思います。

平良　それがすごいと思うんだな。われわれが考えている「保存」という概念とは違うような気がする。不便なことも我慢して、守ってきているというのは、単なる保存の思想じゃない。

陣内　みんな、歴史的に生きる知恵を持っていると思います。大きい判断ができるんですね。日本人は短期間の目標を設定して、みんなでその気になってわーっと盛り上がってやるのが得意ですが、その目標は十年経つと意味をなくすことが多い。そのときに目標の立て直しをして、本当の意味でいい政策に変更するということが難しいわけです。だから、よかれと思ってやっていることが結果的には環境や歴史のストックを壊して、長い目で見たときには損をしているということを繰り返している。そういう意味では、日本はえらく損をしている不経済な国ですね。

平良　イタリアでは路面電車は？

陣内　かなりあります。ミラノ、ローマ……。あれはいいですね。熊本のシンポジウムでも、熊本に路面電車が走っていることをみんなが高く評価していました。カッコいいデザインの車両を走らせて、熊本の一つのシンボルにしているようですが、停車場や付帯設備もどんどんカッコよくデザイン化していくといいと思います。平良さんが最初におっしゃったように、都市が見えているということが重要なんですね。日本人は危機感を持たない国民で、それはパニックにならないという意味では良い面ですが、悪くいうと、見えてなくても不安感を持たない。だから盛り場や縁日みたいなところに都市を感じたり、都市全体がハッキリとしたイメージや形態を持たなくてもどうということはないから、いくらでもスプロールできちゃう。

平良　いつも雰囲気を楽しみながら、浮遊している。

イタリアのお祭りと日本のお祭りの違いはありますか？

陣内　そのことも岩波の原稿で書いたのですが、現代的な営みを先端で行っている大都市で、お祭りがこんなに活発に継承され、復活しているのは東京だけだと思います。不思議なんですけれど、歴史的な建物や環境はどんどん壊されてしまうけれど、人間が受け継いできたソフトな伝統はずいぶん残っているんですね。そういうところは日本は非常にポジティヴだと思います。

イタリアの都市計画家でベルナルド・セッキという人がいますが、彼も東京に大変関心を持っていて、学生を送り込んできて卒業論文で東京の研究をやらせたりしています。一人一人の人間が都市の中である自由を持ち、たとえば緑を育てて街に表情を与えるというようなことは日本人のほうが盛んなんです。ヨーロッパは空間が固定されているから、自分の自由にできるのはアパートの内部の空間くらいしかない。だからインテリアデザインが発達したわけですが、日本のように街路空間に植木鉢が並べられていたりして個人の表情が出ている、そういう空間は彼らにとって魅力があるようです。だから彼らは、谷中とか江古田みたいな何でもないような街に関心を持つんです。確かに、ああいう街を歩いているといると人間が暮らしているというリアリティを感じますね。

平良　われわれ日本人だって、ああいう街に行くとほっとする。庭づくりも、人間の力も加わっているけれど、自然の自由な生命力が残っているようなものに魅力があります。

陣内　たとえばローマでもテヴェレ川沿いにすくすくと樹木が育っていて、風が吹いていたり、強い日差しを浴びていたり、広場の噴水の水に風が吹いたり、いい雰囲気なんです。やはり自然というのが重要なんですね。特に日本の場合はもっと重要だったはずです。たとえば、奥野健男さんが『文学における原風景』（集英社）でおっしゃっている「原っぱ」、芦原義信さんも、槇文彦さん（第二章）もみんな影響を受けていましたね。

平良　やはり原体験があるんですよ。東京だって原っぱがいっぱいあった。そういう要素を都市の中に取っておく、あるいはつくるというくらいの感覚があれば、日本固有の、日本らしい現代的な都市ができると

テヴェレ河畔の並木

思う。

大学で何かできませんか？　知識を与えるのではなくて、手作りから始めるような。

陣内　何をつくったらいいのか、環境をどういう方向に形成していったらいいのかという発想ができて、自分で絵も描き、つくれる、そういう人材を育てないと建築学科の存在意味もなくなっていきますね。

平良　学会も、優れた目標と戦略を持った学者が集まるようになればすごいことができると思う。

陣内　おっしゃるように、まちづくりは今、戦略がなさすぎますね。中心市街地、商店街の活性化はとりあえず大きなターゲットになってきていると都市計画の人たちがいっていますが、それをもう少し大きく拡げて、都市経営というストラテジーを提示しないといけない。

平良　イタリアを見ると、面白いのは田舎や自然を含めた風景計画まで、全体を包含する大きな目標がある。日本でもそういう目標をつくって、その中で大都市の問題、小都市の問題、農村地帯と区分けをしながら、おのおののレベルに沿った戦術を取る必要がありますね。

陣内　ところが日本の専門分野は細かくわかれていますから、農村は農村、都市は都市で、横につなげないんです。

二十一年前にヴィットリーニというヴェネツィア大学で教えていた先生と『都市住宅』でイタリアの特集をやったのですが（一九七六年七月号『特集／都市の思想の転換点としての保存——イタリアの都市・歴史的街区の再生』）、彼は非常にグローバルにものごとを考えながら、細かいことまで目配りをする。具体性と大きいストラテジーと両方を持っていました。あるいは、前にも名前を挙げたベネーヴォロという重要な人物がいますが、彼はずいぶん前からアジアや南米、イスラム都市にも興味を持っていて、設計も、計画もやるし、歴史家でもある。日本ではそういうルネッサンス的人間はなかなか出ませんね。

平良　陣内さんはいろいろな研究会をやっていますね。

陣内　都市という問題は学際的アプローチを可能にしてくれる、良い手がかりでした。従来、都市の専門家というと、都市計画、都市地理学、都市社会学くらいでアプローチが偏っていましたが、文学の前田愛さん、哲学の中村雄二郎さん、美術史の高階秀爾さん、比較文学の芳賀徹さん、民俗学の宮田登さん、歴史学の小木新造さんをはじめ、様々な分野の人たちが相乗りして都市について勉強するのは非常に面白いことでした。今は、学習院でフランス史をやっている福井憲彦さんと一緒にいろいろな試みをやっています。お互いの共通イメージは持っているのですが、今の日本の中でどう戦略を組み立てるか……。

イタリアでは大学間で連携して、学生も大学間を移動しながら単位を取得するという方向にありますが、彼らの行動を見ていると、ストラテジーを共有できる研究者同士が悪くいえばつるんで、良くいえばネットワークをつくっています。だから大学ごとに個性が出るんですね。いま建築史に何が必要か、何が求められているのか、あるいは何が可能か、そういう共通テーマを立てて、そのテーマは五年くらいで変わっていくわけです。

平良　持続性というのは闘争なんですね。闘争するから持続する。自分がつくった目標や理念やテーマを捨てないで持ち続ける。

陣内　『イタリアの都市再生』の冒頭でも書いたのですが、イタリアは五年、十年刻みで確実に先に進んでいるのが見えるんですね。ところが日本は先へ進んだところからまた戻って来てしまう。経済も都市も順調に発展しているように見えた時代は、それにのっかっていれば何となく先に進んでいるように見えたけれど、いったんその前提が崩れた今、先へ進む原動力と戦略がまだ見えていません。だから、元に戻ってきてはまた出直すという、じれったい状況が続いています。

第十三章

二十一世紀の「ガーデン・シティ」

対談者／長谷川堯（『造景20』一九九九年四月）

長谷川堯（はせがわ・たかし）氏／1937年、島根県に生まれる。早稲田大学第一文学部卒業。現在、武蔵野美術大学教授、建築評論家。

モダニズムはデザインの最終結論ではない

平良　『造景』16号で、神戸芸工大の齊木崇人さんにイギリスの田園都市レッチワースについて紹介してもらったのですが、昨年（一九九八年）はエベネザー・ハワードの『明日』が書かれてからちょうど百年目でした。

長谷川　ハワードが最初に『Tomorrow（明日）』、副題が「真の改革のための平和的な道筋」という本を書いたのが一八九八年で、一九〇二年に『Garden City of Tomorrow（明日の田園都市）』とタイトルを変えて爆発的に売れたのです。ですから、「田園都市論」の百周年とも言えますね。

平良　かつて長谷川さんに『田園住宅』（学芸出版社）という本を書いてもらったことがありますが、イギリスのヴァナキュラーな家というのは日本の若い人たちにとっては、自分には関係ないという考えが潜在的にあるのではないでしょうか。

長谷川　昔のものというイメージなのでしょう。

平良　実は、それはぼくらにとってすら、そうだった。大学でも昔のことは教わらないで、いきなりモダニズムの洗礼を受けてスタートしていますから。ぼくらが影響を受けたのは、ジークフリート・ギーディオンの『空間・時間・建築』なんですよ。

長谷川　それとニコラウス・ペヴスナーですね。ペヴスナーはウィリアム・モリスについて書いていますが……。

平良　ヨーロッパのモダニズムの歴史を知ろうと思ったら、ギーディオンとペヴスナーでしたね。

長谷川　あとはJ・M・リチャーズの『近代建築とはなにか』。

平良　その辺からスタートしているから、ぼくらも田園住宅のような建築を見て、「これは昔のものだ」という感じがしていた。造形的にもモダニズム建築とは極端に違うでしょう？　しかし、だんだん昔のことがわかってきて、長谷川さんにも影響されて、徐々に親近感を覚えてきた。モダニズムに洗脳されながらも、ぼくらにはやはり日本の民家の伝統があるから、長谷川さんの『田園住宅』を見ると、日本の民家と通じるようなある種の親しみを感じる雰囲気が漂っている。だけど、若い人はどういう受け取り方をしているのかな。

長谷川　それは日本だから、ということもあるんです。たとえばヨーロッパやアメリカでは、アーツ&クラフツの建築の研究は早いものは六〇年代に出ています。ぼくは七〇年代にそれを見て面白いな、いつか実際に回って自分の目で見たいなと思って、それが実現したのが八〇年代でした。

六〇年代から八〇年代の中頃までの日本の歴史家や評論家の歴史観、建築観は基本的におかしかったのではないか、と今改めて思います。そういう時代の歴史観を植え付けられた人たちが、現在、実際に設計をしたり大学の教師をしているわけです。だから、ポストモダンだ何だといいながらも、基本的にはモダニズム史観なんですね。つまり建築の歴史の流れはすべて集約されて最終解答として二十世紀の近代合理主義建築が世界中を覆うという見方が、日本の建築家や歴史家の頭の中に根強くあるような気がしてしかたがありません。

平良　ところが、『木造建築研究フォラム』のヨーロッパ旅行などで出会うのは、この田園住宅のような家です。逆にモダニズム建築は、特に狙って見に行かないかぎり、なかなか出会いません。アメリカだって田舎の住宅はモダニズム建築ではありませんね。

ヨーロッパの近代建築はそういうベースの上に成り立っているのに、われわれの歴史観はその上澄みだけを見ていた。

長谷川　ギーディオンの影響が強かったんです。若い頃、ぼくらが読んでも格好良かったですから。

平良　あれを読むと、ルネッサンスから現代まで、建築の流れがサァーッとわかったような気になる。

長谷川　すべてが近代建築、モダニズムに流れていくみたいな、そういうイメージを受けてしまったんですね。

平良　ギーディオンとペヴスナーは基本的には同じだけれど、ペヴスナーは『モダンデザインの源泉』でアーツ&クラフツやアール・ヌーヴォーをちゃんと扱っています。でも、歴史の叙述としてはそれを飛び越して、二十世紀のモダニズムのほうへ行っている。

長谷川　ペヴスナーも基本的にモダニズム史観なんですよ。ただ、彼は歴史家ですから、十九世紀中頃から第一次世界大戦くらいまでにつくられた建築を克明に調べています。おそらく、イギリスの中であの人ぐらい、各地を歩いて実際に見ている人はいません。そういうふうにして克明に、歴史的に記述しているんだけれども、結局それがどこへ行くかというとモダニズムに流れ込む、というとらえ方でしかなかった。モリスも、アーツ&クラフツも最終的には二十世紀のモダニズム前史なんです。

平良　本の題名は素晴らしいんだ。『源泉』というんだから。

長谷川　その原題は『モダンデザインのパイオニアたち』。まさにモダニズムの源泉でありパイオニアなんですね。つまりモダニズムという本番の前段階として歴史を書くわけですから。

今になって思うとペヴスナーが書くウィリアム・モリスもジョン・ラスキンも、やっぱりちょっとおかしいのではないか。アール・ヌーヴォーについても、ペヴスナーの言い方では抜け落ちてしまうものがたくさんある。

平良　それはどういうことですか?

長谷川　歴史そのものを見ると、二十世紀の第一四半世紀以降実現していったモダニズムが、デザインの最終結論だというようなことは決して言えない。そういう観点から言えば、アール・ヌーヴォーも、もっと違う見方があるのではないかとぼくは思うわけです。

二十年くらい前、『美術手帖』に、アール・ヌーヴォーというのは、部分と全体の関係でいうと部分の反乱だと書いたことがあります。つまり、モダニズムの「全体から部分へ」という考え方、あるいは全体と部分を良いプロポーションで納めるという合理主義的なもののとらえ方とはかなり違う、むしろ、全体の制約を解放して、部分が生き生きとして暴れているという状態がアール・ヌーヴォーの一番面白いところではないか、と書いたわけです。

それをウィリアム・モリスを研究していた小野二郎さんがすごく気に入ってくれて、彼の本の中にもそのことを書いてくれています。

平良　小野さんの『ウィリアム・モリス』（中公新書）もいい本でしたね。小野さんと長谷川さんの違いはどこですか？

長谷川　小野さんは、モリスの政治的な面、社会主義者としての活動を強調して書いています。その本をぼくは書評したことがあるのですが、小野さんは「きついことをいわれた」と後でいっていました（笑）。そのときの記憶でいうと、小野さんはモリスがつくっている「もの」に対してなんのエクスタシーも感じていないから、こういう言い方になるのであって、もっと「もの」の面白さにのめり込んだほうがいいのではないか、というようなことを書いたのです。ぼくも生意気盛りだったんですね（笑）。

その後、ぼくの『都市廻廊』（中央公論社）を小野さんが書評ですごくほめてくれて、その本が毎日出版文化賞を受賞したお祝いの会で小野さんに「おれはあんたに仇を恩で返したよ」と言われて大笑いしたことがあります。

平良　ぼくは小野さんの見方にも関心がある。建築論は政治的な側面から切り込んでいくものが少ない中で、あれは良くできた本です。

長谷川　明快で大変いいですよ。

平良　長谷川さんが「ものにのめり込め」といっても、彼は英文学出身ですからね。デザインについてはモリスをとっかかりに入っていったようなところがあったから、長谷川さんみたいに、のめり込むことがちょっとできなかった。

長谷川　そう、あのとき彼にはそういう気持ちはなかったのでしょうね。でもその後は、造形的なこと、デザイン的なことに対して発言したし、小野さんの論じ方は非常に正統的でした。

分散型都市を提案する ハワードの「中世主義」

長谷川　先ほどの歴史観の話に戻りますが、『都市廻廊』を書いたときも、『神殿か獄舎か』（相模書房）のときもそうだったけれど、ぼくは、工業主義社会の「建築へ」というモダニズムの流れとは別に、近世から近代への歴史の流れの中には中世に対する関心が常にあると思ったわけです。その一つのきっかけはラスキンであり、モリスでした。そういう関心をぼくはミディヴァリズム、中世主義という言葉で表して、『神殿か獄舎か』では後藤慶二という建築家がもっていた、昭和に出てきた近代建築家といわれる人たちとは違う質のようなものを取り上げています。昭和に活躍した堀口捨己さんをはじめとした分離派にしても、大正時代に育った人たちの独特の美学や思想、自我意識の中のどこかに「アンチ近代」があるのではないか。『都市廻廊』は「日本における中世主義」という副題をつけたのですが、歴史の流れは二十世紀のモダニズムに収斂し、そして地球上すべてが覆われるだろうという考え方に孔をあけるような歴史上の系譜に対して、ぼくは興味がありました。中世主義という一つの系譜がだんだん見えてきて、ハワードの「田園都市」のアイディアの中にも同じようなものがあったのではないかと気づいたのです。

通常の都市史や建築史の中では、ハワードは二十世紀都市論の前段階として、あるいはパイオニアとして頑張って田園都市を二つもつくったけれども、彼のアイディアは二十世紀の都市論や建築論とうまくつながらずに終わったという説が一般的ですが、ぼくはそれをもう一度考え直すべきだと考えているのです。

今、ハワードから一番読み取るべきものは、彼の中にある中世主義だと思うのです。当時はロンドン、マンチェスター、リバプールといった大都市に人口が集中していましたが、工業化され商業化された大都市がイングランドの社会全体を引っ張って歴史をつくっていくという都市像はやめようというような彼の考え方に、ぼくは関心をもつわけです。

これは有名な話ですが、ハワードの本の一番最初にウィリアム・ブレイクの詩が載っていて、その次に彼はラスキンが『ごまと百合』の中に書いた文章を引用しているのですが、そこにあるのはまさに中世イメージなのです。真ん中に都市があって、それを城壁がガードし、その周辺に田園地があって農業が行われていて、さらに遠くには森がある、そういう中世の都市と田園についての発想がハワードの原点です。

たぶんハワードは、ヨーロッパ大陸の中世都市のイメージ、もっとストレートにはたぶんイタリアの中世都市のイメージを描いていた。田舎といってもけっして田舎臭い感じはしないし、小さな町でもおいしい料理が食べられ、おいしいコーヒーも飲める、ちょっとした社交場もある。ハワードの初版本に載っているダイアグラムがわかりやすいのですが、センター・シティを中心にして、それぞれ人口三万二千人のガーデン・シティをネットワークさせることによって、当時七〇〇万、八〇〇万の人口があった巨大都市ロンドンを解体するというのが彼の基本的な発想なのです。その部分が、案外日本では読まれていなかった気がする。

日本の都市計画の分野を含めて、いまだにハワードの田園都市を単なる一つの実験的な小都市としてしか理解していなくて、一極集中型の巨大都市に対するアンチテーゼとして、つまり分散型の都市連携という点にその核心があったという理解の仕方が弱いような気がして仕方がありません。

ハワードの本の第十三章に「ロンドンの将来」という有名な文章がありますが、そういうかたちで田園都市がイングランド中に実現していけば、ロンドンの人口はどんどん減少していって、まさに「膨らみきったバブルがはじける」と彼は言っているんです。そういう巨大都市批判、つまり、いわゆる工業化社会を進めていけば当然五〇万の都市が一〇〇万になり、二〇〇万の都市が五〇〇万、一千万になるけれど、それに対する批判として田園都市を主張しているというとらえ方をしないと、ハワードの言っていることの意味は半分も理解できない。ぼくはそういう気がします。

ブレーキとアクセルを交互に踏み込む

平良　すべての行き先はモダニズムだというのは、現実追随主義なんです。都市化の現実を見ていると、どうも田園都市は成り立ちそうもないという読みがあって、みんな、現実を肯定する方向に流されている。ヨーロッパの建築史家もたいていそうではないですか？

長谷川　それがそうでもないんです。たとえば、戦後、工業化が進み資本主義経済の中で成功をおさめた西ドイツ、今は統一されてドイツですが、誰でも西ドイツへ行って田園の風景を見るとびっくりするでしょう？　一つの町から列車に乗って次の町へ行く間に、ぼくらが昔からイメージするような田園がいまだに残っていて、農業が行われている。

平良　それはぼくもそう思う。

長谷川　フランスへ行ってもそうでしょう？　フランスの新幹線に乗っても、駅と駅の間には農業地帯がちゃんと残っている。あれは彼らがある制御装置、つまり一方的に都市は巨大化していき田園は荒廃するという図式に対するブレーキをもっていたから残ったのです。

平良　それもわかる。ギーディオンの本を読むと根底的事象としての工業化社会というけれど、全体を見るとヨーロッパ社会には長谷川さんが言うように中世都市そのままではないかと思うような都市が存在する。

長谷川　日本はどこの田舎へ行っても突然工場があったり、コンビニやスーパーマーケットが郊外にできていたりするけれども、イギリスで感心するのは、それがないんです。つまり簡単に言うと、日本の都市論や建築論、環境論の中にはアクセル・ペダル（それはモダニズムの推進力ですが）ばかりがあって、ブレーキ・ペダルがなかったということです。

ヨーロッパやアメリカを見ていて、彼らのほうが利口だなと思うのは、ブレーキにあたるものを十九世紀からきちんと用意していた。中世主義もその一つですが、ハワードも一種のブレーキなんです。そして、ハワードは十九世紀末から二十世紀初めにかけての人ですが、この流れは十九世紀にさかのぼることができるのです。そこで一つ見ていただきたいものがあるのですが、十九世紀中頃におけるハワード的なものとして、一八三六年にA・W・N・ピュージンが『Contrasts（対比）』という本を書いています。その本には付録として図表が付いていて、近代的なものと中世的な都市建築を「対比」させています。

ぼくなんかは基本的にモダニズムで育っていますから、十九世紀的なデザインを見て時にはいいじゃないかと思うんだけれど、ピュージンは絶対に「×」なんです。要するにぼくらが育った美学というのは、まったく一方のものでしかなかったと改めて感じる。

たとえば、「図1」と「図2」を二つ比べてみると、ぼくは「図1」はシンプルでそんなに悪くないと思う。平良さんだってそう思うでしょう？

平良　そう思う。

長谷川　ところがピュージンは「図1」に示された

図1

図2

図3

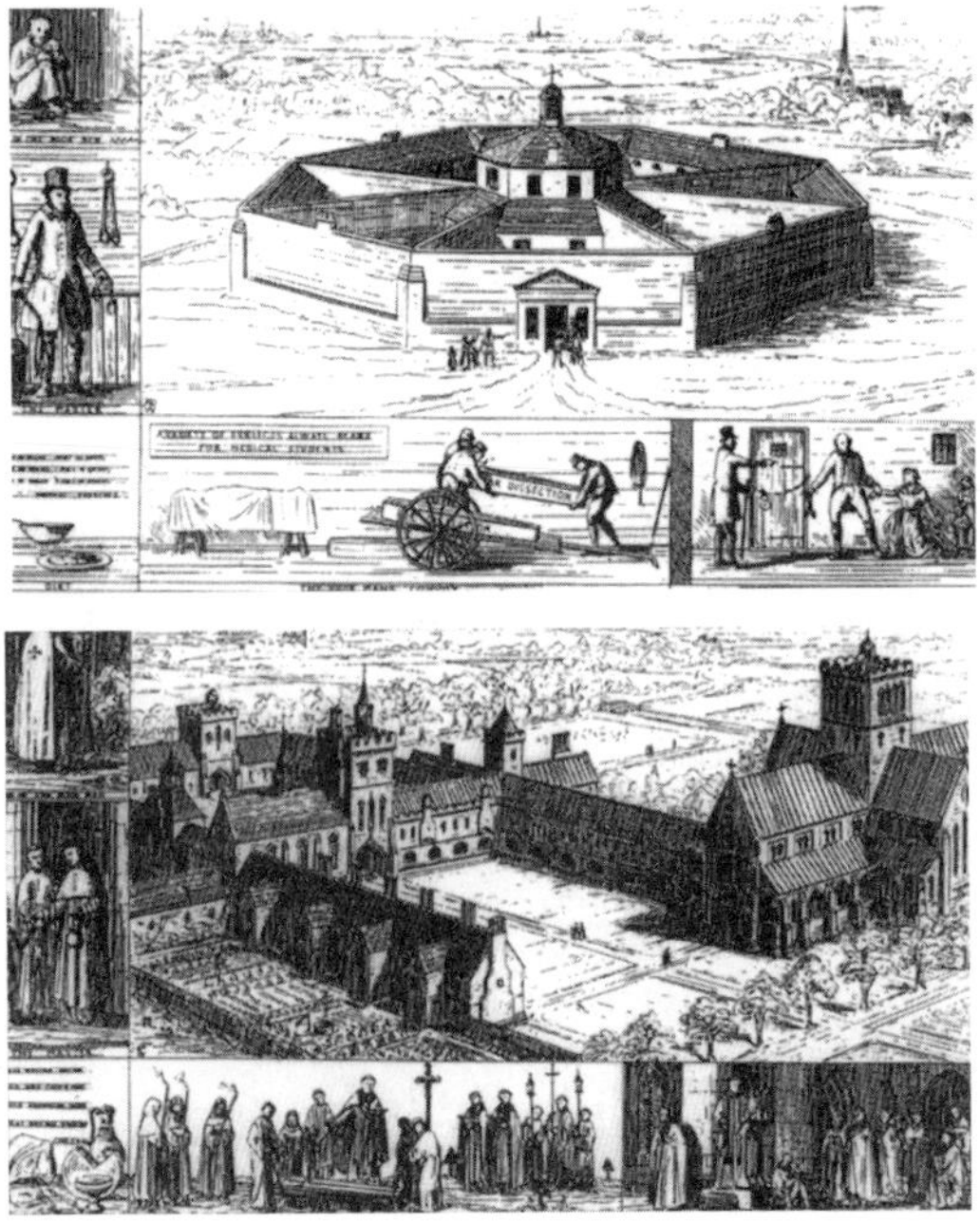

図4

都市景観や建築デザインは絶対「×」で、「図2」のほうがはるかにいい、というわけです。

平良　それは中世主義というより、「図2」のほうはゴシックの典型で、ゴシックとしては「図1」は駄目です。

長谷川　ピュージンは、単にスタイルの問題ではなくて、生活の問題としていうわけですよ。たとえば「図3」は都市の水飲み場として、ピュージンは左より右のデザインのほうがいいという。

平良　「図3」の左と右を比べると、ぼくも右がいい。混乱してくるな（笑）。

長谷川　こういう比較をしていくと、「シンプル・イズ・ベスト」というモダンデザインの美学は、ぼくらの骨の髄まで入り込んでいるのを感じますね。

これはピュージンの典型的な考え方ですが、「図4」の下の絵は中世的な困窮者の養護施設で、老人はそこで人間らしい扱いを受けていた。ところが「図4」の上の絵を見ると、近代的な施設は一種のパナプティコン（中央監視）であって、死んだら粗末な棺桶に入れられて埋められるだけという「もの」扱いをされている。

こういうコントラストがあるとすれば、あなたはどちらを取りますか、そういう問いかけです。これらのイメージは、ハワードの田園都市の原型です。ピュージン、ラスキン、モリス、今までの話の中には出てきませんでしたがクロポトキンも、みんな例のブレーキ役的な考え方で、そういう価値観も、美学も社会思想もあるんだということがヨーロッパやアメリカにはえんえんと続いてきていると思う。だから、アクセル側のペヴスナーも、一応はモリスやラスキンを入れざるを得なかったのかもしれない。

平良　ぼくは日本人だから日本を弁護すると、ヨーロッパを旅行してみてわかることは、フィジカルな建物の配置の仕方が、がんとして動かないものとしてある。日本の中世には、そういうものは感じないわけです。そんなに強烈な迫力をもってわれわれに迫ってこない。

長谷川　確かに、ぼくらはそういう確固としたものがなくなった戦後の混乱期に育ったからわからないけれど、日本にもかつてはあったんですよ。

平良　それはそうかもしれない。だけど、石造と木造のアピールしてくる力の違いがあって、木造はどうも弱いんです。

近代化や大都市化に対するアンチテーゼとしての田園志向というのは、日本でも江戸時代からずっとあるのでしょう。だけど、それがフィジカルな、造景的な歴史の中では見えてこない。

長谷川　それは明治政府以後の日本の教育が、あえてそれにちゃんと目を向けさせなかったのでしょうね。いや、明治、大正時代にはあったのかな。昭和の軍国主義になってからすっかりおかしくなった。戦後の左翼運動の中でもそういうものをほとんど捨てたでしょう？　それは政治体制だけのことではなくて、すべての問題を一極集中的な発想でやってきたわけですから、なかなか難しいですね。

平良　日本の都市は廃墟からスタートしたから、造景史が育たなかったというマイナスがあるし、これからの日本の社会のつくり方の問題もありますね。体制側はもちろん中央集権なんだけれど、反対勢力側も、どうも中央集権型。ぼくなんかが左翼主流からはじき出されたのは、そういう問題です。そういう人たちはいっぱいいるわけで、それは小野二郎さんだってそうです。

長谷川　小野さんがモリスに出会ったのもそういうことですね。

かつて政治思想でアナ・ボル論争がありましたが、日本にはアナキズムの本当の意味は定着しなかった。ぼくはアナキズムというのはハワード的な世界像だと思う。ハワードとクロポトキンが非常に近いように、アナキズムは中央集中型の社会に対する反発として始まっている。ぼく流にいうならば、やはり中世主義なんです。日本は昭和の初めにアナ・ボル論争の後で、結局ボルシェビズムしか左翼の正統思想ではないということになるわけですね。

平良　それが一番まずかった。

長谷川　それと、アナキズムをやっている連中のまずさもあったのでしょう。コミュニティをつくるとか、環境をつくるというようなイメージがつくれなかった。唯一それができたとすれば大杉栄でしょうね。彼が生きていたら、ちょっと違っていたかもしれない。そういう意味では、甘粕大尉が大杉栄を狙って殺したというのはターゲットとしては的確な判断だったと思うけれど、大杉が死んだのは惜しかったですね。

日本に「二十一世紀のガーデン・シティ」をつくりたい

長谷川　ぼくは、ハワードのガーデン・シティ論で一番感心するのは、分散型の社会をつくろうという発想の中で三万二千という一つの単位を考えて、三万人が都市部に住み、周りの農園地に二千人を住まわせるという、その後者の部分です。都市の周りに必ず農地、緑地がベルトのように巻いていなくてはいけないというのが彼の鉄則なんです。これはやはりすごく大事だと思う。

平良　それはぼくも気に入っている。日本は都市論をやると、農村の問題は別扱いになってしまう。だから、農村の過疎問題について問題提起ができない。農村は都市と結びつけなければいけない。相互補完的に成り立っているわけですから。

長谷川　ぼくが教えている美術大学は東京郊外の畑の中に建っていますが、野菜の採れる時期になると農家が無人のスタンドにキャベツや大根を置いておく。買う人はお金を入れて野菜を持っていく。そういうふうにその都市で消費する野菜が周りから供給されるようなかたちがシステムとして整えられれば、一番理想的ですね。

平良　野菜の無人スタンドはぼくの住んでいる松戸にもある。

長谷川　たとえば京都で大原女が野菜や花を売りに来るというのは、農村と都市部がペアになって京都の町が成立している証拠なわけです。ブルーノ・タウトが東京と京都を比べて、京都はすばらしいといったのは、都市と農村地とのワンペア状態が非常に良くできていたということが最大の理由だったと思う。彼の日記の中に、「これが七〇万の都市とは思えない」とあります。タウトは京都に大きなガーデン・シティを見たのだとぼくは思うのです。

ぼくは、都市部の周りを田園が囲んでいるというガーデンとシティのペアを二十一世紀の日本で実現したい、数多く実現できないかという夢がある。そのときに、一つのペアがどのくらいのスケールをもっているのか、ということをいろんな人に質問したり、考えたりしているのですが、日本の都市にガーデンとシティのペアをつくっていくとしたら、三万二千はどう考えても小さいですね。ハワードの時代は全体を結ぶのにまだ水路や鉄道を考えていました。今のようにいろんな交通手段があるとすれば、一つのガーデン・シティの単位が百万では大きいでしょうか。

平良　ぼくは五〇万。

長谷川　いろんな町へ行って、この町は何万人くらいかなと思って見るのですが、やはり五〇万くらいがいいところかもしれませんね。仮に五〇万のスケールの都市部と田園部のワンペアがあって、ペアとペアの間は農村地であったり、森林や山地であったりする。ただ、都市計画の人たちにいわせると、日本は平坦地が少ないから、それはなかなか難しいだろうというんです。とにかく山岳地が圧倒的に多い。

平良　ぼくは山岳地も活用すべきだと思うんです。今は環境問題でいうと、山はいじるな、というほうが強いけれど、それだけでは具合が悪いんじゃないかと思う。山も利用したほうがいい。山を利用することは山の自然を守ることにもつながるというかたちで、山も活用する。ヨーロッパは山を住処としてどんどん使っていますね。

長谷川　あれは自然環境の大破壊だと、生態学系の人たちが怒っています。でも、良くやっていますね。イギリスなんか原自然の景観なんてほとんど何もなくて、ほとんどが人工的な農耕地や植林地ですものね。

平良　山岳でやると巨大都市にならない。ある限度があって町のスケールが抑えられる。

長谷川　いや、スプロールしようとしたらいくらでもできたんです。だけど、してはいけないというある種の、さっきぼくがいった「ブレーキ」があったんですよ。

平良　そのブレーキは何ですか?

長谷川　イギリスにせよ、フランスにせよ、集中型社会が唯一の道ではないという、彼らにとっては中世都市が現実問題としてあったわけです。

平良　それは一種の共同体でしょう?

長谷川　そうです。ですから、ここでいっていることはそんなに新しいことではないんですね。非常に古いかたちの都市と田園のコンビネーションのかたちなんです。

都市における建築の役割

長谷川　ぼくは、ハワードのガーデン・シティで彼のアイディアに形と空間を与えたレイモンド・アンウィンも優秀だと思う。彼はガーデン・シティの中では建築がどういうかたちであるのが理想的か、ソーシャル・ミックスという言葉を使っていますが、まさにいろんな階層が集まって一緒に住む、コミュニティとして街をつくることを考えていた。ハワードがすごいのは、そういうまちづくりをするときに、農地を含めて借地にして、それを事業主体が全部もっていることにした。そういう細かい計算書が本の中に出ているのです。いくらの地代をとって、最低区画をどのくらいにするとどれだけの収入があって、土地を買うために借りたお金をどういうふうに返していくか、経済的なことをきちんと押さえている。

平良　経営思想をもっていたわけですね。リアリティのある理想都市をつくるためには、それをつくり出すプロセスも大事だし、できた後の経営をどうするか、そこまで考えないと本当はいけない。そうしないと単なるユートピアになってしまう。その点がハワードはすごいんじゃないですか。

長谷川　そういうのをぼくらはすぐ自治体で、と考えるでしょう？　そうではなくて、企業もしくは起業としてスタートする。一種のベンチャービジネスですね。

平良　齊木さんの原稿を読んで知ったのですが、株式会社としてスタートして、戦後、六〇年に公社になるんです。そして九〇年代にはレッチワース田園都市財団、ファンデーションになっている。これがすごいと思うね。日本だと自治体、要するに官ですね。戦後の左翼運動も労働運動も官僚依存で、自分たちでつくり上げるという発想がない。

長谷川　レッチワースは買収をかけられて、それでコーポレーションをつくったという話を聞きました。しかし、今でも三万二千というスケールを一応守っているというからすごい。レッチワースも自治体は別にあるんですね。

平良　日本でも、これから田園都市をつくる可能性はぼくはあると思う。

長谷川　ぼくは今、東京で田園都市のイメージをどういうふうに定着させるかを考えているのですが、たとえば中央線でいうと三鷹と立川のような市街地と市街地の間に、緑地や農耕地を置くというイメージを抱く。実際、二十一世紀のどのくらいまでかかるかわからないけれど、巨大化している東京をそういう手法で分節して、街をネットワーク化した状態を提案できないかな、などと思っています。

ウィリアム・モリスは亡くなる五年くらい前に、二十一世紀の中頃という設定でロンドンを田園的な集落の散在する環境につくり変えてしまうという「ユートピア便り」を書いています。ぼくは、そういうイマジネーションが大事なんだと思う。だから、ぼくもモリスの真似をして新ユートピア便りを書こうかと思っているんですが……。

平良　それはいいんじゃないですか。現に農園があちこちにあるじゃない。

長谷川　そう。あれをつないでいって、それが一つのストーリーの中にあるということを見せないといけない。

平良　そうすれば都市の中に田舎が侵入してくる。

長谷川　極論する人は、これからのゼネコンの仕事は、今までつくられたものを壊していくことだ、という人もいる。

平良　壊して農耕地にする。それこそが開発だ、と。

長谷川　確かに、こうなれば、そのくらいドラスティックな発想の転換が必要じゃないでしょうか。

今から四十年くらい前、これは建築家の今井兼次さんが最初におっしゃったことだそうですが、東京の中の緑地をネットワーク化する。日比谷公園、皇居、赤坂離宮、さらに神宮外苑、内苑、代々木公園と、新宿までを緑道にする。そうすると新宿御苑から、これは惜しかったと思うのですが玉川上水が残っていたら井の頭公園を通って、それこそ多摩川にまで緑がつながる。もっともそれは東京の人口が今の七割くらいにならないと難しいだろうと思うけれど。

平良　地方都市が活性化すれば、東京の人口も減っていくだろうと思う。

長谷川　今、地方分権がいろいろいわれているでしょう？　いったいどういう地方分権にすればいいのか。ぼくが思うのは、江戸時代の藩を復活させるといいと思うのです。やはり藩というのは歴史的にそれだけの意味がある区分なんですから。

平良　経済学者の森嶋通夫さんもそういうことを言っていました。藩というのは生態的にもみごとな区切りであって、リアリティがある。県というのは、あれは人工的につくってしまった区切りです。

長谷川　方言なんかにしても、藩の分割に近い。あれくらいのスケールがいいんじゃないですか。そして、中央政府がもっている権限の大部分をそういう単位に委譲していく。

平良　長谷川さんの今の興味はその辺ですか？

長谷川　その辺に尽きます。

平良　何を契機にしたら変えられるかなあ。

長谷川　話がそれますが、少し時代が変わったかなと思ったのは、彦根城の下の所のまちづくりがありましたね。復元ではなくて、あれはつくったのでしょう？　よくあそこまでやったと思う。あれはまちづくりの一種の踏み絵ですね。

平良　長谷川さんはどう評価されますか。

長谷川　むしろ平良さんの意見を聞きたい。

平良　ぼくは、肯定的です。

長谷川　努力はすごいですね。よくやったと思います。でもやはりあの街並みには道路の幅が広すぎる。

平良　都市計画道路で、道路を拡幅するということが目的でしたからそれを単なる拡幅で終わらせない、という苦心として見れば評価できる。

長谷川　そうなんですね。町を絵にするという大切さは意識し始めてきたから、それをどういう絵にするかですね。

平良　各自治体に景観課ができたりしています。

長谷川　ただ、都市空間としての文脈をつくる作業がまだで、それが見えてこないから、個々の建物もそれに合わせようがない。

平良　まちづくりで都市系の人と歴史系の人がなかなか一緒にできないというのはなぜでしょう。

長谷川　都市計画の人は、建築のことなんかあまり考えていないんじゃないか、というと彼らに怒られるかな。

レイモンド・アンウィンが面白いのは、彼はスタートは建築家なんです。建築のスケールでまずものを考える。どういう骨組みでつくり、それがどういうプランニングで、どんなインテリアか、住み良さや空間の気持ちよさ、形の良さという基本的な把握があって、そこからだんだん都市へ行っているから、レッチワースにしても街並みが人間的です。そしてレッチワースよりハムステッドのほうが遥かにいい。

平良　風景を思い浮かべながらつくっている。日本の都市計画は道路計画が強くて、建築はその中で止まり木のようにしてある。

長谷川　ガーデン・シティでも、ガーデン・サバーブでも、どういう建物をつくって、それがどういうふうに配置されているか、という話が少ないですね。たとえば、「フット・パス」という、人が歩くための車の入らない道が一種のネットワークになっているというのは、アンウィンの新しいもののつかみ方ですが、そういうレベルの話も都市系の人からはなかなか出てこない。人が一人でその町の中を歩いて心地いいかどうか、というレベルでの思考がまちづくりに欠落していると思うのはぼくだけでしょうか。

つまり、ものの考え方を変えなければいけないということです。これは時間がかかりますね。

第三部

建築から都市へ

第十四章

木造の復権と持続する都市づくり

対談者／内田祥哉（『造景8』一九九七年四月）

木造フォラム誕生までの切迫した背景

平良　内田先生が会長を務めている「木造建築研究フォラム」は今年十一年目を迎えたわけですが、木造フォラムがこんなに永く続いて、しかも様々な成果を上げていることをどう思っていらっしゃいますか。

内田　思いはいろいろありますが、木造フォラムをつくった頃は、世の中に「木造」の「も」の字も無いような時代でした。

ぼくたちが大学を卒業した頃（一九四七年）は、逆に木造しか無いような時代だったでしょう？　あの頃の「本建築」と言っても今から見ると危ないものだけれど、とにかく木造は仮設、鉄筋コンクリート造でつくれば本建築と言われました。本建築ができるまでは木造で堪え忍ぼうということで、前川國男さんも丹下健三さんも、みんな木造建築をつくっていたわけです。前川事務所時代の丹下さんの岸記念体育館（一九四一年）や紀伊国屋書店（一九四七年）も木造でした。

そういう時代がひとしきり終わり、「都市には木造は建てるな」という防火論者が増えてきて、木造はことごとくダメということになり、学校建築も災害時に避難施設となるから「木造はいかん」ということになった。避難施設になるはずの鉄筋コンクリート造の学校が地震で壊れて木造の方が丈夫だったりしたこともあ

内田祥哉（うちだ・よしちか）氏／1947年東京帝国大学第一工学部建築学科卒、1970年東京大学教授。1986年明治大学教授。1993年日本建築学会会長。1994年日本学術会議会員。1997年金沢美術工芸大学教授（2003年より客員教授）。内田祥哉建築研究所を主宰し、建築、住宅等の分野で広範な研究活動を実践。

ったのですが、とにかく木造は火に弱いからダメだ、ということですべて鉄筋コンクリート造や鉄骨造になり、木造は建築史の中にしか出てこなくなりました。その歴史の中の木造建築も学校を卒業すると関心がなくなって、木造建築は大工さんしか知らないという時代になったわけです。

一方、ぼくが東大で持っていた講座は元々は松下清夫先生が持っておられた木構造の講座だったのですが、ぼくは近代建築の生産をやっていましたから、木構造をやる人がいなくなってしまった。そこで鉄筋コンクリート造や鉄骨造の先生方から「木構造はいったいどうするんですか」といろいろとお叱りをいただいて、いつかは木構造のことを何とかしなければいけないと思っていたのです。

そうこうしているうちに木構造が本当にダメになり、大工さんもいなくなるという事態になってしまって、本気で木構造を勉強し直さなくてはならないことになったわけですが、それには今までのように構造力学として の木構造だけではなく、伝統的な木構造も勉強しないといけないと思ったわけです。

伝統的な木構造は宮大工だけが知っていて、建築設計事務所の人たちはまったくわからないんですよね。そのことを鈴木嘉吉さんたちが嘆いていました。鈴木さんは建築史の発達というのは構法の発達史だと言うわけです。建築史というと、伊東忠太さんの頃は様式史のことですよね。しかし、なぜ様式が変化したかを調べると、大工さんの道具が変化したり、東大寺南大門では重源が中国人を率いて宋様式そのままではなく和様との混合であったとか。そういう社会の変化を背景にした歴史が本当の建築史だ、というのが太田博太郎先生の考え方であり、そこから鈴木嘉吉さんのような人が出てきて木構造の歴史が構法的にわかってきたわけです。今までは構造、歴史、そして現代建築をつくっている建築家と、それが全部バラバラだからだめなんだというわけです。ヨーロッパでは建築家はみんな歴史を知っているのに、日本にはそれがなかったのです。

そして、どうせみんなが一緒に話をするのなら、林業の分野には上村武先生のように建築に詳しい人がいらっしゃるから、そういう先生方にも加わっていただいて一緒に勉強をし直すところから始めましょうということで、「日本の伝統的構法の再評価とこれからの木造建築」という表題で研究費を申請し、文部省（現文部科学省、以下同）の科学試験研究費補助金（総合B）を二年間もらいました。そこに歴史、構造、林業の先生、それから建築家にも集まっていただいて、会合を開いた。それがきっかけです。

平良　それはいつ頃の話ですか。

内田　第一回在来構法懇談会が一九八〇年七月です。

平良　懇談会のメンバーをあげると林業が上村先生……。

内田　歴史は伊藤延男さん、鈴木嘉吉さん、構造は杉山英男さん、後藤一雄さん。建築家は早川正夫さん、京都の中村昌生さん、そういう人たちですね。

平良　木造フォラムの前史として、そういう背景があるわけですね。

内田　その研究会は二年で終わりそうになったのですが、その頃、建設省（現国土交通省、以下同）の建築研究所もそろそろ木構造をやらなければいけないと考え始めていたのです。

というのは、世界的に見ると他の国々ではずうっと木構造を続けてきているわけです。日本は集中力があるというか、視野が狭いというか（笑）、木構造がダメだということになると全部無くなってしまう。現代構造の研究すらそこで途絶えてしまって、世界の新しい木構造の流れから置いてけぼりをくったのです。坪井善勝さんのシェル構造のように、鉄筋コンクリート造や鉄骨造は世界的なレベルにちゃんと追いついていったのに、木構造だけは近代木構造からも遅れたし、古典的な木構造も勉強していない。つまり日本の木構造はずたずたになっていたということです。さらに林業と木造の現場の間は材木屋が分断してしまっていた。材木屋さんはそうしないと暮らせなかったからだとは思うけれど、はっきり言って、ぼくは材木屋さんにも責任があると思う。そういう情況に対して建設省建築研究所が関心を持ち出したわけです。

というのは、戦後日本の防火の考え方は、一番燃えないのは鉄筋コンクリート造、一番燃えるのが木造、鉄骨造はその中間という位置づけをしていました。ところが、例えばイギリスはそうではなくて鉄骨造は火事に弱い、それよりは木造の方が火事に強いという評価をしていた。それはぼくたちもずいぶん前から知ってはいたのですが、そんなこと言い出そうものなら袋叩きに合うような状況だったでしょう？（笑）だいたい日本の木造は材料が細いから燃えるんですよ。ヨーロッパの木造は太い材を使っている。集成材ですよね。当時、日本では集成材は耐火被覆の効果があると言っても誰も信用しなかったけれど、その頃から建設省はそろそろ木造をやらなければいけないと思い始めていたわけです。

そこには実はアメリカからの圧力があったのです。集成材は燃えないのに、日本人はなぜ木造はダメだと言っているのか。アメリカから木材をどんどん輸入しろというわけです。そこで木材も厚ければ燃えにくいんだということを建設省は認めざるを得なくなって、ある意味でわれわれと一緒に木構造を研究する素地ができていた。ですから、そこには外圧も働いていたわけですね。それに加えて日本の木構造のカタストロフィー的衰退があった。今までは大工さんに聞けば木造はだいたいできたけれど、大工さんに跡継ぎがいないわけですから、これから先は、どうなるのだろうか。これは若い建築家に直に教えないとだめだ、ということでセミナーを始めたのです。

平良　それが日本建築セミナーですね。

内田　そうです。伝統的木構造の方からは日本建築セミナーの且原純夫さんのような人が出てきた。それに対して大学では、木造を担当しているお前はいったい何をやっているのか、と言われるような状況だったわけです。

鉄筋コンクリート造は木造より簡単？

平良　内田さんは東大に戻る前は電電公社におられたわけですが、その時は木造はやっていなかったのですか？

内田　木造ばっかりですよ。ぼくが入ったときは電電といわず、郵政と言わず、全部木造でした。ぼくも木造をずいぶん設計しました。便所三年、階段五年とか言われながらね（笑）。

平良　電電公社の最後の頃には鉄筋コンクリート造

もやったのですか?

内田　ある時期に木造がすべて鉄筋コンクリート造に変わったわけです。ところがぼくは鉄筋コンクリート造の図面がぜんぜん書けなかったのです。誰かに教われればいいと思ったけれど、今度は教わる人がいないということを発見した。鉄筋コンクリートの図面を書いたことのある人は電電公社にも郵政省（現在は総務省に統合）にもほとんどいなかったのです。仕方がないから吉田鉄郎さんや山田守さんの図面を引っぱり出して見たのですが、それでもさっぱりわからない。というのは、木造の図面というのは骨（構造）から書いていくわけですから、骨を書かなくては仕上げも書けない。ところが鉄筋コンクリートの図面には骨と仕上げは別に書いてあるわけです。だから骨抜きの図面をどうやって書いたらいいのか見当がつかない。骨が無いんだからね（笑）。そのうちにだんだんとコンクリート造は外側だけ書いておけば、後は構造屋さんがつくってくれるということがわかってきた。

平良　ぼくらが、どうも木造より鉄筋コンクリート造の方がやりやすいようだと思ったのは、厚みだけ書いて上っ面の線を引っ張っておけば後は現場の人がやってくれるからだよね（笑）。

内田　鉄筋コンクリート造はそういう、ちょろいものだということが初めは全然わからなかったわけです。

平良　雑誌をやっていて思ったのは、外国の建築家に詳細図を送れ、と言ってもなかなか送ってくれない。

内田　ヨーロッパには現場打ちの鉄筋コンクリートなんてないから、日本のような図面も少ないわけですよ。ディテールとか階段の図面はあるけれど、構造体そのものと一体にした図面は、橋をつくっていたメラールとか、トロハとか、技術者の図面ですよね。

平良　電電公社には何年いたのですか?

内田　八年です。最後は今でも残っている鉄筋コンクリート造の霞ヶ関電話局、名古屋の第二西電話局などをやりましたが、江戸川電話局はまだ残っているかどうか。江戸川と同じ頃できた名古屋の津島電話局は鉄筋コンクリート造でしたが壊してしまいました。

ぼくがやった初期コンクリート造で現在も残っているのは中央学園の講堂です。バックミンスター・フラーが二度ばかりやって来て、高橋靗一さんと一緒に案内したことがあります。あの頃、ぼくたちは鉄骨のトラスをどうやって計算したらいいのかわからないから、シェルの実験をやっていた巴組の松下富士雄さんに頼んで実験してもらったのです。フラーは自分たちは実験なんかしたことないと言って大変珍しがったのです。彼のやり方は論理的ではないらしくて、ぶら下がってみるんです。でも構造も計算でやるのと、ぶら下がってみてつくるのとでは、また違うんですね。計算でやると、だいたいみんな太くなる。彼はぶら下がって実験したから、ヘリコプターで持ち上げることができるような軽量のドームができたわけです。フラーは大変感覚的な人ですね。

平良　日本のシェルが最初の頃分厚かったのは、きっと計算でつくっていたからなんですね。

内田　あの時、ぼくが参考にしたのはフラーのドームではなくて、ロンドンのフェスティバルホールでした。中央電気通信学園の講堂は壁がコンクリート打放しですが、今でもピンピンしています。かつてのように景気が良ければすぐ壊すんだろうけれど、お陰様でそう簡単には壊せないような経済状況になって（笑）、とても大事に使ってくれていて、今でも健全な状態です。非常に細い鉄骨を使い、屋根の下地には〇・五ミリという薄い亜鉛鍛鉄板を使っているのですが、いまだにコンクリート打放しもピカピカ光っているし、屋根の薄い鉄板も木毛板と共に健在です。中央学園の中でも木造の宿舎は壊してしまったけれども、この講堂だけは壊せないでいる。コンクリートの打放しでは恐らく日本で最古に近いと思います。今度一度見に来て下さい。竣工は一九五七年ですが、それ以前のコンクリート打放しというのは数えるほどしか残っていない。あれはコンクリートを竹の棒で突っついてていねいに打ったから、亀裂一つ入っていないと思います。ていねいにつくれば、コンクリート打放しだって長持ちするんです。

これからの木構造は筋骨隆々とした折衷主義で

平良　内田さんがやった大阪ガスの「ＮＥＸＴ21」ですが、ああいう仕事と木造に対する関心と、どこかで結びついているのですか?

内田　木造はぼくが東大在職中にどうしてもやらなければいけない仕事の一つだった。ぼくがやらないと木構造は東大の中で無くなってしまうという情況でしたし、今、全国の大学で木構造の講座がある大学はいくつもありません。これだけはやらなくてはいけないという仕事でした。平良さんが『住宅建築』をつくったり『造景』をつくるときにも、これだけはやらなければいけない、という何かがあったわけでしょう?

平良　ぼくが『住宅建築』を始めた頃に、ツーバイフォーがオープンになって、ぼくもだいぶ揺さぶられたんですよ。『住宅建築』をつくるに当たってぼくなりのイメージがあったのですが、ぼくはツーバイフォー自体は受け入れてもいいと思っていたけれど、ここまで伝統的木造が衰退するというのは黙ってみていられないと思った。

内田　黙ってはいられないけれど、でも新しく家をつくるとなると、ツーバイフォーの方が合理的でしょう?　柱を建ててホゾをさして、長押付けてという木構造にはそれなりの良さがあるけれど、ともかく壁に穴が開いていれば窓だと思っているような人たちのために、長押を付けるような家はもったいないですよ。

平良　でも、それをもう少し簡略化してつくる方法もあるでしょう?

内田　それにしても、壁があって窓が開いていて光さえ入ればいいという日本人が増えてくると、これはツーバイフォーの方が遥かに簡便ですよ。

平良　簡便かもしれないけれど、でも伝統派も残っていかないと……。工法だけではなくて、例えば昔あった縁側とか、ああいうものは日本人の生活のどこかに保存、復活させていく。それは日本の住まいの空間として必要ですよ。

内田　今は住宅のショールームに行くと、ツーバイフォーなのか、そうでないのか、区別がつかないですね。「ツーバイフォーなんかやれるかい」と言っているような一匹狼の大工さんでも、開口部のないところは間柱を建てて壁を大壁にすれば、それはツーバイフォーになってしまう。

平良　壁構造に近寄っていってもいいと思うんだよね。たとえば地震のための補強は、構造的には折衷でいいと思う。

内田　日本の昔の、柱があって、長押が付いていてという木造でも、結局耐震力は壁で持たせていたわけですからね。その壁を昔は竹小舞を土で固めていたんだけれど、その替わりにコンパネを貼る方が楽だ。コンパネ貼るのなら、何も柱・長押でなくてもツーバイフォーでいい、ということになる。

平良　確かにその方が合理的だ。しかし、合理主義一点張りでは、建築はつまらなくなりますね。

内田　それはそうだけれど、合理主義を一歩でも離れて、そこを造形でごまかそうとすると、それもつまらないんじゃないかな。ポストモダンも最初にやった人たちはいいけれど、それを真似した人たちのポストモダニズムというのはどうも……。結局、骨格を鍛えないで意匠だけでやろうとすると、建築はつまらなくなるんですよ。

平良　構造的なことをちゃんとした上で新しい造形に向かうのならいいけれどね。

内田　やっぱりこれからの木構造は折衷になるでしょうけれど、折衷なりに鍛えて、筋骨隆々とやっていかないと面白くない。

平良　何かをごまかすための折衷ではなくて、構造的にちゃんと意味があって、力をちゃんと分担し、足りないところを補っていくための折衷。それは、力学的にすっきりした一元的な原理でつくって、逸脱を許さないというのではなくて、必要があれば補強する。そういう考え方ですね。そこから新しい様式も生まれるかもしれない。

内田　そのときに今の人たちは昔ながらの木摺り、漆喰でなければいけないとは言わないし、合板を貼る方が現代的ですよ。圧倒的に丈夫なんですから。そうでなければ版築まで戻ってしまう。版築まで戻らなければ在来工法ではないなんて、今は誰も思わないわけです。現代建築とは何かということについて、前川さんはさんざん考えておられたけれど、そういう意味ではこれからはツーバイフォーも呑み込んでやらないと。

平良　ただ、今のところ日本でツーバイフォーの良い建物はまだまだ……。

内田　まだ無理ですね。

ツーバイフォーだけでやろうとするからいけないん

ですよね。ツーバイフォーだけ、あるいは在来工法だけでやろうとすると、様式主義になる。煉瓦造の中に石が入っていてはいけないとか、石造の中にコンクリートが入っていてはいけないという話になると、オーギュスト・ペレの建築も認められなくなってしまう。

平良　だから、その点は自由でいいんですよ。混構造ですね。そういう目で見れば昔から混構造はたくさんある。そういう考え方は大学では教えないのかな。

内田　その辺が設計教育の難しいところではないですか。設計教育というのは本来そういう構造までやらないとだめですね。最近の建築について言えば、設備まで入れないとだめです。ダクトがどこを通るかわからないで設計ができるか、という感じがあります。

平良　だから後で梁に穴を開けたりしている（笑）。

内田　しかし、それを四年間の大学教育ですべてやるのは無理です。だから成人教育が必要なんですね。

「建築の地域性」は本末転倒

平良　内田さんの建築に対する考え方の中には一貫して合理的なつくり方というテーマがあるわけですが、一方でわりと早い時期から地域に注目されていたと思います。

内田　ぼくは電電公社にいる頃は、建築というのはインターナショナルなものだと思っていたんですよ。ところが最近はそうではなくて、建築というのはローカルなものだと思う。

平良　ぼくもまったくそう思っています。

内田　「建築の地域性」なんて言うのは本末転倒でして、建築そのものがローカルだと思う。さらに最近は建築だけがローカルなのではなくて、技術というものがローカルなんだと思っています。

自動車の開発でも、東南アジアにヨーロッパやアメリカの先端技術を持っていってもだめで、そこではどういう技術が必要かということを見極めて、例えばその土地では鉄板を折ってつくることが先端技術だということもあり得るわけです。特に建築は廃材を利用しないとつくれませんからね。建築はその土地で、そこら中にある豊富な材料を使ってつくるわけで、煉瓦がつくれないところで煉瓦造といっても無理だし、木材のないところで木造をやろうとしてもできません。

電電公社にいた頃は『国際建築』といった国際的な雑誌しか見ていませんでしたから、建築というのはインターナショナルなものだと思っていたのですが、例えばフランスがイランで量産住宅を建てて、一年後に行ってみたら、暑くてしょうがないから結局みんな外で寝ていたというような話を聞くと、住宅というのは輸出できないものだと思う。建築が輸出できない一番大きな理由は、材料もローカルだし技術もローカル、それに住む人のマインドもローカルだ。そういうローカルなものに密着しない限り建築はつくれないということです。

平良　考えてみれば、「住まい方」というのもローカルですよ。ぼくが雑誌を始めたのは『国際建築』からですが、あの頃ぼくらはインターナショナルスタイルを推進した方がいいと思っていたんだけれど、外国の記事を見ると、フィンランドなんかは五〇年代からもうインターナショナルスタイルではなかった。その土地の煉瓦だとか石材を使っている建築家がいて、それを一方で気にしながらインターナショナルスタイルの建築を紹介していました。

内田　あ、そうですか。その頃はぼくたちはまだインターナショナルスタイルに憧れていたんじゃないかな。

平良　ぼくもそうだったんだけれども、世界を見ると違うわけですよ。アメリカから入ってきたのはノイトラをはじめ最先端をいく建築だったけれど、ヨーロッパからくるものは新感覚主義とか言って、土地の石材や煉瓦を使って、三角屋根があって……。

内田　ニューエンピリシズム（新経験主義）というのがありましたね。ニューエンピリシズムは最初にぼくたちの目を開かせてくれた。

平良　コルビュジエのスイス学生会館の入口にも乱石積みがあった。ああいうのを見るとちょっとほっとしました。

近未来型集合住宅「NEXT21」で試みたことの意味

平良　ところで「NEXT21」のような方向はこれ

からも追求されていくのですか?

内田　ぼくはやはり建築はああいうかたちでいくのがいいと思っているのです。

基本的には、建築の寿命というのはある程度長くなければいけないという考えがぼくにはあります。なぜ、建築の寿命は長い必要があるかというと、建築の仕事はどんなに減らしても現場での仕事がどうしても残るわけですね。現場でつくる仕事というのは生産能率が非常に悪いですから、これを蓄積しないまま消費していくと、文化は育たない。蓄積するためには長く使う必要があるわけです。そのためには、将来、生活が変わっても使えるような建築でないとだめなわけで、それにはフレキシビリティが重要だということです。

もう一つは、材料が傷んではいけないわけですが、材料の方は取り替えるという方法がある。百年もつようなコンピュータをつくろうなんて馬鹿なことを考える人はいないし、百年もつような電気器具をつくる人もいない。百年もつようにしようとするといろんな問題が起きるわけです。例えば値段がうんと高くなるとか、生産量がぐっと減るから製造業が成り立たなくなるとか……。

ですから、使い捨てにした方がいい部分は必ずあるんだけれど、それは空き缶と同じようにリサイクルする。そしてリサイクルできない部分は百年くらい使っていく。そのためには、個別的な生活調査の結果にぴったり合わせて建築をつくるという方向に対しては、ぼくはかなり疑問を持っています。

平良　それは結局建築の寿命を短くしますね。

内田　そうなんです。極端なことを言うと、今年は着れたけれど、来年は着れない洋服みたいなものになる。インテリアは周期が短くてもいいけれど、骨格はそれではいけないと思うのです。そこは二つに分けて考えなければいけない。本当は単純に二つではないのですが、まあ、そういう思想です。

学校建築でも住宅でも、骨格は一般性を持たせる。一般性を持たせる方は、どちらかというと土地にくっついていますから、その土地の風景とできるだけ調和するようにする。そうすれば、自然に街並みのようなものも出来てくるかもしれない。無理に街並みをつくろうとすると変なものになりますからね。

平良　そうですね。土地に密着して根付くものは寿命も長くなければいけない。それが生活の基本的な場ですよね。

ところでNEXT21は何年もちそうですか？

内田　あれは百年もたせるつもりでいるのです。そういうことが本当に可能かどうかはわかりませんが、とにかく二十一世紀の間中、居住実験をするというのがNEXT21の最初の考え方です。実験をし続けるためにはしょっちゅう改造しないといけないわけですね。

江戸時代の三百年間は平和だったからと言えばそうなんだけれど、日本の住宅はだいたい三尺の方眼紙の中でつくってきたわけです。その方眼紙さえしっかりしていれば、かなり自由な生活の変化にも耐えられるはずだと思う。ただ、建築家の中にはその方眼紙がうるさい、嫌だという人はいっぱいいる。そういう建築家も、その方眼紙の中でつくってもよいですよと言うと、途端に壁をカーブでつくったりする。NEXT21でも壁が方眼紙から外れていない家は一軒も無いんだけれど、それもまあ仕方がない。

平良　それは禁止するわけにはいかないからね。

長持ちする学校建築とは？

内田　ぼくは学校建築でも同じような考え方を試みようとしているのですが、最近、武蔵高校の増築が完成しつつあるところです。現在、学校建築はこうあるべきだというような様々な議論がありますけれど、ぼくは、それは使う人にお任せしようということで柱しかない学校をつくったのです。これは学校建築の専門家からは袋叩きに合うかもしれません。

しかし、武蔵大学ではぼくが中学の時に使った建物をいまだに使っているんです。大正十一年につくったものですから七十年くらい使っているわけですね。何故そういうことが可能だったかというと、一つには間仕切りを全部取り外すことができたので、小さな部屋をたくさんつくったり、大きくしたり、木造の間仕切りをさんざんつくりかえているわけです。天井高がちょっと高いものだから、小さな部屋にするとあまり格好はよくないのですが、それはちょっとがまんしてね。そういう自由度があったことが長い間使われてきた一番大きな原因で、中学が使い、高校が使い、今、大学が使っています。
これからは学校を建て替えるなんてことはちょっとやそっとではできないから、今回も必要なときは間仕切りを動かせばいいように柱しかないギリシャ神殿を四段重ねたような建築をつくったわけです。真ん中に柱がなくてワンスパンになっている。ですから、そんなのは学校建築ではない、と学校建築の専門家には言われるかもしれません。

平良　学校でなくても使えるような構造であるわけですね。

内田　もちろんそうです。ですからNEXT21をつくった時も、「建築家は何をデザインしているのか」と言われた。だけど、階段室なんかは動かないから、そういうところはちゃんとデザインしています。

平良　すべて二元的に考えているわけですね。

内田　武蔵大学のキャンパスには三十年くらい経った鉄筋コンクリート造のクラスター型の校舎もあるのですが、できた当時は斬新で前衛的な学校建築だと思ったけれど、教室の生徒数が変わると途端に使いにくくなってしまった。クラス数が変わると、にっちもさっちもいかなくなってしまうわけです。だからといって、原っぱみたいに何も無い建築で我慢しろ、というわけにもいかないのが難しいところですけれどね。
やはり、あまりピチッとした仕立てにすると、歳を取ると腹が出てきて着れなくなるとか……。（笑）

平良　そうそう。建築は毎年ズボンをつくり直すようなわけにはいかないからね。その学校は来月辺りには拝見できますか？

内田　今でも見ることはできますけれど、本当は二、三年経ってからの方がいい。敷地がなくて南北軸なので西陽をもろに受けるのですが、その対策としてツタを生やそうと思っています。隣が運動場なので、ホコリ除けと球よけのために四階建てのてっぺんから下までネットを張って下からツタを這わせる。だから将来は建物の顔が見えなくなるわけです。

平良　まあ、新築早々、建物の評価を厳密にする必要はないですね。何年か経ってまたもう一度見て評価するとか、そういう建築の評価の仕方も少しゆとりを持ってしないとだめですね。

内田　そう、気を長くしないとね。

職人大学の実現

平良　もう一つ、内田さんが熱心にやっていることで、職人さんの問題がありますね。職人大学をつくる話はうまく動いているのですか?

内田　うまく動いていると言えば、自民党の公約になったので議員連盟ができて、みなさんはりきって下さって大変活気づいているのですが、急ぎすぎるときちんとやるべきことがなかなか追いつかないという心配があります。注

さきほど話していた木造建築が、いろいろな外圧があったりして盛り上がってきたのと同じように、いろんな面から噴出してきている職人問題が一挙に職人大学に集中してきていて、時期としては今を逃すべきではないという雰囲気になっているのですが、準備する方の側としては非常に忙しくなっている。そうすると密度の高いものを考えている暇がなくて、それが心配ですね。

職人さんといっても幅が広いでしょう? 大工さんのような職人さんもいるし、鋳物屋もいる。職人さんというイメージで考えているのが実は非常に幅広くて多彩なんですよね。

ぼくがこうじゃないかなと思っていても、必ずしもみなさんの考えと一致しているとは限らないのですが、ぼくの今の考えは、職人大学は現在ある四年制大学よりもレベルダウンするようなものにするべきではないと思っています。普通の四年制大学と職人大学を比べると、一般の人が直感的に職人大学の方が簡便な大学であるというような印象があると思うのです。しかし、今までの大学教育では実務教育をやっている時間がないから、それに職人的教育を加えるということだとすると、今の大学よりレベルアップせざるを得ないと思うのです。お医者さんだって、インターンの二年間を足して実務教育をやっているわけですから、建築の技術教育でも実務教育を加えればその年数だけ増えるはずだ、というのがぼくの考えです。ただ、お医者さんの場合と違うのは、お医者さんは一般教養を勉強してから実務教育をやるわけです。しかし、それでは実務教育が間に合わない分野もある。若いときに鉋や鑿を使う訓練をしないで、大学を卒業してからこの人を大

工にして下さいと言ったら、棟梁に怒られて追い出されるに決まっています。ですから、職人大学は実務教育は若い時にやり、逆に一般教育の方を後に延ばしてもいいと思うのです。今は若いときに実地教育に入ると大学に行かれなくなってしまいますが、そうではなくて、実地教育もカリキュラムとしてカウントするような職人大学をつくる。もしかしたら建築の実務教育は七年とか八年かかるかもしれないから、その間に稼いでもいい。

平良　その大学に入学する年齢は、今の四年制大学に入るよりも前ですか?

内田　高校から一年留年して職人大学に入るとか、もっと前でもいいと思うんですよ。もう一つ、ぼくが考えている職人大学のイメージは、一つの学科で一つの技術を学んだ人を何人かまとめて卒業させるのではなくて、これからはいろんな技術ができるような人を養成する。鳶もできるし、鉋も削れる、ということになれば集成材の組み立てができるわけです。今の大工さんに集成材のトラスを組み立ててもらおうとすると恐がるし、鳶に組み立てをやってもらおうとしてもノミを持って高いところに上がるわけにもいかない。設備工事でもそういうことがいろいろあるのです。ですから今必要とされている技術を持った職人さんを養成するために、単位を公開して、職人さんが自分でカリキュラムを選べるようにする。そして、その資格を公認する制度をつくって、この人はこういう能力を持っていますよという情報を一般に公開し、どことでも雇用関係が成立するようにするのが職人大学の役目ではないか、とぼくは勝手に想像しているのです。今はそういう議論をしている段階です。

しかし、文部省に大学としての申請を出すにはフォーマットとしていろいろあるし、資格をどうするかという説明もしなければならないし、そういう仕事がわんさとあって、トンネルがなかなか貫通しない。

平良　うまくいったら、すごいことですね。

内田　文部省もとにかく今の大学教育ではダメだと思っているし、ことに私学はこれから学生数が減っていくのに単なる卒業証書を渡すだけでは生き残れないというせっぱ詰まった事情があります。海外からの留学生を引き留める魅力という点からも、資格を取るのならみんなヨーロッパとかアメリカの大学に行ってしまいますから、わざわざ日本へ来て何を勉強するかというと、例えば能楽なんかは勉強しようという人はいるでしょうし、大工さんの技術は今でもそういう魅力がある。文部省はそういうことをかなり深刻に考えているんですよ。

平良　見通しとしては内田さんが考えている方向に行きそうですか？

内田　まだわかりませんが、ベルトはビュンビュン回っています。ただ、一番の問題は職人を養成することではなくて、養成した職人がちゃんと食べていけなければならないということです。逆に言うと、それさえできれば職人は独りでに育ってくる。

平良　技術というのは職業に就いて、飯を食いながら身につけていくものですからね。

内田　全員が雇用されるという条件でなくてもいいと思うけれど、優秀な人は雇用に不安がないという情況をつくらないとね。それは大学づくりだけでは無理でしょう。そこが難しいところですね。

注　これが世の中を騒がせた「ものづくり大学」事件になるとは、対談の時点で知るよしもない。

持続する都市と「オープンハウジング」

平良　ところで、昨年、建設省建築研究所で「サスティナブル・シティ」というシンポジウムがありましたね。

内田　あのシンポジウムでぼくが一番象徴的だったのは、ナッテラーが「サスティナブルを言うのなら木造建築だ」と言ったことです。木は植えればまた生えてくるし、炭酸ガスを吸収してくれる。だから、すべての建築を木造でつくればいいんだ、彼はそれ一点張りなんです。でかい声で堂々と発言するから、迫力がありました。

平良　木は循環のサイクルを持ったエコロジカルな材料ですからね。

内田　あのシンポジウムはＣＩＢ（国際建築研究情報会議）が関わっていたのですが、今ＣＩＢの事務局長をやっているのはオランダ人のＷ・バーケンスです。彼はＮ・Ｊ・ハブラーケンの弟子で「オープンハウジング」の信奉者なんですよ。ハブラーケンはＭＩＴの教授ですが、彼は都市と建築は住民参加でつくれるようにしないといけないと言うわけです。それにはいろいろな意味がありますが、ハブラーケンはどちらかというとハード面に関して言っていて、要するに建て売り住宅のように与えられた住宅に住むのではなくて、人々が住みたい家を自分で設計し、それをそれぞれのメーカーがつくれるようにするというのが「オープンハウジング」の考え方です。

彼は、最も理想的なかたちは日本の江戸時代の建築である、ということを言っています。先ほど方眼紙の話をしましたが、その方眼紙の中に日本人はプランを書くことができます。そういうふうに、誰でも自分の家を建てる前からイメージできるような家をつくるシステムが必要だし、都市はそういうふうにつくられるべきである。彼はそういう考え方なのです。ぼくはずいぶん前から仲良くしているのです。一九九五年にアムステルダムでＣＩＢの三十周年大会があって、その時にぼくはＮＥＸＴ21を持っていってキーノート・スピーチで紹介しました。

今、建築の国際的な会議はいくつかあると思いますが、例えば地震の会議というのもかなり国際的ですが、しかし地震のない国は関心を持たない。ですから全世界的に関心を集めている建築会議はアーキテクト系ではＵＩＡ、技術系ではＣＩＢではないかと思います。

平良　オープンハウジングというのがハード面だとすると、部材をつくるというところまで行くのですか？　例えば一般の人が部材を買ってきて家をつくるというのもその一つですか？

内田　「ドゥ・イット・ユア・セルフ」は自分でつくるわけですね。そうではなくて、日本語で言うと素人が指図をして家ができるということです。

平良　日本人は昔から大工さんに「こういうのをつくってくれ」と言えばそれなりのものができた。

内田　そうです。例えば「三尺の戸棚をつくってくれ」という言い方は外国では通じないと言うのです。ハブラーケンはオランダ人ですが、インドネシア生まれなんですよ。インドネシアから日本のシステムを見て、そういう考えを持ったのかもしれません。

平良　それこそ日本人が真っ先にやらなければいけ

ないような仕事ですね。

魅力的な街並み形成に不可欠な住民参加

内田　先ほど、日本から木造が消えて行きそうになってリアクションとして木造に取り組んできたという話をしましたが、ぼくがまちづくりについて考えるようになったのは、いわゆる量産住宅へのリアクションとして考えている部分が大きいのです。

日本は戦後の住宅不足の解決策として、同じ家をずらっと並べるような住宅建設をやってきましたが、その頃から建築家は「ああいうまちづくりはだめだ」と言ってきたわけです。しかし、あの住宅不足の時代には一つずつ変化したものをつくるのは贅沢だという考えがあって、例えば大阪市などは整然とした住宅地を誇りを持ってつくっていたわけです。そういう情況の中で、ぼくもいろいろ思い迷いながらヨーロッパのプレハブ住宅を見学しました。そうすると例えばソ連などは、行けども行けども同じ住宅がずらっと並んで建っている。それに比べれば日本はまだ変化があると思った。パリも大量生産の住宅が次々と建てられていて、ソ連に比べればバラエティはあるけれども、やはり計画設計による都市計画をやっていました。その後、パリが都市計画について悩み出し、様々な試行錯誤を始めたのも、そのリアクションが原因の一つとしてあるわけです。

幕張ベイタウンにもそういう感じが少しあるでしょう？　例えば街の中に赤提灯はできそうにない。大企業が自分の建物の中に生活施設をすべて取り込んでしまったから、街の中に生活がはみ出ていかないんですね。丸ビル辺りもそうです。

そこでパリの公団は、計画地の中に何をつくってもいいというエリアをつくるわけです。その中にごちゃごちゃした迷路みたいなものを建築家につくらせた。しかし、やっぱり何となく計画された匂いがあって、どこか整いすぎているというか、面白さがない。せいぜい百貨店の中の特設売場程度にしかならないわけです。例えばヨーロッパの古い街へ行くと、整然としているんだけれど面白い。そういう街を見ていると、やっぱり街並みというのは計画してつくれるものではないのかもしれない。高山英華さんもそういうことをおっしゃっていますね。

横浜市なんかは苦労してやっているでしょう? 田村明さんがいたせいもあるのだろうけれど、多様な街並みをつくるための援助をして、街並みに経験の無い地域には外壁の色を統一しなさいとかね。やはりある程度統一しないと街並みにならないし、統一しすぎても街並みにならない。例えば中華街については自由にやりなさい、ということで街並みができる。街並みというのは時間をかけて、様々な人が関わってつくっていった方がいい。一人の人がやったとしても、長い時間をかければ、その間に考えが変わるから、それはそれなりに変化に富んでいいわけです。ところが短い時間にやろうとすると、どんなにバラエティを盛り込んでも街並みづくりはうまく行かない、という感じがしています。

ぼくは有田で陶磁文化館を設計しましたが、一つ建物をつくると同じ街で次々に頼まれることがあるわけです。しかし、ぼくがよく言うのは、一人の建築家には結局面白い街並みはできないということです。有田のまちづくりを手伝っている三井所清典君もそれはそうだと賛成しています。そこでHOPE計画などを利用して町の建築家にも加わってもらい、混ぜ合わせにしてやっています。それが極端になると今度は統一感が無くなるという危険性もあるけれど、それも少し長いレンジで見ると、ある時代の共通性を持つということになるかもしれません。

平良 だから時間がつくっていくものなんだね。形から入っても面白くならない。ベルリンのIBAはどんな印象でしたか?

内田 磯崎新さんの建築があったり、他にもいろんな建築家がやっているから普通のところから見るとずっといいけれど、やっぱり整然としている。

平良 夾雑物が入り込めないような雰囲気がありますね。すがすがしい感じはあるけれど。

内田 同じくすがすがしいものでも、アムステルダムのセセッション時代の住宅はコケが生えていて、なかなかいいんですよね。だから、今は整然としていても、だんだんコケが生えてくるといいのかなと……。日本の中でいいと思うのは、多摩ニュータウンの南大沢じゃないかな。あれは坂倉建築研究所や大谷幸夫さんをはじめ、いろんな人がやっていて、ぼくは非常にレベルが高いと思うんだけれど、住都公団はあれを認めていない。ああいうのを評価していれば、今頃大いばりで……。あれは建築学会賞をもらうはずだったのに、大谷さんの建物で雨が漏るということがあって、公団は建設省に賞を辞退させられたんです（後にこの団地はコンクリートの欠陥が指摘されることになる）。

平良　そうですか。ぼくも去年、あの辺をぶらぶら歩いてみたのですが、なかなか面白かった。地形が面白いんだからね。それが良く生かされている。

内田　川も流れているし、立体交差も上手にできていますね。

例えばセキスイハウスは年間二万戸以上つくってい て、十年で二〇万戸、その中には一軒として同じ家はないと言うわけです。ところがセキスイハウスがつくった住宅地に行ってみると、全部同じように見える。同じであり過ぎるわけです。例えば、ぼくがなかなかいいなと思っているもので言うと、蓑原敬さんが茨城県でやった水戸六番地も一軒一軒違うけれど、しかし団地として一塊に見える。それから大阪で坂本一成さんがやった星田アーバンリビング。あれも一軒一軒ものすごいエネルギーをつぎ込んで設計している。しかし、あのくらいの規模だからいいけれど、あまりにたくさんつながっていくと飽きてくるかもしれない。あの隣にある、宮脇檀さんが監修したセキスイハウスもいろいろ苦労しているけれど、その一帯はやはり「セキスイハウス」の色がくっきりしている。その辺が非常に難しいですね。そこへ行くとイタリアのアルベロベロは一色なんだけれど面白いし、ドイツのロマンチック街道だって、それは面白いですよ。

平良　そうですね。建築家が計画的につくるとどうしても面白くなくなる。同じ形の家でもいいから、住民が自発的に始めて、赤提灯ができたり、住まい方が少しずつ違うと街並みが面白くなりますね。蓑原さんに言わせると、幕張ベイタウンもそれで建築家を複数にしたんだそうです。それは一歩前進かもしれない。だけど行ってみると、いくら建築家を複数にしてもね……。幕張の場合はこれからの問題だと思うけれど、住む人たち、あるいはここに店を出そうと思って入ってくる人たちの意志というか、欲望のようなものが定着してこないと本当の街にはならないのかもしれない。

内田　そこが問題で、やっぱり都市というのは住民参加でないと面白くないというのが、今、ぼくが一番言いたかったこと。阪神大震災の後のまちづくりでも、住民参加でやっている所は面白くなっていると思う。熱心なボランタリーたちが非常に苦労しています。住民参加のまちづくりをまとめる人は次々と倒れていってるんだそうですね。そういう問題もあるけれども、でも市役所が提案してきた碁盤の目のような道路をあっちへ曲げたりこっちへ曲げたりしながら、だんだんに面白くなっているんじゃないかと思いますよ。住民参加という点では、さきほど触れたハブラーケンのオープンハウジングの考え方も住民参加型です。

どんなに一軒一軒違うものをつくっても、一人の建築家、あるいは一つのグループがやると面白い街並みにはならないんです。だから、インフラはインフラにしておいて、その中にできれば住民参加で、あるいは複数の建築家が違うものをつくったら少しは街並みらしいものができるのではないかという試みが、ＮＥＸＴ21です。規模がもう少し大きくなり、もう少し安くつくれるようになって、ああいうものが増えていくとよいと思っています。

阪神大震災では、区分所有法がどうにもならなくなったということもあるでしょう？　そうするとＮＥＸＴ21のような方向の可能性がある。そうすると、あるいはそこに街並みができるかなあ、と思うのですが、一番大きな問題はああいうビルディングをインフラとして認めることが日本の今の法体系の中で成り立つかどうか。ＮＥＸＴ21が成立しているのはあれが大阪ガスの社宅であるということであって、例えばあの中の住宅を建て替える場合でも、大阪ガスという大きなバインダーがあるから、ほっといても劣悪な居住環境にはならないだろうということがあります。しかし、あれを一般のところでやろうとした場合、お互いに権利を出っ張らせてきて道が細くなるということもあり得るでしょう？　そういう権利関係が出てきた時に今の建築基準法の中で収まり切るかどうか。

ＮＥＸＴ21はその辺をどうしているかというと、仮想の住宅をつくって、まずそれで認めてもらって、実際に建つときには設計変更として認めてもらう、そういうかたちを取っています。敷地の中にいくつものブロックがあると、全体の日影線を出さなければならないのと同じで、一軒ずつ建て替えるたびに全体の認可を提出し直さなければいけない。そういうことがこれから先、解決しなければいけない問題ですね。法律の先生で住宅に興味を持っている方たちに、ＮＥＸＴ21を見ていただきたいのです。

平良　あれが増殖可能になると面白いんだけれどね。

内田　人工地盤みたいなかたちですね。インフラをつくる建築家と、個々の家をつくる建築家を分けたらどうか、というのがＮＥＸＴ21の試みですが、街並みでいえば、道路があって、家ができるわけですが、道路の設計者が家まで設計しなくてもいいんじゃないかと思う。

平良　建築家もモニュメンタルなもの、町の中の目印になるものをやる人と、住宅のような「地」の部分をやる人が分かれてくる。

内田　ぼくは本当は両方やりたいんです。だけど、同じところで両方をやってはいけないんじゃないかなと思っています。マスタープランをやったところではその建築家は個々の建物はやらないとか、ブレーンが違ってこないと面白味が無いですよね。だから街並みというのは難しいんですね。

そういう意味では、街並みもそうだけれども、キャンパスや工場も難しい。東京都立大学はマスタープランを大谷幸夫さんがやり、日本設計が設計した建物の中に高橋靗一さんがデザインした図書館や国際交流会館がところどころにはめ込まれるようになっていて、なかなかいいですよね。工場で建物が面白いというものはあるかもしれないけれど、全体としていいというところはなかなかない。平良さんは山形のオリエンタルカーペットに行ったことがありますか？　あれはなかなかしゃれていますよ。木造で、何とも言えず面白い。戦後初期の無骨なトラスが組んである。一度行ってみるといいですよ。あれはきっと、社長さんがちょっとセンスがあるのではないですかね。

住民参加は計画コンペ方式で

内田　ぼくは、更地の都市計画は一人でやらざるを得ないと思います。議論したからといって、なかなか上手くいくものでもない。しかし、どうということのないものでもいいから、例えば川があるとか、何か手がかりになるような歴史があるところはいいけれど、そういうものが何もないとやっぱり直線道路になってしまう。

平良　幕張もどうしてグリッドプランにしてしまったのか、ということはありますね。一人でやっても、集団でやってもああいうふうになっちゃうんだね。

内田　住民参加は本当に難しい。ぼくは、住民参加はコンペがいい、と思っている。

平良　そのコンペというのは建築家のコンペではなくて……。

内田　コンペというとすぐにデザインコンペと思うけれど、そうではなくて、計画のコンペです。計画コンペというのは、いろいろな利害関係を調整するためのものだということを公共団体が理解してくれるといいですね。

ドイツはそうなんです。コンペというのは利害を持っている人たちがすべて、それぞれ案を出して、利害関係の無い人が審査する。そういうことが大前提で、お金がなくてコンペに応募できない人には助成金を出す。反対運動をやっている人たちにも案を出させる。そのためにも助成金を出す。反対運動というのはエネルギーがあるから、助成金を出すと良い案をつくるんです。でも、自分たちだけに都合のいい案をつくってもコンペでは通らない。お互いに上手くいくような案が当選する。利害関係のある人、全部をそのコンペの中に包含して、それ以外の案は無いという、あきらめの中で決定する。コンペというのは一種のあきらめの手段だということです。お役所から一方的に一つだけ案が出るというのは、ダメです。一つしかない案を叩くのはわけないわけですよ。叩く人は必ず代案を出さなければいけない、ということにすれば良いのではないかと思う。一つの案を叩いて対案を出すというのを繰り返してもいいが、それでは時間がかかり過ぎる。そこで全部まとめて一挙にコンペで決めるというのが、時間的にも労力的にも経済的なわけです。そこが理解されていない。

明治大学のキャンパス再開発の時に、全学の合意を得るにはどうしたらいいかということで、アイディアコンペが良いということになりました。応募案がつくれない人には建築学科が応援して案をつくりますからと言ったら、ある先生は入院中だったのですが、アイディアを持っているからどうしても応募したいと言われた。それで建築学科の大学院生を一人付けて、案をつくったんですよ。

平良　そういうふうに建築家が形を引き出せばいいんだよね。市民だってコンペに参加できるような形にすればいい。

内田　明治大学の場合にはそれほど費用がかからないアイディアコンペだったけれど、街のコンペで費用がかかる場合には助成金を出す。反対運動をやっている人たちに助成金を出すなんてぼくは考えられなかったけれど、ドイツではちゃんとそういうことをやっていて、しかもそれが良ければその案を飲み込むんだから、素晴らしい。

平良　それは面白いね。その方法はきっと可能性があるな。

内田　これからは三里塚のような場合でも反対派にもちゃんと提案させたらいい。

平良　今、三里塚で運輸省（現国土交通省）と話し合って解決しかかっているグループがあるのですが、それに経済学者の宇沢弘文さんが加わって「三里塚農社」という事業体の創設に一生懸命取り組んでいます。宇沢さんは社会的共通資本という市場経済では捉えきれない価値概念を提唱している方です。土地もそうだし、川も山も森も社会的共通資本だという考え方を経済学の中に持ち込んでいるのです。都市なんか、まさしく社会的共通資本ですよね。そう考えると、いくら建築家が建物をデザインしたといっても、デザインの著作権はあるかもしれないけれど、それよりも社会的所有権というかな、市民のものだという考え方が強くなると著作権というのはどこかへすっ飛んで行っちゃう。こういうことを言うと建築家から反発を食らうかもしれないけれど、経済学の中にはそういう考え方が出てきています。

内田　そうですね。いかに共通の財産を膨らますかということの方が重要ですね。

阪神大震災のときもそういう話をしたのですが、まだまだお役所は腰が弱い。反対運動に補助金を出すなんていう発想がなかなかありませんね。

平良　反対運動をしている人たちもそこまで要求するといいと思うんですね。ただ反対、では何も実らないですからね。

内田　一番いけないのは、唯一の案を持ってきて押し付けること。神戸の場合もそれが問題です。案はこれ一つです、というのではね。それで、それをゴリゴリ押してくるというのは……。（笑）

平良　神戸市は最初にそれで突っ張っちゃった。

内田　道はこれでないといけないと言う。それが反対に会うと、行政は一歩譲歩すれば二歩譲歩しなければならないし、何時になったら決まるかわからない、そういうサイクルになってしまうわけです。

まちづくりがそういう情況から抜け出すためにも、無駄なところはなくして、みんながそれぞれ、お互いに我慢せざるを得ないということを認識するための、まちづくりコンペをやると良いと思いますね。

第十五章

都市の「精神」

対談者／大谷幸夫（『造景11』一九九七年十月）

地方都市に馴染まなかったモダニズムの建築美

平良　今日は、建築家・大谷幸夫さんの建築美学、設計作法についていろいろお聞きしたいと思っていまｓ。大谷さんは丹下健三先生のところで長い間、建築の仕事に携わってこられ、独立したのが三十六歳ですね。独立後、初めての仕事が「東京都児童会館」（一九六二〜六三）ですか？

大谷　「麹町計画」（一九六〇〜六一）をまとめながら児童会館の計画が始まりました。「麹町」で意識したことの一端を、建築設計の場で実際に生かしていったわけですが、児童会館はちょうど積み木細工みたいに構成されています。

平良　その後、「国立京都国際会館」（一九六三〜八五）の設計競技で最優秀賞を受賞されたわけですね。児童会館もそうですが、大谷さんには空間の単位をどういうふうにつないでいくかという考え方があると思います。「京都」もその流れと見ていいのでしょうか。「京都」では台形の空間をつくっているストラクチャーによって全体が一元化されている印象が強くありますね。

大谷　あれはセクションを見るとよくわかるのですが、考え方は児童会館と同じです。児童会館の場合は

大谷幸夫（おおたに・さちお）氏／1924年東京都生まれ。1946年東京大学工学部建築学科卒業。1951年同大大学院修了。1964年同大都市工学科助教授。工学博士。1971〜84年同大教授。1984〜88年千葉大学工学部建築学科教授。現在、大谷研究室代表。主な作品に国立京都国際会館、沖縄コンベンションセンターほか。

集合に対応する固有の構造システムを必要とするほどの固い集合ではなかったけれど、「京都」の場合は台形、逆台形というトラス型の構造システムを伴うことで全体を統合しました。

平良　われわれは建築の外観の印象から入って、それから設計者の説明や図面を見て「ああ、そういうことか」と思うわけですが、京都国際会館から「沖縄コンベンションセンター」（一九八三〜九〇）に飛ぶと、あれっ、大谷さんの美意識が変わったのかな、という印象を受けました。その辺の事情をうかがいたい。

ぼくが「沖縄」で一番感じたのは、屋根の曲面とエッジの処理の仕方が印象的で、海の波打ち際のような自然の景観とだぶって見えました。それと、それまでの大谷さんの設計の中にはあまり感じられなかった日本の伝統的な木造建築、それはヨーロッパの建築史に見るような、一つの流れとしてはわれわれには見えてこないけれど、でも何となくありますよね。そういう日本建築の伝統がどこかで大谷さんの身についていたのか。特に屋根は日本の寺院や宗教建築のような印象を受けました。

沖縄コンベンションセンター（撮影／平良敬一）

そこでうかがいたいのは、沖縄コンベンションセンターについてだけではなくて、モダニズム建築についてなのです。日本の戦後のモダニズムの動きの中で、ぼくも最初は丹下さんの建築美に圧倒されました。ぼくは社会的なイデオロギーとしては左翼で、マルクス主義の影響を受けていましたから、こんなに丹下さんの美に惚れ込んでいいのだろうかと思ったことがあります。そのうちに、丹下さんの建築がわれわれにアピールしてくる形式美には日本的な情感を漂わせているということがわかったのです。しかし、生活感覚からいうと、われわれにとってもう少し身近な土着的なもの、あるいは日本建築史の中でわれわれが触れてきたテクスチャー、手触りみたいなものが欠けていて、われわれが将来望むものとはちょっと違うかもしれない、と思いました。モダニズムに対する不安も少しずつ感じていたわけです。だから、何もわからないにも関わらず「機能主義を越えるもの」なんていう短文を書いたりしたのです。しかし一方で、当分は機能主義でいくしかないのではないかとも思っていました。どこまで行けるか、行った先で考えればいいんだ、そんな調子だったのですが、そういうときに大谷さんが現れたわけです。

大谷　麹町計画に至るまで、ぼくは丹下さんのところで文字どおり「近代建築」というものを学んだわけです。広島の記念公園はコンペでしたが、あの時、丹下さんが出された基本的な案を見た途端に、ぼくは「これで一等になりましたね」といいました。これでいいんだと思ったのです。ただし、三つの建物それぞれのデザインはまだ固まっていなくて、実施設計の際にまとめられたのですが、特に本館といわれている右側の建物は、その後、その亜流のようなデザインの市庁舎が各地にできていきました。あれは明らかに日本の伝統を踏まえて、近代を目指していて、強烈な印象をもちましたし、ぼくはコンクリートであゝいう構成とプロポーションの公共建築ができるとは思ってもいませんでした。そのことはプランニングにも表れています。庭と一体になったような、閉じない、流動する日本の空間の気質をもっていました。

平良　実物でいうと陳列館の方が迫力がありますね。

大谷　しかし、ぼくは方法論という点では本館の方がいろんなことを示唆していると思うんですね。
ぼくの意識に日本的なものが最初からあったことは事実です。ただし、ぼくにはそれを今出してはいけないという意識もありました。今はまず、近代建築を学ばなければいけないと思った。

平良 近く、浜口隆一さんの遺稿集を出すことになっているのですが、浜口さんも一九四三年に丹下さんや前川國男さんが参加した「大東亜記念造営計画」のコンペの批評「日本国民建築様式の問題」で、日本的な建築ではあるが空間的、行為的である、行為的というのは機能的という意味だと思いますが、そういう点で二人を擁護しています。ところが戦争が終わって、浜口さんはラディカルな機能主義者に一変するんですよ。

戦後は、日本的なものは出すべきではないとか、モニュメンタルなものはダメだと拒絶反応を起こしたように気迫を込めて言っています。浜口さんは「前川さんがあのコンペに参加してくれなければよかったのになあ」と後で感想を述べています。

ぼくらはその辺の事情をあまり知らないのを幸いに『新建築』誌で川添登主導の下に伝統論争をやりました。日本的なものという問題意識の面では、戦前とつながっているかもしれないけれど、様式主義と次元は異にして、改めて日本の伝統を現代建築の中に生かしていくべきだという思想でした。ところがそれに対して、浜口さんは厳しいんですよ。

大谷 ぼくも、そういう雰囲気を感じ取っていましたが、それを突き抜けたのがイサム・ノグチですよ。彼は平気で日本的なものをもってきて、しかも極めてモダンでもあった。イサム・ノグチはそれをこだわりなく表現して見せたわけで、あれにぼくらは勇気づけられました。

平良 ぼくらも刺激を受けました。

大谷 その後、丹下さんは各地の市庁舎などを手掛けられましたが、地方でいわゆるモダンなデザインといわれるものを建てても、近代建築は方法として地方に根付かなかったように思うのです。ぼくは、それがまず気になった。どうしてそういうことになるのか。ぼくは、いわゆる中央による支配という違和感があったことと、役所ばかりを相手にしていることが好きではありませんでした。ぼくが丹下さんのところで最後に担当したのは大阪の電通ですが、あれは役所は嫌だといって民間の最たるものをやらせてもらったのです。電通をやってさっぱりしました。なぜなら、相手のいっていることがわかるからです。役所が相手だと、なぜだめなのか、なぜ拒否するのかわからないんです。

平良　役所という組織は責任をとる主体が不明で、具体的な要求が出てこないのではないでしょうか。それよりは民間企業の方が、たとえ異質な要求が出てきたとしても、対話が成り立つ。

大谷　ぼくは丹下さんのところで旧都庁舎を担当しましたが、そこで建築計画上の原理の普遍性とか、原理が原理である根拠は何かについて学びました。なぜそんなことを意識したかというと、都の担当者も周りの人もあの建物はモダンなデザインで使いにくいというわけです。ぼくはそんな馬鹿なことはないと思った。そこで、どこが使いにくいのかを一つずつ聞いて、ぼくはそれに全部応えようとしたんです。それでわかったのは、彼らがいっている多くは平面計画上の、機能的な意味での使いにくさではなくて、面積が足りないということなんです。つまり一つの部局がワンフロアで収まらずに、残った人たちが上階に行ったり下階に行ったりしていて使いにくいというわけです。だけどそれは第一に敷地面積や形状の問題であって、プランニングの責任とはいえない（笑）。

そういうことを考えたのは、もしあのプランが普遍的な原理だとするならば、Aという要求には応えられるけれどもBという要求にも応えられなければ、普遍的な案とはいえないと思って、すべてに対応しようとしたのです。そういうやり取りをしながら、普遍性とか個別性とか、あるいは個別性の中にも普遍性があるということを学びました。

未来都市像と団地への反発が生んだ麹町計画

大谷　一方、丹下さんのところに約十五年いたことになるのに気がついてびっくりして、こいつはまずいと思ったのです。若い人が責任を持つようにした方がその人のためにもなると思い、直ちにやめることを決めました。そして、ぼくはどういう考えで建築をやろうとしているのかをまとめようと思い、一年間、家に引きこもろうとしました。そしてまとめたのが麹町計画です。あれは世界デザイン会議をはじめとする、あの頃の風潮に対する反発がモーメントになっているのです。

高度成長に入る直前、東京で世界デザイン会議が行われ、あの頃は未来都市の論議が盛んに行われました。そこでは現実の市民の生活や問題については具体的には何も語られないで、われわれが目指す輝かしい都市とはこういうものだということが盛んにいわれていました。ぼくは、そのイメージに従って市民は生活しろといっているのかというふうに感じて、それに反発を感じていました。

平良　ぼくも世界デザイン会議に対しては傍観者でした。麹町計画は大谷さんがこれから取り組んでいかなければならない世界を、個から全体へ向かってという論理的、階層的な構造でつかまえて書いた文章ですね。

大谷　あの頃の未来都市像というのは都市の全体像を提示して、その方向付けや枠組みによって市民の生活を導こうとしていた。つまり全体から各部分を規定しようとしていたわけです。ぼくはその方法論がまったくナンセンスだとは思わないけれど、反対に部分から全体を導いていく、その両方の方法がなければいけないのに、当時は後者の方がまったくおろそかにされていたわけです。

平良　あれは、個とは個人でもあり、人間主体でもある。個が複数になって、より高次の主体ができる。そういうふうにして高まっていった高次の主体が都市だという考え方でした。ぼくは、主体の概念が建築理論の中に初めて登場した、画期的な都市論だというふうに受け取っていました。

大谷　主体をはっきりさせたのは、記号論的にいえば、お隣の晩御飯もうちの晩御飯も機能的には同じ食事ということになりますから、大食堂をつくればいいということになる。それなのになぜ各家に厨房があり、リビングルームがあるのか、人間という存在を除いたらその根拠がなくなってしまうわけです。あれは機能で分けているのではなくて、主体で分けているのです。

平良　それまでの機能主義は主体無しの機能を論じ

ていました。よく考えてみると、機能というのは単純な一つではありませんね。絶えず複数の機能で成り立っていて、その複数の機能に対応した人間の主体というものがある。

大谷　別の言い方をすると、機能主義は、人間というものを寝るとか食事をするとか、主として機能で分解してしまったんですね。人間を機能で分解して、人間不在になってしまった。ところが一人の人間にとっては、自分の部屋でだらしなく食べたりしているのが一番おいしかったりするわけです。

平良　そう。コルビュジエがそれをいったときにはなかなかポエティックだったし、それほど機能分析的には感じないで複数の人間の行為として受け取ったはずなんだ。それが機能主義といったようなかたちで伝わっていくうちに、コルビュジエの観念とは違う方向にいってしまったという感じがありますね。

大谷　建築を設計するとき、主体としての人間を具体的にイメージしながら、その人間が行動している姿を想定して機能を考える方が危なくないんです。

平良　浜口さんも戦前の理論の中には「空間的、行為的」と書いているんですね。ヨーロッパの空間は構築的、物質的な側面が強いけれど、日本建築の特徴は空間的、行為的側面への傾斜が強い。だから日本的なものという場合にはこれを受け継いでいけばいいし、前川、丹下の案はそれをちゃんとやっている、そういう論旨です。あれは画期的な論だったと思う。

大谷さんの麹町計画は、中庭を中心とした住戸の単位が沿道につながって集積されていくという案でしたね。

大谷　麹町計画をやる時にぼくがもう一つ反発したのは、あのころできてきた住宅団地なんです。団地はサラリーマン風の家族像があって、その人たちのための住居ですね。ところがそれまでの都市を支えてきたのは、都市計画用語でいうと住商あるいは住工混合地域です。職人さんたちは高い技術で日本の工業の発展を支えてきたわけですが、その人たちが新しい経済状況の中でいろんな問題を抱えるようになり、存亡の危機に晒されていた。しかし、当時の未来都市像はそのことについては何も触れないで、新しい都市像を打ち出していたのです。企業等に勤めているサラリーマンの住居は大々的に提示されていますが、今まで都市を支え今も活動している人たちが抱えている問題は克服されないままで、新しい豊かな都市など在りうるのだろうか。現代の問題は未解決のままだけれど、新しい都市でみんな幸福に暮らしていますということが成り立つのだろうか。新しい都市像があるとすれば、現在抱えている困難な問題を克服して、その上で花開いていくものではないか。そういうふうにぼくは思ったわけです。今まで都市を支え、今、危機に晒されている層に対してどういう解決方法が考えられるか。目の前の仕事場で文字どおり家族だけに支えられて物づくりに励んできた人たちの住居と仕事場をどう確保し改善するか。あるいは車の普及にどう対応するか。それをまとめたのが麹町計画です。

平良　あの当時の団地づくりというのは、住宅を必要としている人は統計ではこれくらいいるといってやっていたわけで、具体的に町や都市を構成している対象を考え、そういう現実から割り出してどれだけの量と質が必要かということではありませんでした。

大谷　要するに「主体」が存在しなかったわけです。ぼくは下町で働いている老夫婦とか、若いお兄ちゃんの姿が頭の中にイメージとしてあるから、その人たちのためにやろうとした。

平良　昭和三十五年の時点でそういうことをいったのは画期的だったし、現在を見通していましたね。

大谷　住宅団地への反発というのは、一つにはぼくはああいう団地へ夜一人で帰るのが怖いと思った（笑）。旧来の商店街を歩いていれば、もし襲われたとしても中から人が出てきて助けてくれる。だから安全なんです。ところがオープンスペースが設けられていて、木の間を歩いて帰る夜は怖い。もちろん公園は必要ですが、安全を保障することが住まいの基本ですから、そういう問題も考えなければならない。

ぼくはある時、丘陵の中に団地をつくるので計画案を見て欲しいといわれたことがあります。その団地は私鉄の駅から一キロメートルくらい離れているんです。もし帰りが遅くなった場合、畑の中の一キロの夜道は大変不安になります。これは危ないから駅から沿道に住宅を建て並べて人々を迎えに出るようにすればいい、といった。そうすると最初に計画された住棟は、みな沿道に出てきてしまい、山の中に建てる必要がなくなって、これなら山を削らなくてていいから自然保護にもなるよといったら、怒られました（笑）。

ぼくは戦後、焼け跡で寝ていたことがあって、暗闇を進駐車のジープが走っていて、なんだか怖かった。そういう経験もあって、建築は道路に対して人を迎え出るような形にしないといけないと思っています。団地計画ばかりを考えるなということです。

平良　大谷さんから見て、割合いいなと思う団地はありますか。

大谷　例えば内井昭蔵さんが統轄した南大沢のベルコリーヌですね。ぼくもあの中の高層棟を担当しましたが、南大沢では建物群が人を迎え誘導している。

平良　あれは高層棟がシンボリックで、成功していますね。

大谷　あの高層棟は、尾根筋に沿って生き残った針葉樹の姿です。建物を建てるために伐ってしまった自然の記憶を残そうとしたのと、団地の常夜灯なんですね。夜、帰ってきて、例えばあの三棟目の道を入ると自分の家だとわかるように。この高層棟は地形に合わせて、ずらしていけるようにプランを考えています。

南大沢をやったときには数人の建築家が分担して設計しましたが、その中で高層棟はどうしても目立ってしまう。中層棟や低層棟をやっている建築家たちはこれがどんなデザインになるのか気になるわけです。目立つのはいいけれど、目障りになっては困ると思って、ぼくは急いであの場合の高層棟の考え方を案にまとめ、意志表示をしたわけです。もちろんそれは議論を具体的に進め、案を固めるためですが、何も提案しないと他の建築家は文句のいいようも対処のしようもない。事務所に高層棟の模型が残っていますが、そこでこの模型を一番最初につくってみなさんに見てもらったわけです。

平良　南大沢は低層部分もなかなかいいですよ。それぞれアプローチが面白い。ぼくも実際に見に行って感心しました。

沖縄への鎮魂歌

平良　「沖縄」の模型はそれ自体が粘土でつくった

大谷さんの作品といえますね。これは図面をあとから描いたわけですね?

大谷　まず粘土でつくって、それから図面に起こすんです。

京都国際会館にも日本的な部分がありますが、ぼくは伝統的なものは身体に滲みついているもんだと思っています。例えば曲線を描いてこれでいいと思うものは日本の石垣や日本刀の反りだったりする。けっして中国の青竜刀やヨーロッパの刀のカーブのようにはならないわけです。それは身体にくっついているものなんですね。

平良　大谷さんは例えば日光の東照宮をどういうふうに受け止めますか?

大谷　弘前の「ねぶた」に出てくる色調もそうですが、確かに日本の伝統にも二系統ありますね。あれはなかなか勇気とエネルギーがいりますよ。ぼくなんかはとても太刀打ちできない。無難に、薄い色で逃げた方がいい。

平良　東照宮もよく見るとなかなか良いディテールがあったりする。色のハーモニーも俗っぽいだけではなくて、お祭りになるとああいう色が出てくる。活気のある祭りというのは東照宮とか「ねぶた」につながりますね。

ところで沖縄コンベンションセンターで一番考えたことはどんなことですか?

大谷　最初は、沖縄県がコンベンションセンターの企画をされて、意見を聞かれたのです。京都の国際会議場をやったとき、コンペの要綱には展示場なんてどこにもなかったし、会議場に大規模な展示スペースが必要だなんて思ってもいなかった。ところがこの頃の国際会議はスポンサーがいて、そういうサポートがあって学問も展開していくわけですから、展示場がないと会議が成り立たない。それで展示場的なものを後からつくったのですが、京都での経験からこういうことを注意された方がいいですよといったアドバイスをしました。そんな経緯があって設計を委託されることになったわけです。

個人的なことですが、ぼくは沖縄にはとても行けないと思っていたんです。それは、内地の人間は沖縄が一般の人を巻き込んだ戦場になったことを知っていて何もしなかったわけだから、おいそれとは行くことができないと思っていた。沖縄でコンベンションセンターの設計をやることになって、ぼくは建築家として建築の設計を通して沖縄の人に挨拶をしなければいけないと思ったのです。もちろん一人の人間として挨拶することが基本ですが、建築家としては建築を通して表現しなければならない。それは関東大震災の慰霊塔のようなものではないはずだと思ったのです。もちろん、施設としての機能的な要求に対しては誠実に応える。それがなかったら建築にならないから、機能的なことはちゃんと充足する。それを前提としてこの建築で何を意図したらいいのか、何によって慰霊の言葉とするかを改めて考えたわけです。その時に思ったのは、沖縄では六月の炎天の下に大勢の方が屍を晒したわけです。ぼくはそういう写真を何枚も見ました。ぼくらはその人たちに何もできなかった。せめて覆いだけでもさしかけ、屍を覆ってあげたいという気持ちだけをあの建物で表現しようと思ったのです。

平良　それがあの屋根ですね。

大谷　大きな屋根をかけて日影をつくると、沖縄の人が大きな木の下で腰をおろして休んでいる光景のようでもあるし、日影の下で催し物や会合もできる。そういったイメージをもうちょっと拡げていったのですが、沖縄の説話に鳥が幸福を運んでくるといった話があることを聞いて、あの戦争で追いつめられた人たちが逃げ場を失ったときに、最後に静かな海の中に、洞窟の奥深くに安息の地をイメージされたであろうことを、あるいは大鳥が羽を広げて舞い降りどこか平和な国に連れていってくれることを夢見たであろうことを思い、その三つのイメージを建築にしたわけです。

屋根はマンタとかウミガメを連想するともいわれましたが、庇をちらちらさせたのは木の下から空を見ると葉の合間から日差しがちらちら見えますね。鳥が羽ばたいているのを見ても、自然の中ではエッジは常に外部と応答している。

平良　建築というのは抽象的な言語でできているようだけれども、その背後に具象的なイメージがあるのとないのとでは違ってきますね。

大谷　ぼくはデッサンをしているときも、例えばはっきりした円形で固めるというようなこと、つまりこうだと断定することがあまり好きではないんです。そんなに自信はない。だから書いてからぼかしたりするのですが、しかし建築は確定しなければいけない。そこに違和感があるんですね。沖縄の場合は、パーゴラ風に透かして、エッジが固まらないようにしました。あれも鳥が飛んでいるときの風切り羽や、風に揺れる梢とか波の水しぶき等がイメージにあったわけです。

平良　伝統的な日本建築でも外と内の境界に簾が下がっていたりしますね。

「都市」には歴史的積み重ねが必須

平良　建築単体ではいろいろ表現が可能ですが、都市になると個々の建築が達成したそういう質が単純に集まっただけでは、なかなか良い都市にならないということがありますね。

大谷　それはハーモニーになるか、ソロになるかですね。音楽だってそうですし、建築だってそうです。もちろん、それぞれがしっかりしている必要がありますが、同時にそこに何らかの応答関係がなければならない。

平良　個々の建築が優れているだけでは良い都市にならないわけですね。

大谷　ぼくはそういう点では日本の生け花というのは優れていると思うのです。さまざまな花を持ってきてアンサンブルをつくる。そういう素養が建築家にも必要ですね。お隣にすでに厳然とたっているものに対してちゃんと応答しろということです。自分の主張はしてもいい、生け花でいえばススキが野菊になる必要はないけれど、ススキをこっちに向けるかあっちに向けるか、あるいは少し高さを変えるとか、そういう素養がないと建築家としてまずいのではないかと思います。

平良　建築と建築の間にある「地」になっている部分が重要なはずなんだけれども、その「地」をお互いにせめぎあって、壊しちゃうということが建築の現象の中にありますよね。

大谷　昔、青山通りにビルディングが建ち始めたときに、文字どおり互いにせめぎあってひどく過密な上にデザインがそれぞれ勝手だから、騒然とした町並みになってきてがっかりしたことがありました。ところが、ある日、夕方たまたま青山通りを歩いていたら、西日を受けて真っ赤な空をバックにしてすべての表情がかき消されてシルエットになっていた。あれはダイナミックで、迫力がありました。逆光で見ると表面の表情が消えて、外形あるいはスカイラインだけになり、せめぎあいもかき消されてしまうんですね。色調も黒と赤で、きれいだった。

平良　抽象化されたわけですね。

大谷　すべての細部や具象がそのまま集合したのでは全体は騒然とするだけで、何らかの抽象化、構造化が必要ですね。ですからせめて、それぞれの建物がファサードをもう少し考えるべきです。ヨーロッパの街へ行くとコロネードをよく見かけますね。あのコロネードに当たる高さぐらいまで何かデザインの連携ができれば、建物が次々と建てば建つほど街がつながっていく。初めからそういう建築的な約束事を考えて協定できればいいのですが。

平良　コロネードのようなものがあるとモダンな高層ビルも、雨の日にも助かるし、風景が違ってきますね。

大谷　オープンスペースを取って高層ビルを建てるという方法は、近代建築の考え方としてはいいけれど、道を歩いている人にとっては町中を歩いているときに拠り所がなくなっちゃうわけですね。にわか雨が降ったら、相当走らなくてはならない（笑）。雨宿りの庇がありませんからね。

平良　ヨーロッパの都市の良いところは、都市生活的風情の手がかりがあって誘導されるように歩いていけるところですね。

大谷　イタリアでもボローニアとか北の方は冬寒くて雨が降るんですね。夏は強い日差しがある。それでコロネードが有効なのです。日本にも、雪国に雁木がありました。キャンパスの計画でいえば、ぼくがやった金沢工大は雪国ですから、コロネードで教室や研究室をずうっと続けるようにしました。町中でもそういうことがあっていいですね。

平良　さて、日本の都市はこれからどうしたらいいのでしょうか。

大谷　ぼくは保存の問題に関わっていますが、保存というのは幾つかの課題があります。例えば、なぜ保存をするのか、必ずその理由を聞かれますね。文化的にどうだとか、歴史的にどうだとか理由を羅列して保存する価値があるというわけですが、そうは言ってもそれで言い尽くしたことにはならないのです。歴史的に積み重ねられてきたものは、それをどう評価するかを断定することは大変困難です。しかし、いろんな人がそれぞれ別な意味付けを発見する。保存というのは、実は不確かな確定できない何かをそっと受け止めておくという行為なんですね。そのわからないものに対する畏敬の念というのかな、それがないと、保存の理由にちょっとでも反論が可能だと、保存しなくても良いということになってしまう。反論することは一向にかまわないけれど、それでも対象のすべてがいい尽くされたわけではない、そういうことになってくれないとまずいんですね。

それともう一つの理由は、これだけ進んだ現在の生活の中で古いものが意味をもつのは、生物学的なアナロジーで、発生の古いものほど原理的である、あるいは系統発生を個体発生が繰り返しているのと同じように、初原的なものほど根源的だからです。だから「古い」のではなくて、それは最も普遍的である。ぼくはそう思うから、古いものほどまずは残しておきなさいというのです。

平良 原点回帰ですね。それをモダニズムは否定してきたんです。でも、ヨーロッパでもそれをもう一度見直す、最初に戻ってみるということをやっていますね。

大谷 芸術運動でも、何かに行き詰まると古典に帰るといいますね。

平良 それとノスタルジーもあるんだね。ノスタルジーというと、だらしがないといって否定されるんだけれど、でもそれは致し方なくある。

大谷 人間の中には子宮の中のような感覚に安心感、安堵感を感じるということがあるんですね。それは生理的、生物学的感覚、細胞レベルの感応ですから、否定しても仕方がないですよ。一番問題なのは、亜流みたいな、古いものに媚びたようなデザインはちょっと問題ですね。古い町並みの中に新しいものをつくるのは本当に難しいですよ。

平良　確かに難しいですね。古いものに同調しようとすると、それよりよくなるはずがない。

大谷　修復の観点からいうと、例えば一九九七年にここを補修したということをはっきりさせる意味もあります。なまじっか様式を合わせてつくると紛らわしいわけです。そういう意味もあって、例えば古い建物に照明器具を追加するような場合はむしろ現代的なほうがいい。石垣の修復なんかでも、これは何年に修復したと石の裏や片隅にわざわざ書いたりしますよね。古いものに合わせるべきか、あるいは対比的にやるべきか、それは公式があるようには思えないですね。一つ一つ考えなければならない。ただ、そうやって一生懸命考えてやったものは、たとえ失敗しても許されるという感じがしますね（笑）。

平良さんが槇文彦さんとの対論の中で、環境が問いかけてくるような何か圧力があるというお話をされていましたが、そういうことは明らかにありますね（第二章）。建築にもそれがあるんですよ。特に古い建築に入ると、ぞっとするときがある。

平良　それはアメリカのジェームズ・ギブソンという心理学者の説ですが、人間の環境認知能力というのは赤ん坊の時から備わっていて、母親がいなくなると恐怖に震えて泣き出したりする。科学的知識がない頃から、環境の中で自分にプラスになるもの、拠り所になるものを感じながら自分の生活圏を拡げていく。そういう能力が人間にはもともとあるというのです。

大谷　建築家は特にそういう応答能力を持っていないとだめですね。だけどそういう能力はどうすれば鍛錬されるのか。保存をやっていると、これはこうすればいいと建物がいってきたり、職人さんの顔が見えるような気がしたりして、だから壊せないんです。

千葉市立美術館では、古い様式建築を保存して新しい建物の中に取り込み、美術館や中央区役所の共用の玄関ロビーとして使っているのですが、ぼくはこのホールの部分だけ七十年前に先につくっておいてもらったんだと言っているわけ（笑）。

平良　両国の震災記念堂と平和記念堂の合築問題がおきて、ぼくたちは反対していたのですが、現在、その点は引っ込めたようなんです。引っ込める前の合築案というのは震災記念館の壁だけを残して、そこに新しい平和記念館を納めてしまうというような案でした。今はそれはやめて、公園の入口のところから地下に平和記念堂をつくって連絡させるということで、これはまだどうなるかわかりませんが……。ぼくたちの主張は、伊東忠太の震災記念堂と、中国から来た鐘楼と、佐野利器が関係した建物の三つをまとめて登録文化財、もしくは東京都の文化財に指定しろと要求しているのです。壁だけを残すという方法が普及すると、あれは困るんだよね。

大谷　千葉も最初はその危険性がありました。

平良　その壁の装飾が優れたもので、それをどこかに保存するというのは、これは建築の保存ではない。装飾の保存ですね。建物をハイレベルな美的完成物として考えるのではなくて、町並みを考えるときに、それが市民に投げかけてくるサイン、そういうものの配置の仕方、ある角度から見るとどういうふうに見えるかとか、建物単体の視点ではなくて町並みの視点が必要ですね。

大谷　都市ということを考えるときに、根こそぎ新しくするというのは、どうも腑に落ちないし、納得できない。もともと都市は歴史を持っているんですね。昨日できたところはまだ都市ではない。都市には時間が必要なんですね。人がさまざまな生活を展開して、筑波学園都市もやっと少しは都市らしいかなという感じがしてきましたが、都市はそれぞれ歴史を歩んでいるわけですから、根こそぎ変えてしまうということは、都市を否定したことになる。ぼくにはそういうふうに思えます。歴史を持っているということは、いろんな時代の成果、痕跡がモザイクのように散りばめられていたり、層状に重なっている。そういう意味で、現在の行為を都市に付け加えていって良いし、そうすることで歴史が未来につながるわけです。何もしないと、そこで歴史が一度切れるのです。ですから、むしろ修復という方法で足していくとか、現代の構造力学で強化したり補強したりする。足りない分を補てんするから次の時代にも使えるのです。

平良　ぼくらにとってはヨーロッパの都市は魅力がありますが、それはいろんな様式が混在しながらある釣合をもっている。

大谷　そうですね。それを日本はどうして根こそぎにするのか、ぼくにはどうにも納得がいかない。そのことを通してぼくがみなさんにいうのは、一般市民が生きてきた記録というのはどこにも書かれていないけれど、ただ一つ、その人が住んだ町とか家がその人の記録だと思うのです。実際に、その家がなくなったり町がなくなると、そこに住んでいた人の記録はなくなりますね。建物が残っていると、あそこでじいさんが毎朝豆腐をつくっていたな、と思い出すのです。だから町は普通の人の生存の記録、古文書なんです。建て替える場合はその歴史を新しい建物に記録し、受け継いでもっと豊かにする、そういうデザインでなければいけない。建て替えが歴史を消し去ることではいけないのです。

平良　それは建築家の責任重大ですね。美意識がからむと難しい。美しいと感じることは、いい感じだなとか、ここにいると落ちつくという問題を含めて、美と考えたいですね。

大谷　ぼくは古い人間だから、美の意識は倫理観を伴っていると思っています。それを伴わないと、はしたないと感じる。

平良　近代建築には機能主義的な倫理観がそれなりにあったわけです。

大谷　ぼくらが知っている近代建築のモーメントは劣悪なる都市住居の解決でした。あのヒューマニズムは人間としての倫理観でしたよ。

平良　そう、浜口さんの『ヒューマニズムの建築』も機能を越えたもの、モニュメンタルなものは認めないという機能主義の倫理観があるわけですね。

大谷　建築は人間を守るためにある、その本当の使命を果たさないとは何事かということです。

平良　ただ、あの頃の機能主義は狭くて、もう少し人間を考えるなら、もっといろんなことを抱擁する機能主義でなければいけない。

大谷　ぼくは民家を見ていてその辺のことが少しわかったように思います。神社仏閣を見ているとわからなかったけれど、民家を見ていると建築は機能を果たすのではなくて機能を受けとめるわけです。人間のさまざまな行為や感情、生活に対して包括的にそのすべてを含み込む。

平良　それを別の言葉でいうと、生活行為を受け止める空間をつくるということですね。

大谷　容れ物ですよ。

平良　ところが建築を装置に細分化してしまった。産業がそういうふうに建築の条件をつくり出して、建築は産業主義にのみこまれてしまった。

二極分化している現在の建築家像

平良　最後に質問したいのですが、建築家は今、分裂していると思うのです。ぼくは特にここ二十年ばかり戸建ての住宅を手掛けている建築家たち、あるいは木造住宅を支えている林業や職人さん、そういうことを夢中になって追いかけてきたのですが、そういう世界から見ると地域で設計行為をしている建築家と、巨大な公共建築を手掛けている建築家がまったく違ってきていると思うのです。手掛ける技術も、人間関係も、従ってセンスも異なってきている。それをひとまとめにして日本建築家協会ができていて、ぼくはそれにケチをつけるつもりはないけれども、実態としては階層化がはっきりあるんですね。建築家同士がいろんな議論をしてもかみ合わないのは、その階層のギャップを抜きにして議論をするから、かみ合わない。ぼくはそういう印象を持っています。建築家というプロフェッションの組織づくりをするときに、こういう問題はどうするべきなのか、ということが一つあります。

ぼくはそういうオフィシャルな組織とは別に、住宅をつくっている建築家たちのネットワークを拡げてお互いに交流していく。そして地域にそういう活動を還元していくことを主目的にした建築家の組織、連携組織をつくる必要があると思っています。今、建築家像は一つにはまとめきれない。

大谷　それはぼくも実感としてそう思いますね。ぼくなんかはその中間で、一番中途半端かもしれない。自分でもそう思います。

平良　大谷さんは大学の先生を長くやっておられたし、建築科から都市工学科へ移ってそれをまたいできていますからね。

大谷　ぼくは感覚的には平良さんが言った大工さんなんかの方に関心が強いわけです。住民と時間の感覚もなく議論したり話し合ったりすることにも関心がありますが、ぼく自身は一方で肉体的にそういうことに耐えるだけの粘りがない。だから半分逃げているところがあるんです。ぼくは抽象癖がちょっとあるんですね。個別の具体的なものをいくつか見たら、それを抽象化して、ほかを見ないでもわかったような感じで省略する。丹念に話を聞いて、そしてまた次の手続きをしなければいけないのだろうけれど、それを避けるわけね。自分で「また避けたな」とわかるわけです（笑）。

平良　ぼくにもそういう傾向があるから、わかるような気がします。具体的なものにいやでも触れていかなければいけないけれど、それには人間関係がどうしようもなくへばりついてくる。あれは厄介な問題です。だけど一方で、徹底して経験主義でいく人は抽象化がなかなか上手くいかないで、具体的なもののイメージだけで自分の世界をつくっていくということもある。

大谷　話が少し横道にそれますが、ぼくは建築家と評論家はあまり親しく付き合ってはいけないと思っているのです。それは評論家のためにも建築家のためにも。そしてそれは市民のためにも避けなければいけないといっているのですが、市民から見るとつくる側が内輪の社会をつくっていることになるからで、批評の立場が保たれていないと困る。本当はときどき会って議論をしたいんだけれど、同じような意味で役所にも深入りしない。ぼくは大学にいたでしょう。だからどんどん世の中から縁が切れていく。

平良　ぼくも雑誌の編集者としてはあまり人に深入りしない方です。それはすごくややこしい問題を自分の中に持ち込むことになるからですが、大谷さんとはもっと徹底的に議論がしたいという感じがあるんです。

大谷　本当に建築はどこに行く気なのか……。建築にとってはひどい時代ですね。今、しっかり議論しないと駄目なんだ。

平良　ぼくの感じだと、建築は時代の変化から取り残されていくのかな。職人問題と同じですね。一生懸命やっているけれども、時代が変わると結局は置いてけぼりをくって、捨てられちゃうんじゃないか。

大谷　ぼくは時代の変化を驚異として感じたのは、ポストモダンの辺りからです。ポストモダンは、ルネッサンス時代にもイタリアの建築家が古典のモチーフに学んだのと同じように、方法論としてはしばしば出てくるものです。それが駄目になったのは明らかに情報化社会という状況の中で、それぞれの要素が記号化しましたね。ルネッサンス時代には一つ一つのモチーフが実体として意識され、それを新たな体系に再構成したわけですが、今はそれらが記号になってしまった。ワッペンみたいにぺらぺらなんです。そういう意味では建築を解体することには役立つが、建築を構成したことにならない。こういうことは有史以来初めてだと思いますが、ぼくは人間の理性を簡単に越えてしまう時代の力に驚異を感じました。それから、都市の居住方式も変わってきたし、家族も変わってきた。

平良　哲学的にいうと、ハイデッガーの存在論に少し戻らないといけないのではないかという気がします。今のバーチャルリアリティーはあまり記憶に残らないですよね。

大谷　粘土で模型をつくるのもそうですが、ぼくらは触覚でデザインしているところがあるでしょう。ところが今はそんな感覚はとっくになくなったデザインになっている。

平良　そう。この頃、建築のデザインでやけに美しいと思うものがあるけれど、みんな透明にすぎるね。だけど、世の中もそうなっている。一望監視装置ですね。

大谷　神戸の地震では、人間が裸の一人になりました。ぼくの戦災の時の記憶でも、ああいう時には国家とかそういうものは姿を見せない。良いにつけ、悪いにつけ、一人になる。家もないし、家族も散り散りになったりして、一人だと思った瞬間に他人の存在を意識するようになる。だから阪神大震災のときに争いにならないで、助け合いになったでしょう。戦災の時もおおむねそうでした。あの時こそ、政府も市も手をさしのべなければならないのに何もなくて、なにしろほっぽり出されましたからね。一人になったときに人間は互いに生きるということを意識するんです。だからもう一度原始に戻ってやりなおしがきけばいいんだけれど、なまじっか国家や役所が途中から介入する。国や役所の立場でわれわれを仕分けし、管理する。よけいなお世話なんだ（笑）。

平良　そこにいったん戻らないといけないという感じもしますね。よくよく考えると「私」というのは自分だけで純粋に成り立っていない。

大谷　今の若い人は結婚とか、家族についてどう思っているんだろう。戦後、日本でマイホームという言葉が使われましたが、あれは本当は開拓時代のものですね。若い人々が植民地など新天地へ行って、耕地を開くわけですが、その時には助けてくれるものはなくて、夫婦で牧場を築いていく。その時にマイホームという概念が出てくるわけです。夫婦で社会の一単位をともに築いていくという、生きていく単位なんです。戦後の日本のマイホームは社会や自然に対して積極的に働きかける単位としては意識されていない。

それから、昭和四十年代、ベトナム戦争の頃にフリーセックスという言葉を耳にするようになりましたが、それはどういうことなのかとある人に聞いたら、ベトナム戦争でアメリカの男の子たちが兵役を拒否して親元を離れ、あるいは地域社会からも離れて追われるわけです。十七、八歳の男の子が初めて家族や地域社会から外れ、国家に追われるわけです。孤立無援になって、ものすごい不安の中での逃避行を支援組織の人々がサポートするわけですが、その時に支援の女性に束の間の安らぎを求める。それを渡って行くわけですね。それをフリーセックスというんだと聞いて、ぼくは非常にきれいだと思った。それまではただの欲望の野放図な表現だと思っていたけれど、聞いているうちにそれは違う。それは人間が巨大な何ものかに抗して生きようとしたとき、否応なしに一人で生きることになったときに、人間は何に救いを求めるかを言おうとしている。建築は残念ながら、どうしたらそこまで戻れるのかわからないのです。

今の若い人の自由というのはそうではないかも知れないけれど、ぼくは大学で教えていた最後の頃、正直にいって学生諸君がいとおしくなった。環境の問題も含めて、この子たちは本当にちゃんと生きていけるのだろうか、われわれはいったい、どういう社会をつくってきたのか、もしかしたらまったく意味をなさないのではないか、と思いました。

都市の本質は公正を求める精神

平良　建築という概念がどんどん解体されてとらえ

どころがなくなっていく一方で、町並みについては触覚的に一つのまとまりを求めていく方向も出てきているようですね。

大谷　問題は今の情報化社会の圧倒的な解体作用にどう応答していくかですね。そのことがもうちょっと見えていないと、今まであった町並みを尊重することはぼくも大いに賛成だし、それに関ってきたけれど、このままで耐えられるかどうか、心配なのです。

平良　良いものが残っている町がそれを手がかりにして町並みづくりをやっている段階は良いんだけれど、それだけではすまないだろう。その先がどうなるかということですね。実際、みんな、情報化社会にのっかっている面もあるわけです。コンピュータのネットワークにどんどん入り込んで、それは猛烈なスピードで展開している。それだけに、それをどう乗り越えることができるか。

大谷　新しい情報システムを自分たちの武器にできるという側面もあるわけですね。

平良　これからは記号に分解していくというよりは、シンボルが必要で、地球が生態象徴になると言っている人もいます。解体していくだけではなくて、その中から新しいシンボル、象徴をわれわれがつくり出していくことで、建築についても環境の中で何かが見えてくるかも知れない。まだ漠然としてわかりませんが……。大谷さんは沖縄で機能的な思考ではなく、象徴的な思考をされたわけですね。デザインはサインにあまりとらわれると分解していくけれども、それをまとめるのはシンボルです。そしてその背後にある言語というのは象徴的な思考ですが、特に日本人はアルファベットの民族と違って漢字という強烈なシンボルを持っている。一方でその弱点もあるけれど、言語的な思考が建築の表現にも表れてくるとすると、言語を使った建築論、環境論、評論を活性化しなければならない。

大谷　日本語には無い概念が介入するせいもあって、むずかしい言葉でいわれると困ってしまいますが、建築を組み立てるように、新しい概念を手がかりに論理を組み立て、新しい意味空間を呈示することは大変重要なことですね。それにしても、もうちょっとわかりやすくいってほしい（笑）。

平良　きっと、なかなかやさしくいえない何かがあるんですね。社会は明らかに変わりつつあって、それが遠くへどんどん滑り落ちていくような感じを持っています。それをつかまえてやりたいと思うのだけれど、でも、そういうものでもないでしょう。

大谷　建築も、都市もわからなくなってきたところがありますからね。それでぼくは「都市の本質として評価すべきは何か」と問われたら、少々高飛車に出て、それは公正を求める精神、そして他人を容認する寛容の精神だといっているのです。多様性ということは異質なものを認めるということです。それは平等の精神に基づいているわけです。異質なものや質の違いによって排除したり差別しない。

平良　受け入れるということですね。だけど、日本の社会はまだ排除の論理の方が強い。

大谷　職業柄、地方に行ってよく感じるのは他処者に対して構えることです。東京は江戸時代から、まがりなりにも全国の人が集まるところでしたから、ぼくらは「田舎者といってはいけない」とか、どういう思いで東京に出て来ているかを考えるとか、そういう教育を親から受けていました。人を迎えるような気持ちと、絶対に勝つとわかっている喧嘩はしてはいけない。それは弱いものいじめで、最も軽蔑すべきことだ。都市の心とはそういうものだと教わりました。やたらに介入してはいけないけれど、一週間もして初めておばあさんが死んでいるのがわかるというのは恥だと。そんなことがわからないで今まで何していたんだと、そういうことを小さいときから言われていた。

この頃は政治家も役人も、銀行も、あまりに汚くてシャクに触るから、そして地球上ではあまりにも無惨な民族間の抗争が拡がっているので、都市とは何かと問われたら、ぼくは「公正であろうとする精神」と「寛容の度量」だといっています。

平良　賛成です。その意味でも雑誌も含めて出版ジャーナリズムに携わる私たちは、コミュニケーションにおける公共性を強めていく方向性を探究すべきだろうと思っています。

田園都市の復権

あとがきに代えて

平良敬一

「非都市化革命」というイメージ

いまから三十年もまえのことである。ＳＤという雑誌の編集に携わっていた。その頃に残したメモを想い出した。

いま東京はとんでもない「都市再生」という名の環境破壊が進行中である。オフィスビルやマンションが超高層建築でぼかぼか低層住宅地域のど真ん中に立ち上がっていく現実を眼の前にしながら思い出したのが、「非都市化革命のイメージ」というわたしのメモであった。どんな文章だったか、以下少し長くなるが再録してみることにする。

Ｅ・Ａ・ガトキンによれば、〈田園都市とニュー・タウンは、二つの先天的な病気をもって生れたもの〉である。ひとつは、小都市生活から生まれる――地方的偏狭さと欲求不満が必然的に増大するという病気である。もうひとつは、それが無数にあるベッドタウンのひとつになってしまうこと、にもかかわらず、かえってその母都市にまったく依存してしまうこと、したがってそこでの大部分の居住者は、毎日の通勤になやまされ、《田園都市》の指導原理のひとつである〈人びとを土地へ帰す〉という構想が幻影と化すること、さらにいえば一家の主婦は〈世間を忘れ、世間に忘れられた家庭機械〉と化してしまう……、ということなどである。

ニュー・タウンのこれまでのさまざまの試みのなかで、まだこの二つの病気を克服したものは見当たらない。ガトキンはそう言うのである。ニュー・タウン運動の伝統によってもっとも進んでいるといわれるイギリスの場合でも、そのニュー・タウンは依然として二つの病気に悩まされているようなのである。ガトキンは口が悪い。「田園都市は、都市と田園の悪い面ばかり持った配合種にすぎない。コミュニティになっていない人工の生活単位にすぎない」とまで言うのである。

わたしは考えた。都市の魅力を保持しつつ、田園の魅力を再獲得していく途は、どこにありえるのだろう。緊急でもあり大問題にはちがいないが、とても一世代で可能とは思われないにしても、可能性の限界を日々ひろげていく研究は持続していくべきであろう。

しかし、わたしの考えはそこから飛躍する。建築革命という次元がある。都市革命という次元もある。しかし、今日では環境革命という次元が見えてきた。建築革命は建築をこえて都市革命に連続していかねばならないであろう。都市革命は都市を超えて、非都市化革命、つまり環境革命へと接続していかなければならないであろう。そうであるならば、これらの多次元にわたる重層的な革命は、トータルな生活革命・人間革命として日常性の変革という一点に集約する社会的実践でなければならないであろう。

わたしの脳内からいつしか《田園都市》は小さくなって消え去り、代わって都市の非都市化というイメージが膨らんでいくのである。都市と田園との国土全域にわたる統合ではあるが分散的配置によって生きかえるのは、むしろ小さなコミュニティの群であり、蘇った小コミュニティの連合である。そのような連合こそが、これまでの田園都市やニュー・タウンのもつ先天的な二つの病気から完全に脱却しつつ、都市と田園のそれぞれの固有の魅力を失うことのない、新しい人間居住のネットワーク・イメージとして、鮮明に浮上してくるのである。もちろん、これはわたし個人のたわいもない妄想にすぎない。しかし妄想として捨て去るには忍びないのである。

都市は消え去るのである。非都市化革命という環境革命の極限においては、都市の姿は消えてゆくのである。都市でもないし、村でもない。支配の中心としての都市はないし、孤立した村もない。しかしなぜか、生活の場所もあり、生産の場所もあり、遊びの場所もちゃんと存在する。豊かな自然と田園に抱かれてそれらは在るのである。

「豊かさ」の意味が問われる

ここまでは、わたしの脳内現象としてのファンタジーであった。日本の現実に思いを寄せる。やがて人口は減少に向かう。高齢化も進む。あと五十年もすれば人口は一億人を割る。八千万人まで落ち込むという推計もある。三十年もすれば、人口のうち六十五歳以上の高齢者が占める割合は、現在はまだ二〇パーセント弱であるが、三〇パーセント強へと跳ね上がることは確実なようだ。これはかつて、先進国で生じたことのない新たな経験と言わねばならない。

こんな状態であるから、経済が長期的に見てゼロ成長にならざるを得ないということは覚悟しておいたほうがよい。景気が回復しようがしまいが、大勢に変わりはなく低成長への移行がもう始まっているという説には十分に根拠がある。したがって、この低成長経済をむしろ逆手にとって、「豊かで快適な社会」の創造の好機と捉えることこそ賢明な戦略ではないかと考える。社会のあり方も人間の意識も、そして生活感覚も大いに変わっていく可能性が高いと見る。

「豊かさ」の意味が確実に変わっていく。そこで問われるのが、来るべき高齢化社会にとって「豊かさ」とは何か、であろう。

少なくとも次のことは言えよう。

今日のような大量生産、大量販売、大量消費の社会ではないであろう。大量販売のための価格競争、売り上げと市場シェアの拡大競争、過剰な広告宣伝、情報氾濫の社会ではないであろう。今や「都市再生」と称して低層住宅地域のど真ん中に超高層のオフィスやマンションのこれ見よがしな乱立を黙認する、そんな社会ではないのではないか。「より多く」「より大きく」「より高く」が無条件に許される時代ではないだろう。

生活が求める価値は「質」だ

生活が求めているのは何か。生活環境の整備が重要である。その整備は経済主導であってはならない。文化的なものが生活の快適性と結びつくことが主軸となって形成されていくのでなければならない。端的にいえば、「量」より「質」への大転換が目標であり、それが生活と生産の全般にわたって浸透していくことが望ましい。そういう社会的基盤の整備とかかわって、地方の中小都市の環境整備と、職住接近の仕事・雇用形態の形成が大事だし、農業の新たな振興策による田園の美の再発見と育成は欠かせない。こうした課題こそが重要ではあるが、さしあたっては高齢化社会へ対応を考えれば医療システムの整備充実を中心にした福祉施設のきめ細かい配備が必要であろう。

しかし、どうしても忘れてならないのは、人が一生安心して暮せるコミュニティ作りが中小都市領域の中ですぐにも始められねばならない、ということであろう。

田園都市構想の復権

わたしの中で、一度は消えてしまっていた田園都市が、突然、目の前に浮上してきたのであった。『造景』16号が運んできたもの、それは『生き続ける造景：最初の田園都市レッチワース』の緑豊かな大地に展開する美しい街並み構成の航空写真であった。そこには命息づく具体的な空間として場所が生々しく伝わってくる。『明日の田園都市』の、あえて言えば、その抽象性の知識とは違って、百年の歳月が持続してなおも新鮮な生命力を発散している姿に、あらためて感銘を受けた。しかし、その田園都市が予想をはるかに超えて、都市性よりも田園性が優越しているという印象を拭い去ることはできない。

ハワードの田園都市思想の根本をなす原理は、都市と田園（農村）は結婚しなければならないという結合原理である。都市は、自然そして農業などと結合していくことによってこそ再生し発展していくことが可能であるという考え方を軸にしている。ルイス・マンフォードは二十世紀初頭に人類にもたらした二つの偉大な発明を挙げている。ひとつは飛行機の発明であり、もうひとつはハワードの田園都市であるとして高く評価した。わたしはいま、筆者の齊木崇人さんが伝える航空写真の威力によって初めて田園都市との出会いを果たした意味の大きさを感じているところである。

ハワードによって定義された田園都市とは、健康な生活と産業のために設計された都市であり、その規模は満足のいく社会生活を営むに足るもので、必要以上に大きくはなく、周辺は農村地帯で囲まれている。土地はすべて公的所有で、コミュニティに委託され、そこでは精力的で活動的など私的生活のあらゆる利点と農村のすべての楽しさが完全に融合した市民生活が営まれる。都市生活か、農村生活か、という二者択一の考え方はとらないのである。農村に住み、しかも農村以外の仕事に就くことが現在は不可能であるだけでなく、工業と農業は画然と分割されている現在の産業形態も継続すると考えていることは問題だとして、農業と工業の結婚、農村と都市の結婚をラジカルに主張する思想なのである。

田園都市の面積は六千エーカー、市街地そのものは千エーカーの円形状をなす。それは放射状の道路で結合され、農村部に二千人が住み、都市部に三万人、計三万二千人の都市圏ということができる。

こうした構想に基づいて、ロンドンの過密を解消すべく、郊外のレッチワースとウェルウィンに建設される。このハワードの影響を受けてドイツでは田園都市運動が起こる。が実は、ドイツ人自身においても同様の提案が一八九六年フリッチェの《未来都市》として発表されていた。それとは別に、シュミットは、田園都市第一号のレッチワースを見学して、エッセンを出発点としたルール地方の都市建設に着手した。「産業・生活田園都市 Induustrie Wohn und Gartenstadt」といわれるようなモデルを提示し、レッチワースとの差異を強調する。その後のドイツの運動は多数核分裂型の形成という国土計画と連動し展開していくが、もともと中世以来の地方分散型の地域主義の強いドイツではイギリスとはやや趣を異にする田園都市が広がっていった。それともうひとつのドイツの都市計画の特徴をなすのが、クラインガルテン、つまり市民が小さな菜園を持つ権利を保証する制度を持つことである。もともと中世都市の貴族が都市の城壁外に東屋や菜園のある別荘を所有していたことが、クラインガルテン制度の源流にあり、一八二〇年代の救貧菜園となり、一九〇〇年代に労働者菜園となり、戦後の西ドイツでは公園、自然林とともに都市の公的緑地として都市計画の重要な一要素になっているという。

祖田修著『都市と農村の結合』で以上のことを学ぶ。このような形で西ドイツでは都市民と〝農〟の結合という理念がしっかり根を下ろしているようである。

日本型田園都市論という問題

ところで、ハワードの田園都市を日本において適用実践していこうとするとき、日本の都市におけるスプロールの無秩序な広がりによって、日本の田園地帯に非農民と農民の広い範囲にわたって現出した混在・混住のために「田園都市」の提示した原プランどおりに実現することは難しいとする考え方が根強くある。確かにこれはひとつの障碍でありうるとの認識を持つ。この事実を認めた上で、なお実行に移していくとするならば、ハワードのパタンにこだわらず、日本型のパタンを追求していってよいのではないかとわたしも考えた。

欧米の場合は、中世以来の伝統に従って、都市と農村とは明確に区別されて厳然たる境界線を持つ。都市は商工業に従事する人々の住むところであり、農村は農業従事者の領域として、空間が職業別に分離している。ヨーロッパ大陸の場合は農村集落も密居型が多く、アメリカ・イギリスの場合は広い農場に住居を構える散居集落の形をとるのがわりと一般的であるように見える。

日本の場合を見ると、近畿地方や中国・四国の農村・漁村に密居型が多いとはいえ、概して集落の内部に小農地が存在し密度の比較的ゆるい集落形態が多い。山村は人家がまばらに分散した集落が多い。

欧米と日本のこうした相違はどこから来るか。前者が牧畜・畑作であるのに対し、日本は水田農業を主軸となすところによるところが大きい。それに日本では、古代・中世以来の集落は台地や山麓に形成され、近世に至って河岸段丘から平坦地域へと降りてきたという事情があり、そこへ持ってきて近代以降のすさまじい都市化に伴い、混在・混住の状態が空間的に広がりを見せている。

わたしは、この事態をまともに受け止めるべく、ハイブリッド（hybrid）なる外来語を意図的に使って、近代が推し進めた純粋化（均質化）が排除したハイブリッドの復権をアピールしてきた。しかしその際、ハイブリッドなる概念をあいまいに使用したことが誤解を与えたようである。その反省はともかく、多様なものが共生し、自然と人間の営みが技術を媒介にして混成（ハイブリッド）したもの、それこそが民家の構造ともなったと主張していたので、間違いはないのであるが、これからは正確を期して異種混交　（hybridization）という動的・生成的概念を使っていくことにしたい。

〈都市的なもの〉と〈田園的なるもの〉、あるいは言葉を替えて、〈都市民的生活様式（生き方）〉と〈農民的生活様式〉の単なる混在する存在にとどまるのではなく、この状態を混交・混融して、〈都市的なもの〉と〈田園的なもの〉との対立を超えて一体的に融合する道を選択する意思を鮮明にしておきたいのである。

存在の生成原理はすなわち異種混交の原理なのである。われわれ自身がある種の異種混交であると感じているがゆえに、異種混交に賛成するのである。みんないつのころからか日本列島に渡来してきた者たちの子孫であるとまったく同じように、田園都市が真の意味で〈都市的なもの〉と〈田園的なもの〉の結婚に成功するのであれば、その中で都市民の農地住民化も生じて、新しい地域市民が誕生する可能性に期待が持てるのではないか。

都市概念の再定義が必要

最近、学芸総合誌『環』の特集「都市とは何か」の論文「新・都市類型論序説——アジア諸都市のフィールドワークからの中間報告」を読んだ。執筆者は村松伸。彼は都市起源の三態、六類型を提案している。三つの異なった生態（乾燥、草原、樹林）は、稠密、移動、疎散という異なった形式の原初的な都市形態を誕生させた。一般に、都市は乾燥、半乾燥地の大河流域に誕生した稠密な人間活動空間を指して言う。オリエントに誕生し、インダス、長江、黄河へと伝播していったこの都市形式によって、文明が誕生したと認定された。稠密型都市の出現である。これは農耕社会から都市文明への画期として形成されたものであるが、農耕とは別に遊牧、漁労などの生業も並行して存在していたはずであり、これらは農耕のように巨大な富を蓄積しなかったとはいえ、異なった人間の活動空間パタンを創出したのではないかという仮説を村松は提示する。

そしてこれが大事であるが、『従来、農耕文明による乾燥・半乾燥の大河周辺に作られた稠密型の人間活動空間パタンだけを「都市」と定義し、その他は非「都市」として軽視されてきた。この乾燥・非乾燥稠密型都市至上主義は、十九世紀ヨーロッパが生んだ悪しき都市イデオロギーによるものである。つまり、ここで私が新たに提示したいのは、農村、遊牧、漁労、移動、稠密、離散、疎散もすべて包含した人類のすべての生活活動空間パタンを「都市」と認定し、その相違を根源に帰って比較、分析することなのである。』

なるほどと、わたしはこの仮説に大賛成である。なぜか。たとえば田園都市という場合、今までのところ、その市街地部分であるタウンを指しており、周囲を取り巻く農村部分にはあまり言及しないまま、これらの空間全体を「田園都市」と一応言っているようだが、やはり区別している。あえて言えば頑なに差別しているとも受け取れる傾きがないではない。つまり、村松説に言うところの稠密型都市形式をいまだに都市と呼んで、その他は都市とは認めない傾向が残存している。人間活動空間パタンを一括して都市と呼ぶほうが、従来の都市至上主義から脱却して、地域こそ主役と考えるわたしにとって共感できる。田園都市の場合でいえば、タウンと田園空間を人間活動空間として二重焦点的に把握することが、ハワードの本来の方法にも即している。

日本建築学会誌の本年六月号に募集論文「都市建築の発展と制御に関する論文」入選論文の中でわたしの目を引いたのは「都市と農村の再生による創造的で人間的な地域に向かって」という田村望の論文である。「日本は元来、都市と農村、漁村などは緩やかにつながり、隣り合ってきた存在で、場所による個性も非常に豊かであり、高い質を誇る産業を抱えている事も多い。都市の拡散を防ぎ、疲弊した都市内部の整理を進め、都市とその『周辺』として捉えられてきた農村、漁村、工芸等の伝統的な産地、自然資源を抱える場との関係を再構築、地域を形成し、生活の質の豊かさを生み出すと同時に、各々の魅力で、競争力を持つことができるのはないだろうか」として、「伝統的な社会システムの取り込み、都市と農村の関係の再定義が生み出す発展」を論じている。興味深い論点で「都市」と「非都市」との関係の再定義・再構築を進めようというユニークな試みを評価したい。

都市・農村関係の再定義から時代の閉塞状況の突破口を切り開く作業が開始されつつあるのである。

「場所」の復権
――都市と建築への視座

発行日／2005年12月１日　初版第１刷発行

編著者／平良敬一

編　集／八甫谷邦明（㈲クッド研究所）
〒130－0026
東京都新宿区富久町20－2
Tel.(03)3341－6596 Fax.(03)3341－6595

装　丁／掛井浩三

発行人／馬場瑛八郎

発行所／㈱建築資料研究社
〒171－0014
東京都豊島区池袋２－72－1
Tel.(03)3986－3239 Fax.(03)3987－3256
http://www.ksknet.co.jp/book

印刷・製本／㈱廣済堂

ISBN4-87460-878-7

●造景双書　既刊

日本の都市環境デザイン（全3巻）

全国の地域・都市を網羅。都市を読み解くための、包括的ガイドブック。

都市環境デザイン会議／編著　Ａ４判・１３０頁　各・定価２６２５円

[1] 北海道・東北・関東編　ISBN4—87460—774—8

[2] 北陸・中部・関西編　ISBN4—87460—775—6

[3] 中国・四国・九州・沖縄編　ISBN4-87460-776-4

まちの色をつくる—環境色彩デザインの手法—

吉田愼悟　環境色彩デザインの第一人者による、基本図書。

定価３０４５円　Ａ５判・２０８頁　ISBN4-87460-566-4

都市はどこへ行くのか

五十嵐敬喜　都市問題の根元を抉る！

定価１８９０円　四六判・２４０頁　ISBN4-87460-641-5

8 裸の建築家―タウンアーキテクト論序説―
布野修司　240頁　2625円　4-87460-621-0

9 集落探訪
藤井　明　206頁　3045円　4-87460-695-4

10 有機的建築の発想―天野太郎の建築―
吉原　正／編　250頁　3045円　4-87460-717-9

11 建築家・休兵衛
伊藤ていじ　208頁　2520円　4-87460-741-1

12 住まいを語る―体験記述による日本住居現代史―
鈴木成文　240頁　2730円　4-87460-746-2

13 職人が語る「木の技」
安藤邦廣　208頁　2520円　4-87460-741-1

14 二一〇〇年庭園曼荼羅都市―都市と建築の再生―
渡辺豊和　208頁　2520円　4-87460-826-4

15 私のすまいろん―立松久昌が編んだ21のすまいの物語―
『すまいろん』編集委員会／編　204頁　2415円　4-87460-855-8

16 近代建築を記憶する
松隈　洋　310頁　2940円　4-87460-868-X